技術士
総合技術監理 部門
キーワード集&択一式問題の
完 全 攻 略

オーム社 編

Ohmsha

執筆者 (五十音順)

榎本　博康 (技術士・総合技術監理部門, 情報工学部門, 衛生工学部門)

奥村　貞雄 (技術士・総合技術監理部門, 金属部門)

橘　　幹夫 (技術士・総合技術監理部門, 電気電子部門)

玉造　貞一 (技術士・総合技術監理部門, 電気電子部門)

樋口　和彦 (技術士・総合技術監理部門, 電気電子部門)

本書を発行するにあたって，内容に誤りのないようできる限りの注意を払いましたが，本書の内容を適用した結果生じたこと，また，適用できなかった結果について，著者，出版社とも一切の責任を負いませんのでご了承ください.

受験者の皆様へ

技術士「総合技術監理部門」は，他の 20 技術部門の上位に位置付けられ，技術士の中でも最高の地位にあると認識されています．この総合技術監理部門の大部分の受験者は「技術士資格保有者」が受験し，必須科目（択一式，記述式問題）の受験のみに挑戦しています．必須科目（択一問題）試験の基本となっている「技術士制度における総合技術監理部門の技術体系」（以下，青本）は，2017 年 2 月に絶版となっています．

このため，青本に替わるものとして「総合技術監理 キーワード集 2019」（以下，「キーワード集 2019」）が，2018 年 11 月 6 日に文部科学省から公表されています．その後，毎年，キーワード集の改訂版が文部科学省から公表され、最新のものは「キーワード集 2023」となっています．

本書は，「キーワード集 2023」の全キーワードについて解説し，同時に対応する精選問題として各管理分野 20 問，計 100 問を精選して受験のための準備資料を提供しています．その内容は次の通りです．

① 第 1 章では，総合技術監理の必須科目・筆記試験の方法，最近の択一式問題の出題傾向分析，対策を解説し，受験のための手引きを示しています．

② 第 2 章では「キーワード集 2023」の要点を全キーワードについて解説し，受験者の皆様の学習の参考に供しています．

③ 第 3 章では，第 2 章の区分に従い，それぞれ対応する精選問題を，各技術分野 20 問を示し，択一式問題の研究と対策により皆様の理解の促進を図っています．

④ 巻末には，全キーワードの索引を付して，皆様の学習の便を図っています．

以上から，本書を大いに活用して，択一式問題で高得点を獲得し，技術士第二次試験総合技術監理部門合格への足がかりとしていただければ幸いに存じます．

オーム社

目　次

第1章　総合技術監理の必須科目・筆記試験の出題傾向分析

第 2 章　キーワード集 2023 の要点

第3章　択一式問題の研究と対策

第1章

総合技術監理の必須科目・筆記試験の出題傾向分析

1 総合技術監理の必須科目・筆記試験の方法

(1) 技術士第二次試験の試験方法改正と総合技術監理部門

　令和元（2019）年度から技術士第二次試験の試験方法が改正されたが，総合技術監理部門の必須科目・筆記試験及び口頭試験は変更がなく，従前通り実施されている．

(2) 総合技術監理　必須科目・筆記試験の試験方法

　表 1-1 に示すように 5 つの管理分野（安全管理・社会環境管理・経済性管理・情報管理・人的資源管理）について「課題解決能力」と「応用能力」を問う内容が 択一式 と 記述式 の形式で出題される．具体的には，「技術士としての実務経験のような，高度かつ十分な実務経験を通じて修得される照査能力等に加え，業務全体を俯瞰し，業務の効率性，安全確保，リスク低減，品質確保，外部環境への影響管理，組織管理等の多様な視点から総合的な分析，評価を行い，これに基づき論理的かつ合理的に企画，計画，設計，実施，進捗管理，維持管理等を行う能力とともに，万一の事故等の新たな課題に対し，拡大防止，迅速な処理等の具体的かつ実現可能な対応策を企画立案する能力が問われる」（出典：公益社団法人日本技術士会「技術士制度について」）．

表 1-1　総合技術監理　必須科目・筆記試験の試験方法

	試験内容〔配点〕		解答時間
内容	「総合技術監理部門*」に関する課題解決能力と応用能力		
試験方法	1. 択一式　40 問出題・全問解答	〔50 点〕	2 時間
	2. 記述式　600 字×5 枚以内	〔50 点〕	3 時間 30 分
答案用紙の形式	択一式　五肢択一のマークシート方式 記述式　A4 片面の答案用紙 （24 字×25 行＝ 600 字／枚）		

＊総合技術監理　必須科目の内容は，次の通り
1. 安全管理
2. 社会環境との調和
3. 経済性（品質，コスト，生産性）
4. 情報管理
5. 人的資源管理

ここで，「問題解決能力」，「応用能力」の概念，出題内容及び評価項目に関する日本技術士会の公式見解は各年度の「技術士第二次試験 受験申込み案内」中，補足として公表されている．表1-2は「総合技術監理部門を除く技術部門」の必須科目に関する試験の内容として示されたものであるが，「総合技術監理部門」の必須科目にも十分に適用できる内容である．また，表1-2の評価項目として「技術士に求められる資質能力（コンピテンシー）」に関する説明事項を表1-3に示している．

表 1-2　「問題解決能力」及び「応用能力」の概念等（総合技術監理部門を除く技術部門）

	問題解決能力および課題遂行能力	応用能力
概念	社会的なニーズや技術の進歩に伴い，社会や技術における様々な状況から，複合的な問題や課題を把握し，社会的利益や技術的優位性などの多様な視点からの調査・分析を経て，問題解決のための課題とその遂行について論理的かつ合理的に説明できる能力	これまでに習得した知識や経験に基づき，与えられた条件に合わせて，問題や課題を正しく認識し，必要な分析を行い，業務遂行手順や業務上留意すべき点，工夫を要する点等について説明できる能力
出題内容	社会的なニーズや技術の進歩に伴う様々な状況において生じているエンジニアリング問題を対象として，「選択科目」に関わる観点から課題の抽出を行い，多様な視点からの分析によって問題解決のための手法を提示して，その遂行方策について提示できるかを問う．	「選択科目」に関係する業務に関し，与えられた条件に合わせて，専門知識や実務経験に基づいて業務遂行手順が説明でき，業務上で留意すべき点や工夫を要する点等についての認識があるかどうかを問う．
評価項目	技術士に求められる資質能力（コンピテンシー）のうち，専門的学識，問題解決，評価，技術者倫理，コミュニケーションの各項目	技術士に求められる資質能力（コンピテンシー）のうち，専門的学識，マネジメント，リーダーシップ，コミュニケーションの各項目

出典：公益社団法人 日本技術士会 技術士試験センター「令和4年度 技術士 第二次試験受験申込み案内」

表1-3　技術士に求められる資質能力（コンピテンシー）

専門的学識	・技術士が専門とする技術分野（技術部門）の業務に必要な，技術部門全般にわたる専門知識及び選択科目に関する専門知識を理解し応用すること． ・技術士の業務に必要な，我が国固有の法令等の制度及び社会・自然条件等に関する専門知識を理解し応用すること．
問題解決	・業務遂行上直面する複合的な問題に対して，これらの内容を明確にし，調査し，これらの背景に潜在する問題発生要因や制約要因を抽出し分析すること． ・複合的な問題に関して，相反する要求事項（必要性，機能性，技術的実現性，安全性，経済性等），それらによって及ぼされる影響の重要度を考慮したうえで，複数の選択肢を提起し，これらを踏まえた解決策を合理的に提案し，又は改善すること．
マネジメント	・業務の計画・実行・検証・是正（変更）等の過程において，品質，コスト，納期及び生産性とリスク対応に関する要求事項，又は成果物（製品，システム，施設，プロジェクト，サービス等）に係る要求事項の特性（必要性，機能性，技術的実現性，安全性，経済性等）を満たすことを目的として，人員・設備・金銭・情報等の資源を配分すること．
評価	・業務遂行上の各段階における結果，最終的に得られる成果やその波及効果を評価し，次段階や別の業務の改善に資すること．
コミュニケーション	・業務履行上，口頭や文書等の方法を通じて，雇用者，上司や同僚，クライアントやユーザー等多様な関係者との間で，明確かつ効果的な意思疎通を行うこと． ・海外における業務に携わる際は，一定の語学力による業務上必要な意思疎通に加え，現地の社会的文化的多様性を理解し関係者との間で可能な限り協調すること．
リーダーシップ	・業務遂行にあたり，明確なデザインと現場感覚を持ち，多様な関係者の利害等を調整し取りまとめることに努めること． ・海外における業務に携わる際は，多様な価値観や能力を有する現地関係者とともに，プロジェクト等の事業や業務の遂行に努めること．

注）「技術者倫理」「継続研さん」の項目は省略する．
出典：公益社団法人 日本技術士会 技術士試験センター「令和4年度 技術士 第二次試験受験申込み案内」

2　総合技術監理　必須科目の合格基準

　必須科目の合格基準は，「必須科目Ⅰ-1（択一式）」及び「必須科目Ⅰ-2（記述式）」の合計得点が，60%以上である．

　したがって，択一式で高得点を確保すれば，高得点の確保が困難な記述式で，合格に必要な得点が軽減され，有利になると考えられる．

3　総合技術監理 キーワード集 2023

　最近の総合技術管理部門の合格率は，**表1-4**に示すとおりで，年々低下して，平成30年度には6.4%となり，平成13（2001）年度以来の最低の合格率となっている．

　合格率低下の原因は，記述式問題の試験レベルは同一状態に保たれているので，択一式問題の出題状況が大きく影響していると考えられる．

　特に択一式問題の出題の基本は，「技術士制度における総合技術管理部門技術体系（第2版）平成16年1月」（以下，「青本」）から出題されていた．青本は出版以来の時間の経過とともに，技術と社会の進展に対応していない内容が目立つために2017年2月に絶版となっている．

　そこで，青本に替わるものとして「キーワード集2019」が2018年11月6日文部科学省から公表されている．その結果，表1-4に示すように令和元年度の合格率15.4%に向上し，以後，2桁の合格率が続いている．

　このキーワード集は毎年見直しが行われ，修正されたキーワード集が毎年11月から12月の間に文部科学省から公表されている．

　キーワード集の修正にあたっては，新規に追加されたキーワード（以下，「新キーワード」）及び削除されたキーワード（以下，「削除キーワード」）があり，2019年から5年間のキーワード集の修正状況を**表1-5**に示している．

　この5年間にわたるキーワード数は，843→931で微増中である．新たに追加された「新キーワード」数は，2021年版：20，2022年版：20であるが，2023年版：51に達し，前年度比約5.5%が増加している．特に経済性管理と社会環境管理が著しい．

　また，択一式試験問題は，各年度のキーワード集から出題され，特に「新キーワード」からの出題の可能性が高いので，重点的に研究することが重要である．さらに，「削除キーワード」からは出題されていない．**表1-6**に「キーワード集2023」の新・削除キーワードを示している．

表 1-4　最近の総合技術監理部門の合格率

年　度	受験申込者数	受験者数	合格者数	対受験者合格率	出題範囲
平成 29 年度	4 102	3 343	326	9.8%	主として青本
平成 30 年度	4 043	3 279	209	6.4%	
令和元年度	3 890	3 180	490	15.4%	主として各年度のキーワード集
令和 2 年度	3 192	2 582	325	12.6%	
令和 3 年度	3 473	2 742	398	14.5%	
令和 4 年度	3 393	2 735	501	18.3%	
備　考	注）青本とは,「技術士制度における総合技術監理部門の技術体系（第 2 版）（平成 16 年 1 月）」である.				

表 1-5　5 年間の「キーワード集」の修正状況（2019 ～ 2023 年）

管理技術	キーワード数					新キーワード数[注1]				削除キーワード数[注2]			
	2019	2020	2021	2022	2023	2020	2021	2022	2023	2020	2021	2022	2023
経済性管理	194	186	187	186	180	15	6	0	14	23	7	1	5
人的資源管理	153	174	180	177	180	38	7	9	7	9	0	3	3
情報管理	160	188	187	192	190	38	0	4	5	10	0	0	7
安全管理	186	206	199	201	195	40	7	2	6	22	0	0	10
社会環境管理	150	166	165	167	186	19	0	5	19	2	0	1	0
計	843	920	918	923	931	150	20	20	51	66	7	5	25

注 1)「新キーワード」とは, 新規に追加されたキーワードを示している.
注 2)「削除キーワード」とは, 削除されたキーワードを示している.

表1-6 「キーワード集 2023」の新・削除キーワード

管理分野	新キーワード	削除キーワード
経済性管理	重要目標達成指標（KGI）・重要業績評価指標（KPI），事業継続マネジメント（BCM），設計管理，QCサークル（※），品質機能展開，生産方式，大日程計画・中日程計画・小日程計画，スケジューリング，資料管理，ECRSの原則，設備総合効率，発想法，経済性・比較の原則，現価（現在価値）・年価・終価　（計14）	QMマトリックス，納期管理，作業手配，環境会計，マテリアルフローコスト会計（計5）
人的資源管理	心理的安全性，ウェルビーイング，青少年雇用促進法，職務等級制度，人事考課の三原則，相対評価・絶対評価，リスキリング　（計7）	在宅勤務，デュアルキャリア，評価基準（計3）
情報管理	通信インフラ，固定通信，移動通信，データガバナンス，情報セキュリティ教育（計5）	ネット炎上，フェイクニュース，偽情報，サーバとルータ，通信回線（専用線，VPN，携帯電話網，無線アクセスポイント等），公衆無線LAN，電子商取引（EC）（計7）
安全管理	防災，事業安全，プロセス安全，システム安全，労働安全衛生，製品安全（計6）	リスク，リスクマネジメント，リスク減［一般］，被害形態，弱点分析，リスク総合評価［一般］，リスク減除去，一貫性バイアス，行動科学セーフティマネジメント（BBS），コンビナート・化学・石油プラント防災　（計10）
社会環境管理	グリーントランスフォーメーション（GX），地球温暖化対策計画，ギガトンギャップ，カーボンバジェット，CCS・BECCS，森里川海プロジェクト，プラスチック資源循環法，行為規制，水銀汚染防止法，SAICM，ALPS処理水，パフォーマンス規制，合意的手法，自主的取組手法，バックキャスティング，CSV（共通価値創造），クリーナプロダクション，エコブランニング，エシカル消費（計19）	なし（0）
計	51	25
備考	1.　※は3.4（8）と同じ. 2.　アンダーラインのキーワードは，2022年版に新設，2023年版で削除されたものを示す.	

　本書は，「キーワード集 2023」に基づき，すべてのキーワードの要点と関連する精選問題を解説したもので，今後の総合技術監理部門の受験者の皆様の修学の資として活用されることを願うものである．

4　最近の択一式問題の出題傾向分析

(1)　管理分野別の出題数分析

　最近の出題数は，5つの管理分野から均等にそれぞれ8問ずつ出題され，国際動向は，これらの5つの管理分野の中に含めて出題されている．

(2)　最近の択一式問題の種類別出題分析

　最近の択一式問題の種類別出題分析は**表 1-7** に示すように約 10% が応用能力（図表・文章の分析・判断，計算）として出題され，約 90% が専門知識（専門的知識，用語の定義，法律の内容）についてキーワード集の中から大部分が出題されている．また，課題解決能力を問う択一式問題は出題されていないが，実際には記述式問題の中で，応用能力を問う内容と合わせて出題されている．

　最近の択一式問題は，例年より難しくなる傾向があり，出題範囲が広がっているが，今回の「キーワード集 2023」の公表により，ある程度出題範囲が限定さ

表 1-7　最近の択一式問題の種類別出題分析

問題の種類		R元	R01	R02	R03	R04	合計	
専門知識	専門的知識	19	19	23	19	21	101 (50.5%)	181 (90.5%)
	用語の定義	2	5	3	7	3	20 (10.0%)	
	法律の内容	16	12	10	10	12	60 (30.0%)	
応用能力	図表・文章の分析・判断		2	2	3	2	9 (4.5%)	19 (9.5%)
	計　算	3	2	2	1	2	10 (5.0%)	
合　計		40	40	40	40	40	200 (100%)	
備　考	課題解決能力を問う択一式問題は出題されていない．							

れたとみられる．また，計算問題は，毎年 2 ～ 3 題が出題され，やや複雑となっている．

5 応用能力

(1) 応用能力とは

応用とは，広辞苑（岩波書店）には，「原理や知識を実際的な事柄にあてはめて利用すること」と示されている．したがって，応用とは「原理・原則，理論や知識を実際の場に活用し，他の分野に適用する」ことである．

次に応用能力に関する公益社団法人日本技術士会の公式見解を，p.3 の表 1-2 に概念を示す．必要な応用能力の骨子は，

① **習得した知識や経験に基づき，与えられた条件に合わせて，問題や課題を正しく認識する．**

② **必要な分析を行う．**

③ **業務遂行手順や業務上留意すべき点，工夫を要する点等について説明できる．**

である．したがって，応用能力のポイントは，「問題や課題を認識できる能力」，「必要な分析能力」及び「留意すべき点，工夫を要する点を説明できる能力」に集約できる．これらは，「総合技術監理部門を除く技術部門」の「応用能力」として示されたものであるが，「総合技術監理部門」の「応用能力」にも十分に適用できる内容である．

(2) 応用能力に関する出題形式

① 図表・文章の分析・判断

いくつかの「図表，データ，文章」を情報（状況）として与え，それらのデータを「分析・判断」して応用や利用するための知見の創出・構築，実現可能な技術的な応用・利用を検討する問題が多くなっている．

② 計算

条件を与えて必要な計算を行い，結果を問う内容．最近はやや複雑で，計算に時間を要する問題が多くなっている．

(3) 応用能力を問う問題の事例

① 「図表，データ，文章の分析・判断」の事例

　移動平均法又は単純指数平滑法を用いて，各期の需要量の予測値を順次計算することを考える．第 1 期～第 4 期の需要量の実績値が下表で与えられるとき，次の記述のうち，最も適切なものはどれか．なお，移動平均法及び単純指数平滑法による予測値の計算方法はそれぞれ以下のとおりである．

移動平均法：k 次の移動平均法による $t+1$ 期の予測値 Fl_{t+1} は，直近 k 期間の実績値 Y_t, Y_{t-1}, $\cdots$, Y_{t-k+1} を用いて式（1）により計算される．

$$Fl_{t+1} = \frac{1}{k}(Y_t + Y_{t-1} + \cdots + Y_{t-k+1}) \tag{1}$$

単純指数平滑法：単純指数平滑法による $t+1$ 期の予測値 FS_{t+1} は，t 期の実績値 Y_t, t 期の予測値 FS_t 及び定数 $\alpha\,(0<\alpha<1)$ を用いて式（2）により計算される．

$$FS_{t+1} = \alpha Y_t + (1-\alpha)FS_t \tag{2}$$

本問では $\alpha = 0.3$ として計算することとし，第 3 期の予測値 FS_3 は 354 であるとする．

表　需要量の実績値

期	1	2	3	4
需要量（個）	360	340	310	258

① 　3 次の移動平均法による第 5 期の予測値は，310 よりも大きい．

② 　4 次の移動平均法による第 5 期の予測値は，3 次の移動平均法による第 5 期の予測値よりも小さい．

③ 　単純指数平滑法による第 4 期の予測値は，330 よりも小さい．

④ 　単純指数平滑法による第 5 期の予測値は，295 よりも小さい．

⑤ 　単純指数平滑法による第 2 期の予測値は，第 2 期の実績値よりも大きい．

解　答　⑤

② 「計算」の事例

ある会社では，3種類（機種 A，機種 B，機種 C）のサーバを使用しており，いずれの機種のカタログにも MTBF（平均故障間動作時間）は 1 000 時間と記載されている．使用しているすべてのサーバの運用開始から現時点までの総時間（実際稼働時間と総修理時間の和），稼働率，故障件数を調べ，機種ごとに集計したところ下表が得られた．各機種の MTBF に関する次の記述のうち，最も適切なものはどれか．

表　各機種の総時間，稼働率，故障件数

	総時間（時間）	稼働率	故障件数（件）
機種 A	1 230 000	0.91	1 110
機種 B	1 174 000	0.92	1 085
機種 C	1 181 000	0.94	1 105

① 　3機種のうち MTBF が最も低いのは機種 A である．
② 　機種 A 及び機種 B の MTBF は，ともにカタログ値を上回る．
③ 　機種 B の MTBF は，機種 C よりも高い．
④ 　機種 C の MTBF は，カタログ値を下回る．
⑤ 　MTBF がカタログ値を上回るのは，3機種のうち2機種である．

解　答　⑤

6　専門知識

(1)　専門知識とは

総合技術監理部門の試験内容には「課題解決能力」と「応用能力」が示されているが，これまでの択一式問題は，約 90 ％が「専門知識」を問う内容から出題されている．したがって，各管理分野の「専門知識」の広い分野について習熟していることが要求される．

「専門知識」に関する公益社団法人日本技術士会の公式見解は「専門の技術分

野の業務に必要で幅広く適用される原理等に関わる汎用的な専門知識」となっている．これらは「総合技術監理部門を除く技術部門」を対象としているが，そのまま「総合技術監理部門」にも十分に適用できる内容である．

(2) 専門知識に関する出題形式

実際の専門知識に関する出題内容は，p.8 の表 1-7 に示すように 3 つに区分することができる．

① 専門的知識

専門的な知識，技能を問う問題である．

② 用語の定義

最新の用語の定義を中心に問う問題が多い．

③ 法律の内容

最近の改正または制定された重要な法律の内容を問う問題であり，中には，法律の適用を問う問題も出題されている．

(3) 専門知識を問う問題の事例

① 「専門的知識」の事例

人事考課管理に関する次の記述のうち，最も不適切なものはどれか．なお，成績考課については業績考課と呼ぶこともある．
① 成績考課は，たまたま業績に結び付きにくい職務を担うことになった社員が低く評価されてしまうことなどがあるため，主として賞与に反映されることが多い．
② 相対評価には，全員が同じぐらいの能力・成果でも無理矢理に差を付けなければならない，優秀な人がいると他の人は頑張っても評価が上がらない，などの運用上の問題がある．
③ 評価者の主観や好き嫌いが評価に入り込まないよう，評価基準や手続を定め，事実に基づいて実施することを客観性の原則と呼ぶ．
④ 一般的に，評価対象社員の職位が上位ランクであるほど，成績考課や情意考課より，能力考課が重視される．
⑤ インプットの大きさを評価する能力考課が行われることにより，社員

は長期的な視野に立って業績に貢献する能力を高めようとするインセンティブが働く.

解 答 ④

② 「用語の定義」の事例

政府や自治体等の政策評価や企業等の投資評価に関する次の記述のうち,最も適切なものはどれか.

① 費用便益分析は,政策等の外部経済及び外部不経済を対象として定量的に評価する手法の総称である.

② 費用効用分析では,政策等による効果はすべて効用関数によって貨幣価値に換算される.

③ アウトカム指標は,アウトプット指標を貨幣価値に換算したものである.

④ 2つの投資案があるとき,それらの内部収益率の大小関係と正味現在価値の大小関係は常に一致する.

⑤ 回収期間法による投資案の評価では,投資回収後のキャッシュ・フローは考慮されない.

解 答 ⑤

③ 「法律の内容」の事例

リサイクル関連法に関する次の記述のうち,最も適切なものはどれか.

① いわゆる容器包装リサイクル法には,消費者の分別排出,市町村の分別収集,及び特定の容器を製造する事業者に対する一定量の再商品化についての定めがある.

② いわゆる家電リサイクル法では,エアコン,冷蔵庫,パソコン,カメラなどの家電について,小売業者による消費者からの引取りと製造業者等への引渡しを義務付けている.

③　いわゆる食品リサイクル法に基づき策定された基本方針では，事業系の食品ロスを 2030 年度までにゼロとする目標を掲げている.

④　いわゆる建設リサイクル法で定める特定建設資材には，コンクリート，コンクリート及び鉄から成る建設資材，木材，建設機械で使用済みとなった廃油などが含まれる.

⑤　いわゆる自動車リサイクル法では，自動車破砕残さ，フロン類，エアバッグの 3 品目については，自動車メーカーが引き取り，リサイクルすることを定めている.

解　答　①

7　「キーワード集」以外からの出題事例

　令和元年度択一式問題全 40 問出題中 1 問が「キーワード集 2019」以外から出題されている. この問題は，統計分析の中の度数分布表から平均値，中央値，第 3 四分位数の大小関係を求めるもので，「計算・分析」の問題である.

　また，令和 2 年度から令和 4 年度までの択一式問題は，すべて「キーワード集」から出題されているが，今後は，「キーワード集」以外からの出題の可能性が予想される.

「キーワード集」以外からの出題事例

試験を行ったところ，得点の度数分布は下表のようになった．この得点分布の平均値，中央値，第3四分位数の大小関係として，次のうち最も適切なものはどれか．

表　得点の度数分布

得点	人数	累積人数
0点以上9点以下	2	2
10点以上19点以下	7	9
20点以上29点以下	9	18
30点以上39点以下	10	28
40点以上49点以下	13	41
50点以上59点以下	14	55
60点以上69点以下	19	74
70点以上79点以下	21	95
80点以上89点以下	51	146
90点以上100点以下	4	150

① 平均値＜中央値＜第3四分位数
② 第3四分位数＜中央値＜平均値
③ 中央値＜平均値＜第3四分位数
④ 第3四分位数＜平均値＜中央値
⑤ 表の情報だけからでは大小関係が一意に決まらない．

解　答　①

8 択一式問題の出題及び対策

(1) 択一式問題の出題方法

現行Ⅰ−1は，知識中心の出題であるが，今後のⅠ−1では出題形式上の制約（短答式）から，ある程度の事例や図表を示しつつ，「キーワード集」の基礎的知識を根拠に持って判断を要求する「応用能力」を問う出題が中心となろう．一

部には「課題解決能力」を問う出題の可能性もあり，現行の出題方法に比べて大変身する可能性があると考えられる.

　択一式問題の出題パターンは，「図表，データ，文章の分析・判断」，「計算」，「専門知識」の 3 つに集約され，これらに関連する既往問題を再チェックして徹底的に研究することが必要である. また，今後は図表，データまたは文章（事例，状況）を示して分析・判断を求める問題が主力となる可能性が大きい.

(2) 出題内容

　出題頻度が高いキーワードが切り口を変えて引き続き出題される公算が大きく，問い方が「応用能力」を中心とする方向にシフトしていくと考えられ，出題内容の理解と解答事項の的確な把握が要求されることとなるであろう.

(3) 解答時間

　2 時間で 40 問を解答するためには，1 問題当たり 3 分で解答する必要があり，じっくりと考えて判断，計算するには時間的余裕がない. このため，二律背反的なトレードオフの関係にある悩ましい事例の判断や複雑多岐にわたる計算問題を短時間で解答することが必要である.

(4) 対策

　①　「キーワード集 2023」の要点を十分に理解するとともに，出題頻度が高いキーワード（定義，図表，法律の内容，計算の公式等）を記憶して，それらには自信を持って適用する能力の涵養が必要である.

　②　キーワードについては，第 2 章の"キーワード集 2023 の要点"を活用するとともに，自らサブノートを作成してキーワードとその考え方を把握し，併せて第 3 章の"択一式問題の研究と対策"で学習することが重要である.

　③　毎年，過去に出題された類似問題（以下：「過去問」）が繰り返し出題されているので，少なくとも直近 5 年間の過去問を繰り返し学習することが重要である.

第2章

キーワード集 2023 の要点

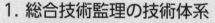

1. 総合技術監理の技術体系
2. 経済性管理
3. 人的資源管理
4. 情報管理
5. 安全管理
6. 社会環境管理

　これまでの総合技術監理部門の必須科目・試験の基本となった青本は，技術と社会の進展に対応しない内容が目立つために 2017 年 2 月に絶版とされた．

　ここで，青本に替わって「総合技術監理部門の技術体系」を示すために，「キーワード集」として「総合技術監理 キーワード集 2019」が 2018 年 11 月 6 日に文部科学省から公表され，次いで 2019 年 11 月には，「総合技術監理 キーワード集 2020」が，さらに，毎年 11 ～ 12 月には，「総合技術監理 キーワード集 2021，2022，2023」が改訂版として公表されている．

　この「キーワード集」は，留意点として「各管理分野の基本となるキーワードを整理したものであり，すべての関連キーワードを網羅しているわけではない」としているほか，法律の各称は，いわゆる通称を用いている．

　本章は，「キーワード集 2023」の要点について，その概念や内容を解説したものである．

　なお，「キーワード集」については，継続的に見直し，大幅な改訂は当面は行わない予定であるが，今後の技術や社会の進展に対応するため，適宜，改訂が行われることが意図されている．特に「新しい法令や法令が改訂された場合」あるいは「社会情勢の変化」に伴って，改訂が毎年行われる予定である．

1. 総合技術監理の技術体系

(1) 総合技術監理が必要とされる背景

　科学技術は，巨大化・統合化・複雑化が進展し，その発達を個別の技術開発や技術改善のみによって推進することは難しい状況になっている．このため，技術業務全般を見渡した俯瞰的な把握・分析に基づき，複数の要求事項を総合的に判断することによって，全体的に監理していくことが必要となる．このような背景から，技術士のひとつの部門として，「総合技術監理部門」が導入された．

(2) 総合技術監理の技術体系と範囲

　総合技術監理の技術体系の骨格となる管理技術は，経済性管理，人的資源管理，情報管理，安全管理，社会環境管理の5つである．それぞれの管理技術の範囲を**表 1-1** に示す．

表 1-1　5つの管理技術の範囲

(1) 経済性管理 事業企画，品質の管理，工程管理，原価管理・管理会計，財務会計，設備管理，計画・管理の数理的手法
(2) 人的資源管理 人の行動と組織，労働関係法と労務管理，人材活用計画，人材開発
(3) 情報管理 情報分析と情報活用，コミュニケーション，知的財産権と情報の保護と活用，情報通信技術動向，情報セキュリティ
(4) 安全管理 安全の概念，安全に関するリスクマネジメント，労働安全衛生管理，事故・災害の未然防止対応活動・技術，危機管理，システム安全工学手法
(5) 社会環境管理 地球的規模の環境問題，地域環境問題，環境保全の基本原則，組織の社会的責任と環境管理活動

(3) 総合技術監理における総合管理技術

　総合技術監理では，5つの管理技術を独立して行うのではなく，互いに有機的に関連付けて，あるいは統一した機軸のもとに行うことが望ましい．しかし，個別の管理技術から提示される選択肢は互いに相反するものやトレードオフの関係にあることが多い．そこで，それらを調整し統一的な結論の提示，もしくは矛盾の解決・調整を行うための総合管理技術があると望ましい．

(4) 総合技術監理に必要とされる倫理観

　科学技術社会の基盤を支える技術者は，その技術レベルを高く維持するとともに，社会人として，技術者として高い倫理観や国際的視点を持つことが求められる．したがって，総合技術監理に携わる技術士は，業務内容の広がりからも特に技術者倫理については強い自覚を持ち，自らの良心に基づいて自らの行動を律していかなければならない．

(5) 総合技術監理に要求される技術力向上

　総合技術監理を行う技術者に要求される技術的知識や能力は，その事業運営や組織活動における個々の作業や工程等の要素技術に対する管理技術のみではない．それに加えて，業務全体の俯瞰的な把握・分析に基づき，統一的な視点から5つの管理をまとめ，総合的な判断を行うとともに，そのときどきにおいて，最適な企画，計画，実施，対応等を行うことのできる能力が求められる．

　そのためには，総合技術監理の5つの管理技術及び自らの技術分野における新技術の理解向上は当然として，他の技術分野や社会的動向にも高い関心を持つ必要がある．

2. 経済性管理

2.1 事業企画

　事業企画とは，事業のアイデアや案件を具体化するために，事業計画を策定する業務である．まず，事業の収支を予測し，事業として成り立つかどうかを判断するフィージビリティスタディが行われ，事業の実施決定後，事業の活動計画を前もって策定する事業計画が立案される．後者は，工場などでは生産計画，建設現場などでは施工計画もしくは工事計画と呼ばれる．事業企画では，キャッシュ・フローを考慮するファイナンスの視点や，公共施設等の建設・管理を民間の資金・能力を活用して行う PFI などの概念も重要である．

(1) 生産の4M（Man, Machine, Material, Method）

　生産の4M とは，Man（人），Machine（機械），Material（材料），Method（方法）の頭文字をとったもので，製造ラインを正常に機能させ，製品の品質を管理するために生産に必要な要素として，これらをまとめたものである．

(2) PDCA サイクル

　生産現場における品質管理等の継続的改善方法で，Plan（計画）→ Do（実行）→ Check（評価）→ Act（改善）の4段階を繰り返すことによって業務を継続的に改善する（スパイラルアップ（Spiral upward）：**図 2-1**）．

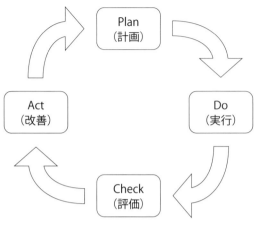

図 2-1　PDCA サイクル

(3) 重要目標達成指標（KGI）・重要業績評価指標（KPI）

　重要目標達成指標（KGI：Key Goal Indicator）は，売上高・利益率・獲得顧客数等，企業や事業部等組織全体の大きな目標を数値で表した指標である．

　これに対して，重要業績評価指標（KPI：Key Performance Indicator）は，KGI の目標を達成するための各プロセスが適切に実施されているかどうかを部門やプロジェクトが定量的に評価するための指標である．KPI を適切に設定することで目標に対する進捗度が明確になり，チーム内の方向性が統一される．

(4) フィージビリティスタディ（Feasibility Study）

　計画された新規事業や新製品・サービス・プロジェクトなどが，実現可能かどうかを事前に調査し，検証することである．実行可能性調査や企業化調査とほぼ同意義で用いられる．

　①　**市場調査**：数値によって現在の市場を把握し，マーケティング施策（どうすれば製品が売れるかの戦略）を立てることをいう．日本ではマーケティングリサーチと同じ意味で使われることが多いが，厳密には，マーケティングリサーチはより広義に未来の市場動向に対しても予測・分析・考察を行うものである．

　②　**需要予測**：物の需要を短期的・長期的に予測することである．需要の変動を傾向変動，循環変動，季節変動，不規則変動などに分類して予測する．需要予

測には様々な手法（移動平均法，指数平滑法など）があり，最も状況に適した手法を選択する必要がある．

- **移動平均法**：棚卸資産となる商品を仕入れるたびに平均単価を算出し，それを売上原価として期末の棚卸資産の評価額にするものである．
- **指数平滑法**：時系列データから将来値を予測するときに利用される手法で，得られた過去データのうち，新しいデータに大きなウェイトを掛け，古いデータに小さなウェイトを掛けて移動平均を算出する加重平均法の1つ．

$$予測値＝α×前回実績値＋(1-α)×前回予測値$$
$$＝前回予測値＋α×(前回実績値－前回予測値)$$

α（平滑化定数）は0〜1に設定され，1に近いほど直近のデータを重視した予測になり，0に近いほど過去のデータを重視した予測になる．

(5) 事業投資計画

事業分析，マーケティング，設備投資計画，売上計画に基づく必要な投資金額，回収期間，製造原価，損益等を検討するものである．

① **投資回収計画**：新規事業開発に際して，イニシャルコストの回収及び利益獲得の計画を示したもので，当該事業を行うか否かを判断する指標の1つになる．

(6) 事業投資評価

事業投資の内容を評価するもので，金額ベースと収益率ベースの指標がある．

① **割引率**：将来受け取る金額を現在価値に割り引く（換算する）ときの割合を，1年当たりの割合で示したものである．

② **NPV（Net Present Value：正味現在価値）**：金額ベースの指標であり，発生の時期を異にする貨幣価値の比較を可能にするために，将来の価値を一定の割引率を使って現在時点まで割り戻した価値である．例えば，割引率が年5％のとき，1年後の1万円は現在の10 000/1.05＝9 524円に相当する．これを「1年後の1万円の現在価値は9 524円である」という．

③ **DCF（Discounted Cash Flow）法**：割引キャッシュ・フロー法のことで，収益資源の価値を評価する場合に用いられる．この評価法は，ある収益資産を持ち続けた場合に，それが生み出す将来のキャッシュ・フロー（フリー・キャッシュ・フロー（FCF*））の正味現在価値（NPV）をもって，その理論的な価値とする

ことである．企業が自社の今後のキャッシュ・フローを把握する場合のほか，投資家が企業の将来をある程度予想する場合にも利用される．初期投資を含めた正味現在価値 NPV は下記のように計算する．

$$\text{NPV} = - \text{初期投資額} + \frac{1\text{年後のFCF}}{1 + \text{割引率}} + \frac{2\text{年後のFCF}}{(1 + \text{割引率})^2} + \cdots$$

　　＊ FCF（Free Cash Flow）：資金，事業活動で得たキャッシュ・フロー．各
　　　年度の売上げや利益，コストから計算する（p.49 2.5（4）④フリー・キャッ
　　　シュ・フローを参照）．

　NPV が正の投資は企業価値が向上し，負では企業価値が損なわれる．

　④　**回収期間法**：上記のほか，「初期投資は特定の期間（カットオフ期間）内に回収されるべきである」との考えに基づく，ペイバック（回収期間）法がある．例えば，1000 億円を投資して毎年 100 億円を生み出す場合，回収期間は 10 年になる．ペイバック法は直感的に理解しやすく，実際に使われているが，金額の時間的概念が考慮されない，カットオフ期間を合理的に設定できないなど必ずしも望ましい評価法とはいえない．

　⑤　**内部収益率（IRR：Internal Rate of Return）法**：IRR は，投資期間内における 1 年当たりの利回りのことであり，投資プロジェクトの正味現在価値（NPV）がゼロになる割引率と定義されている．

　例えば，200 万円の株券を購入し，1 年目に 4 万円，2 年目に 2 万円の配当を得て，3 年目に買値と同額で売却したときの割引現在価値を NPV_1，IRR を r_1 とすると

$$\text{NPV}_1 = -200 + \frac{4}{1 + r_1} + \frac{2}{(1 + r_1)^2} + \frac{200}{(1 + r_1)^3} = 0$$

これを解くと，$r_1 = 1.01\%$ となる．

　一方，年利率 1% 単利の定期預金の場合の割引現在価値を NPV_2，IRR を r_2 とすると

$$\text{NPV}_2 = -200 + \frac{2}{1 + r_2} + \frac{2}{(1 + r_2)^2} + \frac{202}{(1 + r_2)^3} = 0$$

これを解くと，$r_2 = 1.00\%$ となる．

　このため，株式投資の方が定期預金よりも IRR が大きく，また 2 年目に早く大きな利益が得られるので有利と考えられる．

　IRR 法は，上記のように投資によって得ることの見込まれる利回りと本来得る

べき一定の利回りを比較し，その大きさによって投資について判断する手法である．

(7) 事業評価（政策評価）

事業評価は，費用に見合った政策効果が得られているかなどを事前に評価するとともに，必要に応じて事後（期中，完了後）の検証を行うもので，個別事業などを対象にしている．

① **費用効果分析（費用便益分析，費用効用分析）**：目的達成のための各案の費用と効果を比較・検討し，優先順位を明らかにすることであるが，評価方法には費用効果分析，費用便益分析，費用効用分析がある．これらは，「投資した費用」と「得られた効果」を比較検討する際に，「得られた効果」をどのような指標を用いて評価するかが，下記のように異なる．

- **費用効果分析**：「効果」そのものを指標とし，その効果を得るための費用を算出して費用に見合った効果が得られたかを評価する．すなわち，投資した費用をC（Cost），得られた効果をE（Effectiveness）とすると，C/Eの最小のものがベストになる．
- **費用便益分析**：効果を金銭に換算した「便益」（B：Benefit）を指標とし，その便益を得るための費用Cを算出してその差の純便益を評価する．すなわち，純便益＝B－Cで計算した純便益がプラスで最大のものがベストである（純便益がマイナスのものは実施しない方が良い）．
- **費用効用分析**：結果として得られる「効用」（主観的な満足の度合い，効能）を指標とし，その効用を得るための費用を算出して費用に見合った効用が得られたかを評価する．効果と効用の違いは，例えば治療による「生存年」は効果，「生活の質」は効用とみなせる．

② **アウトカム（Outcome）指標**：従来は資源の投入（インプット）と事業によって得られる結果（アウトプット）を示すに留まっていたが，これに対してアウトカム指標とは行政活動に関する評価指標の1つで，事業によって得られる効果や成果（アウトカム）を示す指標である．例えば歩道設置の事業で，「歩道を年度内に○m設置する」というのがアウトプットで，その成果として「交通事故件数が減少する」ということがアウトカムである．

③ **アウトプット（Output）指標**：事業によって得られる直接の結果である

アウトプットを示す指標である.

④　**インプット（Input）指標**：施策や事業において，目的達成のために投入される資源や予算を示す指標である.

(8) リスク評価

リスクマネジメントを構成する3つのプロセス（リスク特定：リスクの洗い出し，リスク分析：リスクの大きさの算定及びリスク評価）の1つである．リスク評価の狙いは，リスク分析によって得られた発生可能性や影響度の大きさなどのデータをもとに，どのリスクに優先的に対応すべきかの判断材料（リスク基準）を提供することにある（p.127 5.2（9）①・リスク評価を参照）.

(9) ESG・環境評価

ESG（Environment, Social, Governance：環境・社会・企業統治）は，持続可能な社会の実現を目指し，人類が抱えている環境問題，利益を追求する企業・個人の行動や様々な原因により人々の生活・生存の脅かされる社会課題の解決及び健全な経営を行うための自己管理体制に関して企業の取り組む活動である.

また環境評価（Environmental Assessment）は，環境影響評価のことであり，主として大規模開発事業等による環境への影響を事前に調査することによって，予測，評価を行う手続きのことを指す場合が多い（p.178 6.3（12）①環境影響評価法を参照）.

(10) ライフサイクルマネジメント（Life Cycle Management）

施設・設備の老朽化の実態と性能低下の把握を行い，適切に維持管理することによりライフサイクルを通じて最小のコストで所要の性能を維持していくことである．製品のライフサイクル全般（製品の企画，設計，製造，販売，使用，再生及び製品が発売されてから販売終了に至るまでのライフサイクル：導入期，成長期，成熟期，衰退期）において，製品情報を一元的に管理していく業務改革の取り組みが製品ライフサイクル（PLC：Product Life Cycle）マネジメントである.

(11) サプライチェーンマネジメント（SCM: Supply Chain Management）

JIT 生産方式の思想を包括的に取り入れ，調達から生産，出荷，流通，販売，

回収までを情報ネットワークで一括管理してリアルタイムに近い形で需要予測し，生産を調整して在庫を減らし，コストを削減する企業活動支援システムであり，単独企業のみでなく関連した複数企業が協力する情報管理運用システムである（p.109 4.4（4）⑧サプライチェーンマネジメント（SCM）システムを参照）．

（12）事業継続計画（BCP）・事業継続マネジメント（BCM）

事業継続計画（BCP：Business Continuity Planning）は，災害等の緊急事態が発生したときに，損害を最小限に抑え，事業の継続や復旧を図るために企業が行う計画であり，下記BCMの成果物である．経済産業省や厚生労働省は，BCPの内容を4つのフェーズ（BCP発動フェーズ，業務再開フェーズ，業務回復フェーズ，全面復旧フェーズ）に分類している（p.122 5.1（3）④事業継続マネジメント（BCM）／事業継続計画（BCP）を参照）．

また，事業継続マネジメント（BCM：Business Continuity Management）は，リスクマネジメントの一環として，リスクの発生時に企業がいかに事業の継続を図るか，また取引先とのサービスの欠落をいかに最小限に抑えるかを目的にした経営手段である．

（13）設計管理

① 信頼性設計・保全性設計

- **信頼性設計**：工学分野において，システム・装置または部品が使用開始から寿命までの期間を通して，あらかじめ期待した機能を果たせるように，故障や性能劣化が発生しないように考慮して設計する手法のことである．二重に対策を講じておき，システム全体の信頼性を増加させる手法を冗長性（Redundancy）設計手法という．
- **保全性設計**：信頼性設計では，単に故障しないことを保証するだけでは不十分で，故障や異常をいち早く検出・診断して修復する能力が重視される．この能力を保全性，そのような設計を特に保全性設計と呼んでいる．製品が故障しない信頼性と修復容易な保全性を同時に備えると，高い稼働率を持つことになる．

② **コンカレントエンジニアリング（Concurrent Engineering）**：設計から製造に至る様々な業務を同時並行的に処理することで，量産までの開発プロセスを

短期化する開発手法である．品質・コストだけでなく，生産性・調達先・サービス性等を製品設計の初期から検討していくことを意図し，設計者及び生産・製造・資材・サービスなどの担当者がプロジェクトの開始から参画し，商品化を進めていく．コンカレントエンジニアリングの実現にあたっては，情報共有だけでなく，新業務プロセスの再設計，技術者の能力向上などの多面的な活動が必要になる．

③　**デザインレビュー**（DR：Design Review）：製品の設計計画及びその創出プロセスについて，顧客要求や設計目標に関わる品質確保の見地から，機能・性能，信頼性，安全性，操作性，デザイン，生産性，保全性，廃棄の容易性，コスト，法令・規制の遵守，納期などについて，関連部署や知見者により妥当性・問題点などの検討を行い，次のステップへの移行の可否を判断する組織的な活動である．

④　**デザインイン**（Design-In）：部品の製造販売を行う業者が，完成品のメーカーに設計協力して共同開発を行い，自社の部品を新製品に組み込むよう働きかける経営戦略である．部品業者は設計の早い段階からメーカーに技術提供などで働きかけを行う．日本国内では自動車業界で広くデザインインが行われており，この結果，開発期間の短縮や製品の性能向上などの成果が出ている．

⑤　**フロントローディング**（Front Loading）：始めに積み込むという意味で，これを製品開発や設計の段階で行う場合，初期段階で品質の作り込みを綿密に行うということである．従来のように製造や試作と並行して設計するのとは異なり，実際に動き出す前にしっかりと品質の検討を行う方法で，主に CAD などの3次元ソフトが使われる．

製品の現場と企画・設計が，初期段階ですり合わせができ，完成度の高い製品を実現できるが，反面，初期段階での多くの見直しで設計者に大きな負担がかかるデメリットがあるので，製造や試作などの工程が短縮されコスト削減など全社のメリットにつながることを周知させる必要がある．

(14) 施工計画

工事を行うにあたって，工種ごとの進め方・方法を検討し，それら工種間の施工順序，工程，運搬，動線などを勘案した施工方法について計画することである．

①　**工事計画**：工事は，敷地の条件，設計仕様，建設現場などが施工方法に大

きな影響を与えるので，その都度計画する必要がある．電気事業法では，届出が受理された日から30日を経過した後でなければ着工できない．

② **仮設計画**：工事を安全に施工するための足場やシート，仮設電気，仮設水道，仮設トイレなどの施工計画をいう．

③ **工程計画**：プロジェクトの工程を計画することで，広義には，作業手順計画と日程計画を含めた工事全般の工程管理を意味する．工事総合工程表を作成する．

④ **予算計画**：品質・原価・安全・環境を総合的に判断しながら，請負工事の目標利潤を達成するための計画である．

⑤ **安全衛生計画**：工事の実施部署が行う，「安全衛生水準の向上」，「労働災害の防止」，「現場における危険個所の把握」，「安全意識の向上」，「安全のために行うべきこと」の周知のための計画である．

⑥ **工法計画**：与えられた施工条件のもとで工法を最適化することである．与えられた施工条件も全部が絶対的なものではなく，工法計画の過程で逐次修正していくべきものが多い．工法計画にあたっては，次の2つの考慮が必要である．

- 工法選択：どのような工法を使用するか．
- 作業計画：チーム編成，実施タイミングを計画する．

(15) PFI（Private Finance Initiative）

公共サービスの提供に際して，従来のように公共が直接整備をせずに達成の手段を民間に提示させ，民間資金を利用して民間に施設整備と公共サービスを委ねる手法である．この手法の目的は不具合リスクを民間に移転し，民間の能力を最大限に引き出すことである．コストを縮減できれば，民間の利益になる．

(16) プロジェクトマネジメント（Project Management）

事業の目的達成期限が設定されているシステムの開発を成功させるためには，プロジェクトを適切に管理して終了させることが必要であり，この管理をプロジェクトマネジメントという．これには各活動の計画立案，日程表の作成及び進捗管理が含まれる．

① **PMBOK（Project Management Body Of Knowledge）**：プロジェクトマネジメントの基盤を提供し，建設・製造・ソフトウェア開発などを含む幅広いプ

ロジェクトに適用するもので，プロセスベースの体系として多数のプロセス（手順・処理）を実施することで目的を実現する.

2.2 品質の管理

　広義の品質管理は，品質方針と品質目標を設定し，それを達成するためのマネジメント活動である．この活動には，品質目標を達成するため計画を立案する品質計画，品質要求事項を満たすために実践する狭義の品質管理，品質要求事項が満たされる信頼感を供する品質保証，品質の不適合をなくすための品質改善，製造物責任を果たすための品質保証の目標である製品安全などが含まれる．また，品質管理によって，高品質を実現することも求められている.

(1) 品質

　ISO9000 では，品質とは「本来備わっている特性の集まりが要求事項を満たす程度」と定義されている．また JIS Z 8101:1981（品質管理用語）では，品質とは「品物またはサービスが，使用目的を満たしているかどうかを決定するための評価の対象となる固有の性質・性能の全体」と定義されている.

　① **要求品質**：ISO9000 では，「明示されている，通常暗黙のうちに了解されているまたは義務として要求されているニーズまたは期待」と定義されている．つまり，品物やサービスについての顧客からの要求事項や，ニーズに合っているかどうかを決める特性である.

　② **設計品質**：ある製品を設計する段階で，図面化されたその部品の寸法，材質，性能などをいう．あるいは，製造の目標として狙った品質ということもある.

　③ **製造品質**：設計品質を目指して製造した製品の，実際の品質をいう.

　④ **品質特性**：品質を構成する要素をいう．例えば車の品質特性は，運転のしやすさ，居住性，燃費，スタイル，大きさ，走行の安定性，安全性，騒音，中古の場合の傷の有無，修理のしやすさ，価格等になる．品質特性は品物の良否を判断するものなので，数値（計数値：傷の数等，計量値：寸法，重量等）で表すべきである.

(2) 品質管理（広義）

　マネジメントとして知られ，JIS では「品質要求事項を満たすことに焦点を合

わせた品質マネジメントの一部」と定義している.

① **品質方針**：ISO9000の定義では,「トップマネジメントによって正式に表明された,品質に関する組織の全体的な意識及び方向付け」と定義されている.すなわち,品質方針とは組織の経営トップが,組織の実情に合わせて,顧客の要求品質への適合と品質マネジメントシステムの継続的な改善についての決意を述べたもので,顧客に信頼されるための方針である.

② **品質目標**：「品質に関して追求し,目指すもの」と定義される.品質は顧客満足であるから,顧客満足に対する狙いはすべて品質目標と呼ばれる.

③ **品質計画**：プロジェクト及び製品の品質要求事項または品質標準,あるいはその両方を定めて,それを遵守するための方法をプロジェクトで文書化するプロセスである.

④ **品質管理**：品質をコントロールすることで,JISでは「品質保証行為の一部をなすもので,部品やシステムが決められた要求を満たしていることを,前もって確認するための行為」と定義している.

- **QCサークル**：職場で自主的に製品やサービスの質の管理・改善に取り組む改善活動のための小集団である（p.87 3.4（8）QCサークルを参照）.
- **QCストーリー**：QCのPDCAサイクルに沿って下記手順で進める問題解決法として広く提唱されている.①テーマの選定,②現状把握と目標設定,③改善計画,④原因の追究,⑤対策の検討・実施,⑥効果の確認,⑦標準化などによる管理の定着（問題の再発防止）,⑧課題と今後の進め方の検討.
- **QC7つ道具**：品質管理の一般的な手法であるが,他にも使える汎用性の高い手法である.データを数値データで分析する（**表2-1**）.
- **新QC7つ道具**：データはQC7つ道具で使える数値データとは限らない.原因・結果や未知の問題等の言語データのこともある.新QC7つ道具は,そのような雑多な言語データを整理し,解放に導くための手法である（**表2-2**）.
- **品質機能展開（QFD：Quality Function Deployment）**：顧客のニーズをものづくりに正しく反映させるための設計アプローチである.
- **品質保全**：設備の保守管理により製品の品質を確保する活動であり,TPM（Total Productive Maintenance：製造企業が持続的に利益を確保できる体質づくりを狙って,人材育成や作業改善を継続的に実施していく体制と仕組みを作るためのマネジメント手法）の8つの活動（個別改善,自主保全,計

表 2-1　QC 7 つ道具

用途：数値データ分析／利用部門：製造・技術部門／活用段階：確認（チェック）段階

項　目		説　　明	参考図
内　容	層　別	データを共通の要因に分け，要因を特定・管理する	―
	パレート図	データを大きさの順に並べ，棒グラフと累積比率の折れ線グラフで表して問題の項目を見出す	
	特性要因図 (1)	重要な原因を見つけるため，特性と想定される原因を図に整理する．Fishbone Diagram（魚の骨ダイヤグラム）とも呼ばれる	
	ヒストグラム	データを度数の棒グラフで表し，全体の分布を表示する．1 つの特性値を層別して検討する	
	散布図	2 つのデータ (x, y) をプロットし，散らばり方で相関関係を把握する	
	グラフ・管理図 (2)	特性値が管理限界線の範囲内かどうかで，工程を把握する	
	チェックシート	決まった様式のシートに確認項目を記入し，チェック漏れを防ぐ	ミスを防ぐため，点検項目・確認項目や記録・調査の内容を漏れなくチェックできる様式を準備する

注 (1)　p.53 2.7（1）特性要因図を参照.
　 (2)　合格率 3σ 以内（不良率 0.27% 以下）とするのが通常であるが，アメリカの GE 社は 6σ 運動を展開した.

表 2-2　新 QC 7 つ道具

用途：言語データ分析／利用部門：技術・管理部門／活用段階：計画（プラン）段階

項　目		説　明	参考図
内　容	連関図	要因・結果を矢印で表し，矢印が多くつながり，他の要因との関連の強い根本の要因を見出す	
	系統図	目的達成のための方策を系統的に実施段階レベルに展開し，最適の方法を追求していく	
	マトリックス図	問題事象の中の対になる要素を行と列に配置し，関連の度合いを表示する．評価基準を客観的にして評価を複数の評価者で行うと良い	
	過程決定計画図（PDPC）[1]	予測される事態についてあらかじめ対応策を検討し，事態を望ましい結果に導くための手法	
	アローダイヤグラム	作業の順序を矢印と結合線で表し，計画の進捗を管理する．クリティカルパスなどの確認に活用できる	
	親和図	KJ 法とも呼ばれ，異質のデータ・情報相互の親和性を捉えて統合し，新しい発想・アイデアを生む方法論	
	マトリックスデータ解析	要素間の関連を定量化できた場合，数値データを評価尺度のマトリックス図に表し，対応策を導くために問題を位置付けする	

注（1）　p.54 2.7（5）過程決定計画図（PDPC 法）を参照.

画保全，教育訓練，初期管理，品質保全，管理仮設部門活動，安全・環境管理）の1つである．

⑤　**品質保証**（**QA**：Quality Assurance）：顧客満足（CS）を与えるための企画，開発，設計，生産準備，生産，流通，販売，サービス，廃棄，リサイクルのすべての生産活動の段階に関係する．

- **ISO 9000 シリーズ**：国際標準機構（ISO：International Organization for Standardization）による品質マネジメントシステムに関する規格の総称で，その中核をなすものが ISO9001（認証の対象となる規格）である．

⑥　**品質改善**：品質保証を実践していく中で明らかにされた品質不良の問題について，製造及び販売を規制するとともに，消費生活用製品の安全性を確保・改善するための活動である．品質不良は，設計品質，製造品質，製品品質の不良という形で把握されるものであるが，原価（コスト）や納期にも影響し，顧客や社会の要求を満たせなくなることにより，自らの損失につながるものである．

⑦　**製造物責任**（**PL**：Product Liability）：p.36 2.2（5）製品安全を参照．

- **消費者保護**：経済用語の1つで，消費者が適正で安全な条件のもと，自由に商品やサービスを選べる状態を発展させ維持するための概念，またはその仕組みを指す．

- **コンシューマリズム**（**Consumerism**）：消費者運動またはその底流になっている精神やその思想のことで，欠陥商品，有害食品，誇大広告などに対して消費者が自らを守るために起こした．

- **消費生活用製品安全法**：消費生活用製品による一般消費者の生命または身体に対する危害の発生を防止するため，特定製品の製造及び販売を規制するとともに，消費生活用製品の安全性の確保につき民間事業者の自主的な活動を促進し，一般消費者の利益を保護することを目的として制定された法律である（p.123 5.1（6）④消費生活用製品安全法を参照）．

- **トレーサビリティー**（**Traceability**）：物品の流通経路を生産段階から最終消費段階あるいは廃棄段階まで追跡が可能な状態をいう．

(3) 品質管理の統計的手法

　一般的な事実を把握する手段，製造品質を管理し解析する手段あるいは設計品質を確保するための手段として統計的手法が用いられる．

① **管理限界**：管理図において，品質保証のために測定値が収まるべき範囲の上限及び下限のことである．一般に平均値に対して上下に標準偏差値（3σ）を設定することが多い．

② **工程能力指数（Cp・Cpk：Process Capability Index）**：定められた規格限度（公差範囲内）で製品を生産できる能力を表す指標である．「Cp」（公差域幅と実際のばらつき幅（6σ）との比を表したもの）と「Cpk」（Cp について公差中心と実測データ平均との偏りを考慮したもの）の2種類がある．工程能力指数により，公差域外のものがどのくらいの確率で発生するかを予測することができる．工程能力指数は，その数字が大きいほど望ましい能力を持っていることを表すように定義されている．

③ **不適合品率／適合品率**：不適合品率（適合品率）とは，完成品のうち不適合品（適合品）と判定された製品の割合である．不適合品率が p の母集団から n 個のサンプルをとったときの，サンプル中の不適合品の個数 x は二項分布になり，その確率 $P(x)$ は

$$P(x) = (_nC_x) \times p^x \times (1-p)^{(n-x)}$$

ここで $_nC_x$ は，n 個から x 個を取り出す組み合わせの数で $_nC_x = \dfrac{n!}{x! \times (n-x)!}$.

例えば，不適合品率5%の工程から100個のサンプルをとったとき不適合品が1個である確率 $P(1)$ は，$p=0.05$，$n=100$，$x=1$ なので

$$P(1) = {}_{100}C_1 \times 0.05^1 \times (1-0.05)^{(100-1)} = \frac{100!}{1! \times (100-1)!} \times 0.05 \times 0.95^{99}$$

$$= 100 \times 0.05 \times 0.95^{99} = 0.031 = 3.1\%$$

となる．

④ **全数検査／抜取検査**

- **全数検査**：対象となる製品をすべて検査することをいい，検査したロットに関しては不良や不具合がないことを保証できるが，数量に応じた時間とコストがかかる．そのため，対象数量が少ない場合，検査が簡単で手間がかからない場合，1個当たりの金額が大きい場合，1件でも不良があると大きな損失になる場合，抜取検査で基準以上に不良や不具合が見つかった場合，あるいは不良や不具合の確率の高い個所などに限って行う．

- **抜取検査**：対象となる製品の全体のロットからあらかじめ定められた方法で

一部を抜き取って検査し，結果を判定基準と照合してロットの合否を決める検査法をいう．不良や不具合が発見されなくても，そのロットに不良や不具合が混在しないと保証することはできない．しかし品物の性質によって全数検査ができない場合，全数検査で回避できる損失に対してコストがかかり過ぎる場合，あるいはある程度の不良や不具合が許容される場合に抜取検査を行う．通常抜取検査では，確率を用いてロット単位の抜取数やロットの合否の基準を設けている．

(4) HACCP（Hazard Analysis and Critical Control Point: 危険分析重要管理点）

1960 年代にアメリカで宇宙食の安全性を確保するために開発された食品の管理方式である．食品の国際化が進んで原材料，製品などが国際的規模で流通し，また環境汚染，微生物による汚染などの中で従来からの最終食品を検査する方法では，危険を十分に防止することができなくなっていることが背景にある．

(5) 製品安全

製造物責任を果たすための品質保証における 1 つの目標（幼児から高齢者までがどんな使い方をしても事故を起こさない製品を作ること）である．使用者は，製造物責任（PL：Product Liability）法によって，製品に欠陥があり生命・身体または財産の損害を被ったことを証明すれば損害賠償を請求できる．使用者に損害を与えるリスクの回避，使用者のとる行動を考慮した人間工学的配慮や環境に対する安全性も重要な視点になる．生産側は，開発・設計，生産，販売・サービスなどの各段階で欠陥を発生させないための予防措置を講じる必要がある．

(6) 顧客満足（CS: Customer Satisfaction）

人は物品に満足を感じたときにそれを購入する．顧客満足とは，顧客が感じる何らかの満足のことである．企業はその度合いを定期的に評価し，次期商品の開発に結び付ける．ビフォアサービスやアフターサービスの充実及びサービス品質の向上が求められる．

①　ビフォアサービス（Before Service）：消費者に対して自社の商品の購入を促す活動．

②　アフターサービス（After Service）：販売した商品の修理・メンテナンス

について，販売者が購買者に一定期間提供するサービス．

③ **サービス品質・サービス特性**

- **サービス品質**（Service Quality）：提供されるサービスの品質
- **サービス特性**（Service Characteristics）：サービスは，①無形性（形がなく，目に見えない），②品質の非均一性（提供する人や状況によって品質の変わることがある），③需要の変動性（季節・曜日・時間等によって変動する），④不可分性（サービスの提供と消費が必ず同時に行われる），⑤非貯蔵性（貯蔵できないので，需要と供給の管理が必要）の特性がある．

2.3 工程管理

工程管理は，事業計画に従った生産・施工を実現し，所定の品質・コストのもと，納期を遵守するために生産・施工計画を統制する管理技術である．工程管理には，手順計画，負荷計画，日程計画などの生産・施工活動を行うものと，進度管理，余力管理等の生産・施工活動を統制するものが含まれる．

(1) 生産活動指標（KPI: Key Performance Index）

会社を運営するうえで常にモニターし続けなければならない重要な経済管理指標のことである．

① **PQCDSME**：Productivity（生産性），Quality（品質），Cost（コスト，原価または価格），Delivery（納期・時間），Safety（安全性），Morale（意欲・士気），Environment（環境）の略で，生産活動における指標である．

(2) 生産方式

① **JIT（Just In Time）生産方式**：作れば売れる汎用大量生産時代には，需要予測に基づいて生産量を決め，順に生産していくプッシュ型生産方式（本節②を参照）であった．JIT生産方式は，これに対して，日本の自動車製造業が開発した方式であり，「必要な物を必要なときに必要なだけ生産する」という理念に基づき，個別化，多様化した需要，変動の多い市場に対応して時間を大幅に短縮し，在庫を極限まで削減したものが関連会社までを含めた生産方式である．これは需要に一番近い最終工程から必要なだけ前工程へ生産指示を出す「かんばん」

によるプル型生産方式（本節③を参照）に基づくものである.

- **かんばん方式**：次のような仕組みである（**図 2-2**）. 各工程で使う各部品に対して「引き取りかんばん」を，生産する部品に対して「生産指示かんばん」を用意する. ある工程で部品 A を使用するとき，引き取りかんばん（▲）を外して部品 A を生産している前工程に持っていき，でき上がった部品の生産指示かんばんを外し，引き取りかんばんを付けて後工程に持ち帰る. 前工程では外されている生産指示かんばん（●）の数だけ部品を生産する. 使った分だけ生産するので，引き取りかんばんと生産指示かんばんの合計数しか在庫を持たないで済む. 今では，「かんばん」に代わって生産時点情報端末を使用した POP（Point of Production：生産時点管理）システムも多く，さらにバーコード，IC タグを利用したコンピュータ管理システムが発展している.

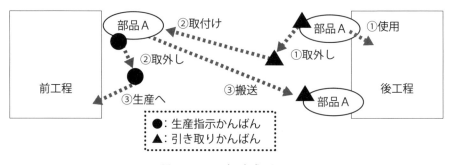

図 2-2　かんばん方式の原理

②　**プッシュ（Push）型生産方式**：需要予測に基づく見込み生産方式であり，原料に近い上流側（前工程）が製品に近い下流側（後工程）に生産を指示する（プッシュする）ことから名付けられている. ロット生産を行っている医薬品, 化粧品, 食品工場などはこの生産方式をとっている.

③　**プル（Pull）型生産方式**：後工程が前工程に生産を指示するもので，後工程が前工程の作った部品を引き取るイメージのためプル型という. JIT 生産方式におけるかんばん方式は，プル型生産方式に該当する.

(3)　制約条件の理論（TOC: Theory Of Constraint）

主にサプライチェーンマネジメントで用いられる理論の1つである. ボトル

ネックになっている工程の能力を最大限に活かすように他の工程を制御するという思想に基づく．ボトルネック工程の後の工程はプッシュ型，前の工程はプル型で生産を行う．

(4) 手順計画

手順とは，生産活動を行うための作業順序のことである．手順計画の目的は，最適な生産方法の決定，生産方法の標準化及び作業の適正分担に集約される．

① **工程計画**：プロジェクトの工程を計画することで，広義には，作業手順計画と日程計画を含めた計画全般の工程管理を意味する．

② **作業計画**：企業が生産計画の一部として作成する計画を，個々の作業者あるいは機械に対し決定・指示するもので，下記を含む．

- **作業標準**：作業の手順と作業上のポイント，使用工具などを記載する．
- **標準時間**：平均的な作業者が，標準化された作業を完了するのに必要と見込まれる時間をいう．

(5) 負荷計画

生産部門または職場ごとに課す仕事量（生産負荷）を計算し，需要予測に従って作成された基準日程計画について，必要とされる負荷工数（必要な仕事量）と実際の能力工数（生産能力）とを比較し，必要に応じて計画を修正することで最終的に実行可能な計画を作成することである．

① **リードタイム（Lead Time）**：生産現場において，工程の開始から終了まで（加工・段取り・停滞・移動・作業）の合計時間である．

② **稼働率**：生産能力に対する生産実績の割合である．

③ **生産性**：生産活動についての生産要素（労働・資産など）の寄与度または資源から付加価値を生み出す際の効率の程度である．

④ **負荷平準化（山積み・山くずし）**：時間帯や季節ごとの生産負荷の格差を縮小することである．山積み，山くずし法のほか，各種方法がPERT（Program Evaluation and Review Technique）などとともに汎用ソフトウェアに組み込まれ，広く利用されている．

(6) 日程計画

生産の 4M（p.21 2.1（1）生産の 4M を参照）による生産活動の流れの時間的側面からの管理である.

① **大日程計画・中日程計画・小日程計画**：日程計画は，6 〜 18 か月程度の期間について総合生産計画に従ってトップダウン方式で決まる大日程計画，1 〜 3 か月程度の期間について納期や稼働率を管理する中日程計画，1 〜 10 日程度の期間について作業部署ごとに詳細な小日程計画からなる.

広義の日程計画は，日程計画と作業手順計画を含めた計画全般の工程管理であり，狭義には作業日時や資源単位の作業順番（投入順）を決定する生産スケジューリングである.

- **スケジューリング（Scheduling）**：フォワード（Forward）法（着手可能日から優先順位を考慮してスケジュールを組む方法）とバックワード（Backward）法（納期日から逆算して，生産量に応じて必要な時間を各工程に割り付けてスケジュールを組む方法）がある.
- **ディスパッチング（Dispatching：差立て）**：定められた日程計画に基づき，作業者ごとに作業を割り当て，予定時間に予定の工程が終わるよう作業手配をすること. 納期・能力管理を適切に行い，稼働率を向上させることを目的としている.
- **ガントチャート（Gantt Chart）**：プロジェクト管理や生産管理などの工程管理用に用いられ，作業計画について作業の進行を横棒で表して視覚的に表現するものである.

(7) 工程見積り

プロジェクトの工程を工数によって見積もる手法であり，プロジェクトの性質に応じて適した手法を選定する必要がある.

① **ボトムアップ（Bottom up）見積り**：成果物や作業を構成要素に分解して各構成要素の工数を算出し，それらを積み上げて全体の工数を見積もる手法である.

② **類推見積り**：過去の類似プロジェクトを参考に必要な工数を見積もるものである. 比較的容易に工数を見積もることができるが，プロジェクトが過去とまっ

たく同じとは限らないため経験に頼った精度の低い見積もりになりかねない.

③ **パラメトリック (Parametric) 見積り**:係数見積りともいい,関連する過去のデータとその変数との統計的な関係を使い,重み付けして見積もる手法である.見積りの根拠が明確になるが,プロジェクトが進まないと必要な情報が得られず早期の見積りが困難なデメリットがある.

④ **三点見積り**:作業ごとに最頻値(現実的な工数),楽観値(プロジェクトが最良の状態で進行した場合の値),悲観値(最悪の状態で進行した場合の値)を設定してかけ合わせた期待値を工数として見積もる手法である.

見積り工数=(楽観値+最頻値×4+悲観値)÷6

リスクを考慮した一点見積りに比べ,3つの値がバッファーになり誤差の少ないメリットがある.

(8) PERT／CPM

① **PERT (Program Evaluation and Review Technique)**:日程計画,作業時間,スケジューリング等ともいわれ,プロジェクトを最短で完了させるにはどの作業をいつから開始していつまでに完了させれば良いか,重点となる作業は何か等を求めるオペレーションズリサーチ(Operations Research:数学的・統計的モデル,アルゴリズムの利用などによって,様々な計画に際して最も効率的になるように決定する科学的技法)の方法である.

- **クリティカルパス (Critical Path)**:直訳すると「危機的な経路」ということで,各作業時間のうち所要時間が最も長く,プロジェクトの完了時間を左右する「最長の経路」である.

② **CPM (Critical Path Method)**:プロジェクトの一連の作業をスケジューリングするための数学的アルゴリズムである.基本的なテクニックは,プロジェクトを完了させるまでに必要な各作業の所要時間を求め,どの作業が最長経路(クリティカルパス)上にあるか,またどの作業にフロート(プロジェクトを遅延させずに作業開始を遅らせることのできる余裕時間)があるかを判定する.CPMは,追加費用を支出することにより作業の所要時間を短縮させることができる場合,どの作業を短縮すれば最小の追加費用でプロジェクトの完了時期を短縮できるかを見出す方法である.

(9) 生産統制

　生産計画に従い製造工程が正常に運営されているかを監視し，遅延のおそれのある場合は速やかに対策を講じるという，生産計画達成のための進度管理全般を指す．生産統制には，次の 3 点が重要になる．

- タスク（作業），モノ，情報のトラッキング（追跡管理）
- 製造資源（人，機械設備）のモニタリング
- 生産能力と負荷（または余力）レベルの把握による品質・コスト・納期の管理

　①　**進度管理**：工場生産現場において，工程計画と実際との差異を分析して工程を調整し，さらにその差異の原因を明らかにして，改善案を生み出すための管理技法である．

　②　**余力管理**：各工程または作業者について現在の負荷状態と現有能力の差（余力）を把握し，作業者の再配分などを行って負荷と能力を均衡させる活動をいう．

　③　**現品管理**：資材，仕掛品，完成品などについて運搬・移動や停滞・保管の状況を管理する活動で，現品の経済的処理と数量・所在の確実な把握を目的とする．

　④　**資料管理**（Resource Management）：企業において生産性向上のために，文書・ファイルや各種資料を管理する活動を指す．文書管理やデータ管理（各種のデータをビジネスの意思決定のために常時利用可能な状態にしておく）として IT やクラウドの応用等，種々のシステムが活用されている．

(10) 可視化（目で見る管理）

　生産システムの情報をタイムリーに処理・分析し，「生産状況を見える化」する仕組みである．見える化を実現することで，①不良品発生状況の特定，②不良品発生から問題解決までのオペレーション時間の最小化などが可能になり，労務時間の短縮につながる．実現のためには，適正な設備管理，品質管理，工程管理，生産管理が必要になる．

(11) 改善活動

　日本の製造業で生まれた，工場の作業者が中心となって行う活動・戦略のことである．内容は生産設備の改造や工具の製作など業務効率の向上や作業安全性の確保，品質不具合防止など生産に関わる範囲すべてにわたる．改善は上からの命令で実行するのではなく，作業者が自分で知恵を出して変えていくことが大きな特徴で，企業側はQCサークルなどの形で活動を支援することが多い．

①　5S（整理・整頓・清掃・清潔・躾）：製造・サービス業などの職場環境の維持改善で用いられるスローガンである．

- **整理**：いらないものを捨てる．
- **整頓**：決められたものを決められた場所に置き，いつでも取り出せる状態にしておく．
- **清掃**：常に掃除をする．
- **清潔**：整理・整頓・清掃によってできた正常な状態を維持し職場の衛生を保つ.
- **躾**：決められたルール・手順を正しく守る習慣を身に付けさせる．

②　ECRSの原則

- **排除（Eliminate）**：業務をなくすことはできないか？
- **結合（Combine）**：業務を1つにまとめられないか？
- **交換（Rearrange）**：業務の順序や場所等を入れ替えることで，効率が向上しないか？
- **簡素化（Simplify）**：業務をより単純にできないか？

2.4 原価管理・管理会計

　原価管理は，原価低減という目標を通して，経営活動や管理活動の効率化と経営業績の向上を図るものである．原価管理では，仕様を決定する際に目標原価を設定する原価企画と，標準原価計算，活動基準原価計算などの組織活動で消費される経営資源の消費額を計算する原価計算とが行われる．部内者向けの会計情報提供システムである管理会計は，原価計算や損益分岐点分析，原価差異分析などをその主要構成要素として含み，その意味で原価管理は管理者の意思決定に対して重要な会計的情報を提供する手段としての役割をもつ．

(1) 製造原価（＝製品原価）

当期に完成した製品の原価であり，次式にて算出される．

当期の製造原価＝期首仕掛卸高＋当期製造費用−期末仕掛品棚卸高

製造原価は，製品に直接関わる「製造直接費」と間接的に関わる「製造間接費」に区分され，それぞれ材料費，労務費及び経費で構成される．

① **製造直接費**：製品を製造する際に，特定の製品でのみ消費される費用で，直接材料費，直接労務費，外注工賃などで構成される．

② **製造間接費**：費目別計算で計算した要素のうち，間接費（間接材料費，間接労務費，間接経費）を集計したものである．

(2) 減価償却費・残存価値

減価償却費は，企業が長期間にわたって利用する資産（建物や機械設備など）について，その価格をいったん資産として計上した後，当該金額を資産の耐用年数にわたって規則的に費用として配分される金額である．配分方法には定額法と定率法がある．生産部門で生じた減価償却費は製造原価に含められ，販売・管理部門で生じた減価償却費は販売費及び一般管理費として売上高から控除される．減価償却費は支出を伴わないので，財務上同額の資金が企業内部に留保される．

残存価値は，減価償却が終了した時点におけるその資産の処分価値（見積額）である．

(3) 原価企画

製品の目標原価（＝許容原価）を設定して，その達成のために初期段階で実施される総合的管理活動をいう．広義の原価管理の重要な要素であり，製品が実際に製造される段階での原価維持や原価改善とは異なる．

① **目標原価（＝許容原価）**：目標原価は，市場ニーズなどによって設定する販売価格から目標利益を差し引いたものであるが，実際の原価は開発・設計・調達・生産から販売まで，すべての関連部署の情報，将来予測などから総合的に判断する必要がある．

(4) 原価計算

広義では，製品やサービスの原価を計算するための方法一般を指す．狭義では，工業簿記のシステムに組み込まれており，複式簿記に基づき，製品原価を分類・測定・集計・分析して報告する手続きをいう．一般的には広義に捉え，その場合管理会計とほぼ同義になる．

原価計算の目的は，内部の経営者用（経営意思の決定または業績の評価用）または外部の利害関係者用（財務諸表の作成）に分かれる．

原価計算の方法には，総合・個別・標準原価計算がある．

① **総合原価計算**：大量生産された製品の原価を一括して把握する原価計算である．

② **個別原価計算**：1つの製品ごとに原価を集計する原価計算で，船舶や特殊機械など，製造指図書をもとに個別に製造する受注生産に適用される．

③ **標準原価計算**：標準原価は，達成すべき原価の目標値として，財貨の消費量を科学的，統計的調査に基づいて能率の尺度となるように予定し，予定価格または正常価格をもって計算した原価である（原価計算基準）．標準原価を財務会計の帳簿に入れる場合に，実際原価を計算して差異を分析する．

(5) 活動基準原価計算（ABC: Activity Based Costing）

汎用大量生産時代には，直接材料費と直接労務費に製造間接費を加算すれば製造原価が得られた．個別多品種少量生産時代の到来で，各種自動化設備や情報システムなど生産方法の高度化が進み間接費が増大してきた．従来の計算では，生産量の多い製品や稼働時間の長い製品が間接費を多く負担して原価高になった．これに対して，発生した原価を正しく製品ごとに振り分け，原価低減への有効な情報を得るのが活動基準原価計算（ABC）である．ABCによれば，売上の少ない新製品や付加価値の大きい将来の戦略製品などは原価高となり赤字になるおそれがあるが，適用の要否は経営判断に委ねられる．

重要になるのが，アクティビティとコストドライバーである．

① **アクティビティ（Activity）**：生産活動の単位である．

② **コストドライバー（Cost Driver）**：コストを発生させる要因であり，資源Driverと活動Driverに分けられる．溶接作業の原価計算の例を下記に示す．

溶接の作業時間（資源 Driver）×時間単価＝溶接単価（Activity 単価）

溶接単価（Activity 単価）×製品別溶接回数（活動 Driver）

＝製品別溶接工程原価（Activity 原価）

製品別の全工程における原価の総和（Activity 原価の総和）＝製品原価

(6) 原価差異分析

原価差異とは，実際原価と標準原価（予定原価）との差額のことであり，通常，発生した原因別に分析を行う．

　(a) 直接材料費の差異分析

　　数量差異＝(標準消費量−実際消費量)×標準価格（円）

　　価格差異＝(標準価格−実際価格)×実際消費量（円）

　(b) 直接労務費の差異分析

　　時間差異＝(標準作業時間−実際作業時間)×標準賃率（円）

　　賃率差異＝(標準賃率−実際賃率)×実際作業時間（円）

差異の金額がプラスだと「有利差異」（計画よりも少ない金額なので有利），マイナスだと「不利差異」（計画よりも多い金額なので不利）と呼ばれる．

原価差異分析を有効活用し，不利差異について改善策を策定して実行，検証を繰り返し，PDCA サイクルを回していくことが必要である．

(7) 原価維持

原価の価格要素及び数量要素をもとに設定した標準原価を量産段階で達成するために，製造現場において日常的に行われる統制活動である．既存の経営構造や生産諸条件を前提としている．

(8) 原価改善

企業活動で生ずる種々の原価について，現在の水準を改善し，期待されるレベルにまで引き下げる活動もしくはそのための施策をいう．伝統的な原価管理は，標準原価計算によって原価維持を実践してきたが，現在の原価管理は，原価維持，原価改善，原価企画などの諸活動をすべて取り込んだ意味で使用されることが多い．

(9) 損益分岐点分析

① 損益分岐点・限界利益率・優劣分岐点

- **損益分岐点**：管理会計上の概念の1つで，売上高と費用の額が等しくなる売上高（損益分岐点売上高）または販売数量（損益分岐点販売数量）を指す．単に損益分岐点といった場合，管理会計上は前者を指し，経営工学では後者を指すことが多い．

- **限界利益率**：売上高に対する限界利益（売上高から変動費を引いたもの：売上高の増加に対して増える利益の部分で，損益分岐点分析における特有の利益）の割合，すなわち売上高の増減に伴う限界利益の増減の割合を示す．

　　固定費が売上高に関係なく一定のため，限界利益率が売上高の増減に伴う企業の利益の増減そのものになり，企業の優劣を表す．

- **優劣分岐点**：2つの選択肢に対し，数量がいくつになれば有利になるかの分岐点である．

2.5 財務会計

　財務会計は，組織における活動の各段階において，経営成績や財務状況を外部の利害関係者に対して報告するためのものである．通常，一定期間に対して，貸借対照表と損益計算書を含む財務諸表が作成され，開示される．

(1) 財務諸表

　通常，決算書と呼ばれる財務諸表は，企業が利害関係者に対して一定期間の経営成績や財務状態などを明らかにするために作成するもので，貸借対照表，損益計算書及びキャッシュ・フロー計算書がある．

(2) 貸借対照表 (B/S: Balance Sheet)

　借方（資産）と貸方（負債＋資本）が一致するように複式簿記の手法で作成され，組織の健全性を分析する基礎資料になる．**表2-3**に貸借対照表の形式を示す．

表 2-3　貸借対照表と損益計算書の形式

貸借対照表		損益計算書
（借方）	（貸方）	（経常損益の部）
（資産）	（負債）	売上高
流動資産	流動負債	売上原価
固定資産	固定負債	販売費及び一般管理費
有形固定資産		営業利益
無形固定資産	（資本）	営業外収益
投資など	資本金	営業外費用
繰延資産	資本剰余金	経常利益
	利益剰余金	（特別損益の部）
	土地再評価差額金	特別利益
	株式など評価差額金	特別損失
	自己株式	税引前当期利益
		法人税，住民税及び事業税
		法人税など調整額
		当期純利益
		前期繰越利益
		積立金取崩額
		利益準備金取崩額
		自己株式処分差損
		自己株式消却額
		中間配当額
		利益準備金積立額
		当期未処分利益

(3) 損益計算書 （P/L: Profit & Loss Statement)

　一定期間（通常 1 年の会計期間）の複式簿記で記録された収益，費用の内容を経営成績として明らかにする．利害関係者に対する資料のほか，企業内における経営判断用としても使用される．表 2-3 に損益計算書の形式を示す．

(4) キャッシュ・フロー計算書 （C/F: Cash Flow Statement)

　会計期間における資金（現金及び現金同等物）の増減（収入と支出：キャッシュ・フローの状況）を営業活動・投資活動・財務活動ごとに区分して表示するもので

ある．

①　**営業キャッシュ・フロー**（Operating Cash Flow）：商品の販売，仕入れ，資産・証券の売却損益などの経費，資産・債権の増減額や人件費・利息・法人税の支払いなど企業の営業活動から生じるキャッシュの変動を表示するものである．営業キャッシュ・フローがプラスであることが，良い会社の第一条件であり，また額が大きいほどフリー・キャッシュ・フローも大きくなり，会社の営業が安定する．記載方法に直接法と間接法がある．

- 直接法：商品の販売や仕入れ，経費や給料の支払いなどの主要な取引ごとに総額を記載する方法である．現金の流れを細かく把握できるが，資料を集める必要があるなど手間がかかる．
- 間接法：現金の動きに関する部分だけを記載する方法である．損益計算書において，損益項目，営業活動に関する資産・負債の増減を表示する．個別のデータが不要で貸借対照表と損益計算書の情報で作成でき手間がかからないので，企業のキャッシュ・フロー計算書に多く採用される．

②　**投資キャッシュ・フロー**（Investment Cash Flow）：設備投資などによる資金の流出と，有価証券，有形固定資産及び投資有価証券の取得と売却などの資金運用によるお金の増減を表す．投資キャッシュ・フローを見ることで，企業の経営戦略が分かる．通常，先行投資によって資金の支出が必要になるため，投資キャッシュ・フローはマイナスになる．

③　**財務キャッシュ・フロー**（Financial Cash Flow）：営業活動を維持し，必要な投資を行うための資金の調達や返済など財務活動に関するキャッシュの変動を表すものである．主な項目は，借入金の返済及び借り入れをしたときのキャッシュの変動である．

④　**フリー・キャッシュ・フロー**（Free Cash Flow）：企業が事業活動を通じて得た資金のうち，自由に使えるお金の額を意味する（p.23 2.1（6）③ DCF 法を参照）．

(5) 企業会計原則

財務諸表には，次のような一般原則がある．

①真実性，②正規の簿記，③資本取引と損益取引区分（投下資本を回収した余剰分としての利益と資本そのものを区分する），④明瞭性，⑤継続性，⑥保守主

義（予想の利益は計上せず，予想の損失は計上する），⑦単一性（財務諸表の実質的内容の単一性を要請），⑧重要性（重要な処理・表示は厳密な報告が必要）である．この原則に反して，企業不祥事が発生することがある．

(6) 減価償却

p.44 2.4（2）減価償却費・残存価値を参照．

2.6 設備管理

設備管理は，設備導入までの調査研究，設計，製作，設置の段階における設備計画と，設備導入後の運転，保全，廃棄，更新の各段階における設備保全による，設備のライフサイクルの管理である．設備計画では，初期投資，取替投資，維持・保全投資などが，設備保全では，予防保全，事後保全，改良保全，保全予防などが行われる．

(1) 設備管理

建造物，生産設備の日常の運転・定期点検・補修などによって，機能維持を図ることである．近年，省エネルギー，ライフサイクルコストの削減，設備寿命の長期化，省力化など，設備管理の目的が多様化，複雑化している．設備管理の優劣によって，設備の管理特性，信頼性，保全性，経済性が左右される．

　①　**設備の管理特性**：品質，生産量，売上高，残業時間など工程の結果を表す特性である．

　②　**設備の信頼性**：設備の故障のしにくさや耐久性の高さなどを示す（p.27 2.1（13）①信頼性設計・保全性設計を参照）．

　③　**設備の保全性**：設備維持のしやすさを表す（p.27 2.1（13）①信頼性設計・保全性設計参照）．

　④　**設備の経済性**：設備の費用対効果のことである．

　⑤　**設備総合効率**（OEE：Overall Equipment Effectiveness）：生産設備の階層化された指標．リーン生産方式（アメリカで，日本の主にトヨタ生産方式を研究して再体系化・一般化したもの）を採用して効率化を図る際の重要業績評価指標（KPI：p.22 2.1（3）重要目標達成指標（KGI）・重要業績評価指標（KPI）を

参照）の一つとして使用される．OEE には 6 つの指標があり，そのうちの 2 つ が重要指標で下記のとおりである．

- **設備総合効率**：設備が稼働スケジュール内の状態で，設計上の効率に対して 実際にどの程度稼働しているかを定量的に表したもの．
- **設備機器総合有効生産力**（TEEP：Total Effective Equipment Performance）： OEE を暦上の時間に換算したもの．

  また OEE や TEEP の差異が生じた理由を理解するため，下記 4 つ下位指 標がある．

- **ローディング**（Loading）：TEEP 指標の一部で，暦上の時間に対して，設 備が稼働するようスケジュールされた時間の割合
- **稼動率**（Availability）：OEE 指標の一部で，スケジュール上の稼働予定時間 のうち設備の実稼働時間の割合．
- **性能**（Performance）：OEE 指標の一部で，生産設備の製造速度についての 設計速度に対する実速度の割合．
- **品質**（Quality）：OEE 指標の一部で，全生産数に対する良品数の割合．

計算式は，下記のとおりである．

- ・**ローディング**：ローディング＝実働時間／実時間（暦上の時間）
- ・**OEE**：OEE＝稼動率×性能×品質
- ・**TEEP**：TEEP＝ローディング×OEE＝ローディング×稼動率×性能×品質

(2) 設備計画

固定資産などの設備にいつどのくらい投資するかを計画するもので，最も重要 なことは，経済性分析に基づいて設備投資計画を立案することである．投資時点 と収益の上がった時点とが異なるので，等価換算しなければならない．初期投資 額が P（現価）であれば，年利率を i として使用計画期間を n 年とした場合，n 年後の元利合計（終価）S は $S = P(1+i)^n$ となる．

① **初期投資**：設備計画において初めに行う投資．
② **使用計画期間**：設備計画の際に計画される設備の使用期間．
③ **取替費用**：経年劣化などによって設備を取り替えるための費用．
④ **設備維持費用**：設備の機能維持，経年劣化対策などに要する費用．

(3) 寿命特性曲線（バスタブカーブ）

機械や装置の時間経過に伴う故障率の変化を表示した曲線である．時間の経過により初期故障期，偶発故障期，摩耗故障期の3つに分けられる．浴槽の形に似ているので，バスタブカーブ（Bathtub Curve）ともいわれる．

(4) 設備保全

設備を通じて行う生産性向上のための管理活動である．設備導入後の運転，保全，廃却，更新の段階が対象であるが，より広い意味を込めて生産保全とも呼ばれる．設備保全の主な手段を下記に示す．一部は設備計画段階からの活動も含まれている．

① **自主保全**：オペレーター1人ひとりが全員参加で，自分の使っている設備の管理を行い，設備を正しい姿で維持し正しい運転を行う活動である．

② **定期保全**：従来の経験から周期を決めて点検する方式である．定期的に分解・点検して不良を取り除くオーバーホール型保全方式である．

③ **予知保全**：機械や装置の時間経過，設備の劣化傾向を設備診断技術によって管理し，保全の時期や修理方法を決める方式である．

④ **事後保全**：故障停止または有害な性能低下に至ってから修理を行う保全方法である．

⑤ **予防保全**：設備の点検などにより予防に重点を置いた保全方法であり，日常保全，定期保全，予知保全の3つの方式がある．

⑥ **改良保全**：同種の故障が再発しないように改善を加え，設備上の弱点を補強することをいう．故障しないように改善することは品質改善であり，事後保全とは異なる．

⑦ **保全予防**：設備を新しく計画する段階で，保全情報や新しい技術を取り入れて，信頼性，保全性，操作性，安全性などを考慮して初めから信頼性の高い設備とし，保全コストや劣化損失を少なくする，設備計画を含めた活動である．

2.7 計画・管理の数理的手法

生産・施工活動の計画・管理に役立てるため，グラフ構造を利用して考えを整

理したり，問題の主要な部分を取り出したモデルを数理的に解析したりすることがよく行われる．その際，オペレーションズ・リサーチ（OR）やインダストリアルエンジニアリング（IE）等において扱われてきたさまざまな手法や考え方が利用できる．

(1) 特性要因図

ある1つの結果（特性）とその原因として想定されるものを図で整理したものである．複雑に絡み合った原因を統計的に整理し，効率的に究明していく場合によく用いられる．魚の骨のように体系的にまとめた図なので Fishbone Diagram（魚の骨ダイヤグラム）と呼ばれる（p.32 表2-1「QC 7つ道具」中の特性要因図を参照）．

(2) ブレインストーミング（BS: Brain Storming）法

会議方式の1つで，集団思考，集団発想法，課題抽出ともいう．集団で自由にアイデアを出し合うことによって相互の連鎖反応や発想の誘発を期待する技法である．人数に制限はないが，5 ～ 10 名程度が好ましい．課題をあらかじめ周知しておく方法と，先入感を与えないためにその場で資料を配布する方法がある．下記4原則を守ることとされている．

- 判断・結論を出さない（結論厳禁）：自由なアイデア抽出を制限するような批判を含む結論は慎む．
- 粗野な考えを歓迎する（自由奔放）：奇抜な考え方やユニークで斬新なアイデアを重視する．
- 量を重視する（質より量）：様々な角度から，多くの（新規性のある）アイデアを出す．
- アイデアを結合して発展させる（結合改善）：別々のアイデアをくっつけたり一部を変化させたりすることで，新たなアイデアを生み出していく．

(3) 発想法

KJ 法（多種多様な事象を扱う場面で，問題を整理して新たな発想を促す）や，ブレインストーミング法等の問題解決のための手法である．利用する場面やねらいは以下の3つに分類され，それぞれを念頭においた種々の発想法が考案されて

いる.

- 情報の収集
- 情報の整理・構造化
- 意見集約・集団意思の決定

(4) デルファイ（Delphi）法

集団の意見や知見を集約し，統一的な見解を得る手法の 1 つ．あるテーマや設問についてその分野の専門家などの参加者に個別に回答してもらい，得られた結果をフィードバックして他の参加者の意見を見てもらった後に，再度同じテーマについて回答してもらうことを繰り返して，組織としてのある程度収束した意見を求める方法である.

(5) 過程決定計画図（PDPC 法）

計画を策定する際，計画のスタートからゴールまでの過程や手順を，起こり得る色々な事態を予想しながら時間の順に矢印でつないだ図である．東大工学部の近藤次郎教授が 1968 年の東大紛争に直面したときに，紛争を望ましい結果に導くための意思決定の方法として考え出したものである．PDPC（Process Decision Program Chart）と略される（p.33 表 2-2「新 QC 7 つ道具」中の過程決定計画図（PDPC）を参照）.

(6) シミュレーション（Simulation）

システムの挙動を，それとほぼ同じ法則に支配される他のシステムやコンピュータなどによって模擬することである．対象となるシステムで適用されている法則を推定・抽出し，それに近似させて組み込んだモデル，模型，コンピュータプログラムなどを用いて行われる．現実のシステムを動かしてその挙動を確かめることが困難，不可能，または危険である場合にシミュレータが用いられる.

① **モンテカルロシミュレーション（Monte Carlo Simulation）**：乱数を用いて行うシミュレーションである．ランダム法とも呼ばれる．カジノで有名な国家モナコ公国の 4 つの地区の 1 つであるモンテカルロから名付けられた.

(7) 数理計画法（最適化手法）

数理計画問題（システムの最適性の尺度として目的関数（評価関数）を導入し，それをいくつかの制約条件のもとで最大化あるいは最小化する変数を探求するためのもの）を定式化するのが最適化問題である．数理計画法は，この数理計画問題を数理的に解くための手法を総称したものである．

① **線形計画法**：もともと OR 問題への数学的アプローチとして開発されたもので，目的関数，制約条件がすべて一次関数の問題を解くための，数理計画法の最も代表的な方法である．

② **整数計画法**：線形計画問題において，解ベクトルの各要素を整数に限定した問題を解くための方法である．

③ **多目的最適化**：所与の制約条件のもとで，複数の目的関数を同時に最大化（または最小化）する最適解は一般的に存在しない．そのため，1つの目的関数値を改善するためには，少なくとも他の1つの目的関数値を犠牲にする必要のある（トレードオフの）解候補の集合として，パレート最適の考え方が導入される．パレート最適解は一般に無限個存在するため，意思決定者の選考により最良な妥協案を選択する必要がある．

- **パレート最適（Paretian Optimum）**：資源配分に関する概念の1つで，パレート効率性（Pareto efficiency）ともいう．ある集団が資源配分を選択するとき，集団内の誰かの効用（満足度）を犠牲にしなければ他の誰かの効用を高めることができない状態をパレート最適の状態（パレート効率的：Pareto efficient）であるという．

(8) ゲーム理論（Game theory）

ゲーム理論は，「2人以上のプレイヤーの意思決定・行動を，数学的モデルを用いて分析する数理的手法」で，「プレイヤー」には，個人，企業，国家などを対象としている．このため，ゲーム理論は，人間の日常生活から企業のビジネスの場や国家間の交渉，問題解決などの意思決定の理論的検討に使用されている．

また，ゲーム理論は，プレイヤーの「協力の有無」，「情報共有の有無」，「意思決定の回数」，「意思決定の手順」により，次のように分類している．

（a）協力の有無
- 協力ゲーム：ゲームに参加するプレイヤー同士が協力する.
- 非協力ゲーム：プレイヤーが個人の意思のみで判断し, 互いに協力しない.

（b）情報共有の有無
- 情報完備ゲーム：プレイヤー同士が情報を完全に共有している場合.
- 情報不完備ゲーム：プレイヤー同士が情報を共有していない場合.

（c）意思決定の回数
- 単期間ゲーム：意思決定が 1 回だけのゲーム.
- 複数期間ゲーム：意思決定が複数回繰り返されるゲーム.

（d）意思決定の手順
- 同時進行ゲーム：複数のプレイヤーが同時に意思決定を行うゲーム.
- 交互進行ゲーム：複数のプレイヤーが交互に意思決定を行うゲーム.

(9) 階層化分析（階層化意思決定法：AHP　Analytic Hierarchy Process）

アメリカの企業が政府機関で数理計画法の開発・応用を行った経験から, トップの意思決定者が抱える構造のはっきりしない複雑な問題を扱えるモデルはないかと考えて開発した意思決定法である. AHP では, 問題の構造を, 問題（目的）・評価基準・代替案の 3 層の階層図（**図 2-3**）で表現したうえで, 評価基準や代替案の一対比較から代替案の重要度を求める方法である.

AHP は, 意思決定者が単独の場合はもちろん, 複数の人間が連帯して意思決

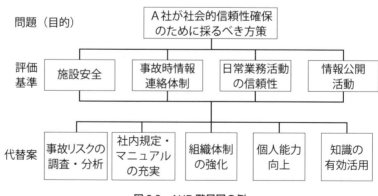

図 2-3　AHP 階層図の例

定するときも，一対比較行列を各個人の行列の幾何平均として用いれば，意思決定者集団としての結論を導くことができる．

(10) 経済性工学 （EE: Economic Engineering）

経済的に有利な方策を探し，それらを比較して合理的な選択をするための理論と技術を総合したもので、経営の意思決定をサポートする重要なツールの一つである。

将来に向けての投資計画は，収益と費用に関するキャッシュ・フローに着目してなされる．ある投資案を，資金回収期間について経済性工学（EE）的に評価すれば，次のようになる（等比級数の和の公式より，S を消去して求める）．

現在の投資金額（現価）を P，年利率を i，回収期間を n 年，n 年後の元利合計を S，n 年間の毎期末の均等資金額（年利益）M については次の関係がある．

$$S = P(1+i)^n = M + M(1+i) + M(1+i)^2 + \cdots + M(1+i)^{n-1}$$

$$M = P\frac{i(1+i)^n}{(1+i)^n - 1}$$

となる．ここで i が十分小さい場合，$(1+i)^n$ は近似的に $(1+ni)$ に等しい．

よって，$\dfrac{M}{P} = X$ とおけば，$n = \dfrac{1}{X-i}$

により資金回収期間 n が求められる．$P = 100$ 億円，$M = 20$ 億円，$i = 0.02$ とすると $n = 5.6$ 年となり，利益だけの場合（$i = 0$）の回収期間 5 年よりも長くなる．回収期間が短いほど，優れた投資案である．

① **経済性の比較の原則**：検討する際に，第 1 原則（比較の対象を明確にする）と第 2 原則（比較の対象間の違いを，収入と支出の面から明らかにする）の 2 つの原則に従う必要がある．

② **現価（現在価値）・年価・終価**：現時点で P を年利 i で預金すると，n 年後の金額 S は

$$S = P \times [P \to S] = P \times (1+i)^n$$

になる．ここで，P を現価，S を終価，$[P \to S]$（$= S/P$）を終価係数（P から S への換算係数）という．また現価係数 $[S \to P]$（P/S：S から P への換算係数）は $1/(1+i)^n$ である．

例えば 100 万円を年利 3%の複利で 5 年間預金すると

$$S = 100 \times (1+0.03)^5 = 100 \times 1.159 = 115.9 \text{万円}$$

となり，終価係数は 1.159 である．

さらに毎年受け取る金額が一定のものを年価という．現価 P と年価 M との関係を

$$P = M \times [M \rightarrow P]$$

と表現したとき，この $[M \rightarrow P]$（$= P/M$）を年金現価係数という．

ここで $\dfrac{1}{1+i} = r$ とすると

$$\frac{P}{M} = \frac{1}{1+i} + \frac{1}{(1+i)^2} + \cdots + \frac{1}{(1+i)^n} = r + r^2 + \cdots + r^n = r(1 + r + \cdots + r^{n-1})$$

等比級数の和の公式から，（　）は $\dfrac{1-r^n}{1-r}$ となるので

$$\frac{P}{M} = \frac{r}{1-r} \times (1-r^n)$$

$r = \dfrac{1}{1+i}$ のため，$\dfrac{r}{1-r} = \dfrac{1}{i}$，$r^n = \dfrac{1}{(1+i)^n}$ なので

$$\frac{P}{M} = (1 - \frac{1}{(1+i)^n}) / i$$

となる．

③　**機会損失**：実際の取引（売買）によって発生した損失ではなく，意思決定が最善でなかったことにより，多くの利益を得る機会を逃がすことで生ずる損失のことである．例えば，買い需要及び売る意思があるにも関わらず在庫・仕入れ不足，読み違いによって生じた需要量と生産計画の大幅なずれ等によって，本来もっと売れたはずのものが売れない場合などに生ずる．

(11) 価値工学（VE）・価値分析（VA）

- **価値工学**（VE：Value Engineering）：製品やサービス等の価値（製造コスト当たりの機能・性能・満足度等）を最大にしようとする体系的手法である．
- **価値分析**（VA：Value Analysis）：使用する材料の特性・機能，加工技術及び設計方法等を分析・検討することにより，コストの低下を図ることである．

3. 人的資源管理

3.1 人の行動と組織

　人的資源を有効に活用し最大限の能力を発揮させるためには，人の管理やそのための組織について考える必要がある．人の特徴を単純化して捉える行動モデル，職能別組織・事業部制組織といった組織構造，価値観・信念・行動規範などによって作られる組織文化やリーダーシップ論などを対象とする．

(1) 組織開発

　組織開発は，企業，事業部，部，課等の職場や組織または構成メンバー全体を対象としてその組織をより良くする手法である．

　組織開発の代表的手法には，診断型組織開発と対話型組織開発の2つが行われている．

　① **診断型組織開発**：第三者が組織の状態を客観的に観察・診断して課題を発見・改善する手法で，職場改善診断，OJT診断等が代表的な手法である．

　② **対話型組織開発**：それぞれの構成員自らの対話を通じて，自らの組織の課題の発見や改善に取り組む手法で，基本となる概念には，「コンテント」と「プロセス」がある．

　③ **コンテント / プロセス**

- **コンテント**：会話の内容として，仕事，課題，結果などの対話そのものを指し，「何が話されているか」，「何が取り組まれているか」という「Whatの側面」を対象としている．
- **プロセス**：対話している当事者間の人の気持ちや考え方，価値観，感情の流れなどのお互いの関係的過程を重視して，「どのように対話しているか」，「どのように仕事が進められているか」という「Howの側面」を対象としている．

(2) 動機付け

　動機付け（Motivation：やる気，意欲，モチベーション，動機）は，人が目的や目標によって行動を起こし，目標達成まで持続させる「心理的・内的過程」のことで，「個人の内面からわき起こる自発的なもの」で，「外発的動機付け」と「内発的動機付け」がある．

　これに対して，インセンティブ（Incentive：刺激，動機誘因）は，人の意欲を高めるために組織が「外からの刺激」を与え，「外的な誘因」を中心としている．

　組織コミットメントは，会社と従業員の結びつき，関係を示す概念である．

　①　**インセンティブ**：インセンティブは人の管理にあたって，労働意欲，達成意欲，協調意欲を引き出す源泉として「外的な刺激・誘因」を与えて，個人の欲求を満たし，仕事を積極的に取り組むように仕向けている．

　このインセンティブには，給与などの「物質的インセンティブ」のほかに「評価的インセンティブ」と「人的インセンティブ」，「理念的インセンティブ」，「自己実現インセンティブ」などがある．

　②　**外発的動機付け**：職場や上司等の外部から受ける強制的な要因を動機として行動を起こすのが特徴である．

　③　**内発的動機付け**：人の内面で自発的な意欲（興味や関心等）をきっかけとして行動を起こし，持続する動機付けである．

　④　**組織コミットメント**：コミットメント（commitment）は，「委託」，「公約，約束，言質」，「献身」，「義務，責任」等の意味を持っている．

　組織コミットメントは，会社と従業員の結びつきとして，所属する組織との帰属意識や関係を示す概念である．組織コミットメントは，「情緒的」「功利的（継続的もしくは存続的）」，「規範的」の3つの要素から構成されている．

- **情緒的コミットメント**：会社と従業員が一体感を感じ，愛社精神や，自ら会社に貢献しようとする姿勢である．
- **功利的（継続的もしくは存続的）コミットメント**：会社を離れることにより失われる代償を避けるために会社に居続ける姿勢で，その損得を考慮した功利的な行動である．
- **規範的コミットメント**：従業員は会社のために尽力する忠誠心を持つことである．

(3) 組織文化

　組織文化は，企業文化，組織風土，社風ともいわれ，組織・構成員が共通する
ものの見方，考え方，感じ方等である．したがって組織文化は，思考様式の均一
化と自己保存本能をもたらすデメリットがある．

　①　**心理的安全性**：心理学用語で，会社の中で自分の意見，指摘を安心して発
言できる職場環境のことである．心理的安全性が高まると，従業員が責任感や関
心を持ち，多様性に富んだ人材が集まるメリットがある．

　②　**ウェルビーイング**：ウェルビーイング（well-being）は，「個人の権利や
自己実現が保証され，身体的・精神的，社会的に良好な状態にあること」を意味
する概念で，「一人ひとりの多様な幸せ」である．したがって就業面からの「ウェ
ルビーイングの向上」が「企業の生産向上」に寄与し，「企業の生産性の向上」が「就
業面のウェルビーイングの向上」をもたらすことが期待され，両者の好循環が重
要となる．

(4) 組織構造

　組織構造は，組織の構成員間の分業と調整の体系をいい，分業関係，部門分化，
権限関係，伝達・協調関係，公式ルール化の5つの要素を明確にする必要がある．
代表的な組織構造には，次の8つがある．

　①　**職能別組織**：職能的な専門ごとの部門に構成員を配置する組織．

　②　**事業部制組織**：事業に関わる構成員を，営業部門から研究部門まですべて
1つの部門にまとめた組織．

　③　**マトリクス組織**：職能別と事業部制を合わせた組織で，職能と事業の二元
的な組織編成．

　④　**フラット組織**：管理階層ができるだけ少ない「平らな」組織．

　⑤　**ネットワーク組織**：インターネットやグループウェアなどを利用して，組
織の壁を越えて情報を伝達し共有する組織．

　⑥　**ピラミッド組織**：最上位（社員）から最下位（社員）への命令指示系統が
確立している組織で，ピラミッド型に形成した組織．

　⑦　**ティール組織**：従来型組織で行われている組織構造，慣例，文化のすべて
を撤廃し，意思決定に関する権限や責任を管理職から個々の従業員に譲渡して，

組織や人材の革新的向上を目指す次世代型組織モデルである.

「ティール（teal）」は緑がかった青色のことである.

⑧ **達成型組織**：組織として目標達成を最優先の目的とするマネジメント方式で, 組織や個人が疲弊しやすい欠点がある.

(5) 人の行動モデル

組織やプロジェクトの管理において, 人をある程度単純化した人の行動モデルとして捉えている. 人の行動モデルには, マクレガーの X 理論と Y 理論, マズローの欲求 5 段階説, ハーズバーグの二要因理論, アッシュ研究がある.

① **マクレガーの X 理論と Y 理論**：性悪説によるものが X 理論, 性善説によるものが Y 理論である. 現代の組織運営では, やる気を引き出す Y 理論が適しているとされている.

② **マズローの欲求 5 段階説**：人間の欲求には, 物質的欲求, 安定欲求, 連帯欲求, 周囲からの尊敬欲求, 自己実現欲求の 5 段階があるとしている.

③ **ハーズバーグの二要因理論**：職務満足をもたらす要因として, 職務に関連した動機付けが必要であるとし, 職務不満足をもたらす要因として, 職務不満を防止することはできるが, 職務への積極的態度につながらないものとして衛生要因（労働条件, 給与）を挙げている.

④ **アッシュ研究**：人間の社会的行動のうちの同調に関する研究. 周りの意見に左右される事実から, 人間は, 集団の中にいるときは, 集団に合わせた同調行動をとることが多いとの実験結果を示している.

(6) リーダーシップ

リーダーは, 組織の中の様々な階層や部署でそれぞれの行動や決断を行うことが必要である. リーダーシップは, リーダーが発揮すべき機能や役割である. リーダーシップに関する理論には, 次のものがある.

① **PM 理論**：リーダーシップは, 縦軸に「P 機能（Performance function：目標達成機能）」と横軸に「M 機能（Maintenance function：集団維持機能）」の 2 つの能力要素から構成されるとして, 4 つのリーダーシップタイプ（PM 型, Pm 型, pM 型, pm 型）に区分し, P と M がともに高い状態（PM 型）のリーダーシップが最も望ましいタイプとしている.

② **SL 理論**：SL（Situational Leadership）理論は，最適な効果を生むリーダーシップは，部下の成熟度によって変えていくべきとしている．縦軸に協労的行動（人間関係指向），横軸に指示的行動（仕事指向）として，その高低により4つに区分し，両方が高い説得的リーダーシップが必ずしも理想的ではないとしているのが特徴である．

③ **サーバントリーダーシップ**：「サーバント（Servant）」は「使用人」，「召使い」のことで，リーダーは奉仕の気持ちを持ってメンバーに接し，メンバーの持つ力をどうすれば最大限に発揮できるかを考え，導くリーダーシップである．したがって，リーダーが組織を下から支えることにより，メンバーの能力を発揮しやすい環境の醸成を図るリーダーシップである．

また，サーバントリーダーシップは，「支援型リーダーシップ」とも呼ばれ，「支配型リーダーシップ」とは相対している．

④ **フォロワーシップ**：組織のリーダーを補佐・支援するフォロワー（Follower：部下，メンバー，支援者等）がリーダーに対して自律的な支援を行い，組織の目的を達成するリーダーシップである．

(7) メイヨーのホーソン実験

メイヨーのホーソン実験では，組織における人の作業効率に大きな影響を及ぼすものは，物理的，生理的，経済的な条件ではなく，感情や雰囲気，集団規範等であることを示している．このメイヨーのホーソン実験は，人間を機械視する科学的管理技法よりも人間関係管理が重要であることを示した画期的な実験である．

(8) テイラーの科学的管理法

この科学的管理法は，課業管理，作業の標準化及び作業管理のための最適な組織形態を合理的・科学的方法で定め，計画的に遂行することによって，生産性を最大化して，コスト削減を図る技法である．特にこの技法では，人間を機械視する傾向があるため，人間関係を重視した管理の重要性が認められている．

3.2 労働関係法と労務管理

　従業員の安全と健康を守るためには労働関係法と労務管理に関連する様々な制度を理解する必要がある．労働者及び労働者と使用者との関係に関して定めた法律，フレックスタイム制度やみなし労働時間制度といった労働時間管理，賃金コストを適正に維持しつつ必要な従業員を確保するための賃金管理，労働条件を決めるためのルールを扱う労使関係管理，従業員に対するメンタルヘルスケアなどを対象とする．

(1) 労働関係法

　労働関係法は，労働者の労務管理や生活・福祉の向上を目的とする法律で，次の3つに大別できる．

- 個別的労働関係法：個別的な労働関係，労働契約関係の法律として，労働基準法，労働契約法，労働安全衛生法等．
- 団体労働関係法：使用者と労働組合との関係の法律として，労働組合法，労働関係調整法等．
- 労働市場法：労働市場の規制に関する法律として，職業安定法，労働者派遣法，男女雇用機会均等法等．

①　労働基準法

労働省の労働条件（賃金，労働時間，解雇等）の最低条件を定めた法律で，主要な内容は次の通りである．

- **法定労働時間**：1日の法定労働時間の上限は，休憩時間を除いて8時間，1週間の上限は40時間と定められ，使用者は定められた時間を超えて労働者を労働させてはならない．
- **労使協定**：労働者と使用者の間の労働条件に関する協定で，労働者の過半数で組織する労働組合，または労働者の過半数を代表する者と使用者の間で結ばなければならない．
- **年次有給休暇**：雇入れの日から6か月間継続して勤務し，全労働日の8割以上出勤した労働者には，10日の有給休暇を与え，勤続1年経過するごとに一定日数の有給休暇を与えなければならない．

- **労働契約**：労働者が使用者に労働力を提供し，使用者はこれに対して賃金を支払うことについて，労働者と使用者が合意することによって労働契約が成立する．
- **就業規則**：常時 10 人以上の労働者を使用する使用者は，労働時間・賃金等について就業規則を作成し，労働組合または労働者の過半数を代表する者の意見を聴いて所轄労働基準監督署長に届け出なければならない．
- **災害補償**：労働者が業務上負傷し，または疾病に罹った場合には，労働者は災害補償（療養補償，休業補償，傷害補償）として必要な費用の給付を受けることができる．
- **三六協定（時間外労働協定）**：法定労働時間を超えて時間外労働（残業）や法定休日に労働させる場合は，労使協定（三六協定）を結び，所轄労働基準監督署長に届け出なければならない．

② **労働組合法**

労働者の団結権を保護するため，労働組合結成の保障，使用者との団体交渉，労働争議に対する免責要件等を定めている．

- **労働三権（団結権・団体交渉権・団体行動権）**：日本国憲法第 28 条に保障する労働者の基本的権利で，団結権，団体交渉権，団体行動権（争議権）の 3 つを指している．なお，労働三権を労働基本権ということもある．

（参考）

日本国憲法第 28 条（労働基本権）　勤労者の団結する権利及び団体交渉その他の団体行動をする権利は，これを保障する．

- **団結権**：労働者は労働組合を結成できる．
- **団体交渉権**：労使が交渉する場合，労働組合が交渉できる．
- **団体行動権（争議権）**：民間企業の労働組合は，争議行動ができる．
- **労働組合**：憲法第 28 条の団結権をもとに結成され，労働者が労働条件の改善，地位や待遇の向上を図ることを主な目的とする団体である．
- **不当労働行為**：労働者の労働組合活動に対する使用者の妨害行為を労働組合法では不当労働行為として禁止している．
- **労働協約**：労働組合法によって締結した労働条件等に関する労使双方が取り

決めた協約である．

- **労働委員会**：労使間の紛争について適切な調整を行う行政機関が労働委員会で，公益委員，労働者委員，使用者委員の三者で構成される．

③　**労働関係調整法**

労働組合法と相まって，労働関係の公正な調整を図り，労働争議を予防し，または解決し，産業の平和を維持し，もって経済の興隆に寄与することを目的としている．

- **争議行動**：同盟罷業，怠業，作業所閉鎖その他の労働関係の当事者が，その主張を貫徹する目的として行う行為及びこれに対抗する行為であって，業務の正常な運営を阻害する行動．
- **あっせん**：労働委員会が労使の自主交渉のために非公式に仲介．
- **調停**：労働委員会が調停案を作成し，当事者に報告．
- **仲裁**：労働委員会の裁定．

④　**個別労働紛争解決促進法**

個々の労働者と事業主との間の紛争を実状に即した迅速かつ適切な解決を図ることを目的としている．

紛争の解決を図るためには，総合労働相談サービスでの「相談」，都道府県労働局長による「助言・指導」及び紛争調整委員会による「あっせん」の3つの制度が設けられている．

⑤　**労働審判法**

個別労働関係民事紛争について，裁判官と労働関係の専門的な知識経験を有する民間出身の労働審判員による労働審判委員会が審理し，調停による解決の見込みがある場合にはこれを試み，解決に至らない場合には，労働審判を行う手続きを設けることにより，紛争の実情に即した迅速，適正かつ実効的な解決を図ることを目的としている．

⑥　**労働契約法**

労働者及び使用者の自主的な交渉のもとで，労働契約が合意により成立し，または変更されるという合意の原則その他労働契約に関する基本的な事項を定め，合理的な労働条件の決定または変更が円滑に行われるようにして，労働者の保護，個別の労働関係の安定に資することを目的としている．

2012年8月に公布された改正労働契約法では，有期労働契約について「無期

労働契約への転換」,「雇止め法理の法定化」,「不合理な労働条件の禁止」の3つのルールを定めている.

⑦　最低賃金法

賃金の低廉な労働者について,賃金の最低額を保障することにより,労働条件の改善を図り,労働者の生活の安定,労働力の質的向上及び公正な競争の確保に資することを目的としている.

この最低賃金には,「地域別最低賃金」(産業や職種に関係なく,都道府県内の企業で働くすべての労働者とその使用者に対して適用される最低賃金)と「特定最低賃金」(特定の産業で設定されている最低賃金)の2種類が定められている.

⑧　労働安全衛生法

労働災害を防止し,労働者の安全と健康の確保,及び快適な職場環境の形成の促進を図っている(p.133 5.3 (4) ②労働安全衛生法を参照).

⑨　パートタイム・有期雇用労働法

同一企業内における正社員と非正規社員(パートタイム労働者,有期雇用労働者)との間の不合理な待遇差をなくし,労働条件の確保,雇用管理の改善,福利厚生の増進を図っている.このため,改正法では,不合理な待遇差の禁止,労働者に対する待遇に関する説明義務の強化,行政による事業主への助言・指導等や裁判外紛争解決の手続が整備され,2020年4月1日から施行されている.

⑩　高齢者雇用安定法

高齢者の安定した雇用の確保と再就職の促進等就業機会の確保を定めている.令和3年4月1日から,70歳までの就業機会を確保するための措置を講じる努力義務が設けられている.

⑪　障害者雇用促進法

障害者の雇用義務に基づく雇用の促進,職業リハビリテーションの措置等を通じて障害者の職業の安定化を目的としている.

• **障害者雇用率**:障害者が普通に地域で暮らし,地域の一員として共に生活できる「共生社会」実現の理念のもとに,すべての事業主には,法定雇用率以上の割合で障害者を雇用する義務がある.この法定雇用率が2018年4月1日から次のように適用されている.

民間企業	2.2%
国，地方公共団体	2.5%
都道府県等の教育委員会	2.4%

なお，民間企業における雇用率設定基準は，次式で算出する．

$$障害者雇用率 = \frac{身体障害者，知的障害者及び精神障害者である常用労働者の数 + 失業している身体障害者，知的障害者及び精神障害者の数}{常用労働者数 + 失業者数}$$

- **障害者雇用納付金制度**：障害者の雇用に伴う事業主の経済的負担の調整を図るとともに全体として障害者の雇用水準を引き上げることを目的に，雇用率未達成企業（常用労働者 100 人超）から納付金を徴収し，雇用率達成企業に対して調整金，報奨金を支給するとともに障害者の雇用の促進を図るための助成金を支給している．

⑫　**労働者派遣法**

改正法が 2020 年 4 月から施行され，雇用形態に関係なく公正な待遇を確保して派遣労働者を保護するとともに労働者派遣事業の適切な運営の確保が図られている．

したがって，同一企業内における正規従業員と派遣労働者の間の不合理な待遇差を解消するため，派遣労働者の「同一労働同一賃金」の実現が企業に義務付けられ，大企業には 2020 年 4 月，中小企業には 2021 年 4 月から適用される．

⑬　**男女雇用機会均等法**

男女の雇用における均等な機会，待遇の確保及び女性労働者の妊娠中及び出産後の健康の確保を図っている．本法では，セクシャルハラスメント及び妊娠・出産に関するハラスメント対策を事業主に義務付けている．

⑭　**男女共同参画社会基本法**

男女共同参画社会は，「男女が社会の対等な構成員として自らの意思によって社会のあらゆる分野における活動に参画する機会が確保され，男女が均等に政治的，経済的，社会的及び文化的利益を享受することができ，共に責任を担うべき社会」である．

本法には，男女共同参画社会を実現するための 5 つの基本理念として，「男女

の人権の尊重」,「社会における制度又は慣行についての配慮」,「政策等の立案及び決定への共同参画」,「家庭生活における活動と他の活動の両立」及び「国際的協調」を掲げている.

⑮ 女性活躍推進法（えるぼし認定）

女性の職業生活における活躍の推進について,その基本原則を定め,豊かで活力のある社会を実現することを目的としている.

2019 年 6 月の改正により,一般事業主行動計画の策定義務及び自社の女性活躍に関する情報公表の対象が,常時雇用する労働者 101 人以上の企業に拡大されている.

「えるぼし認定」は,女性活躍推進法に基づき,企業が「女性活躍法に関する取組みの行動計画」を策定し,厚生労働大臣に申請して「えるぼし認定」を受け,商品,広告等に「えるぼしマーク」を付することができる.

⑯ 次世代育成支援対策推進法（くるみん認定）

次代の社会を担う子どもが健やかに生まれ,育成される環境の整備を定めている.

令和 4 年 4 月 1 日には,くるみん認定・プラチナくるみん認定の基準が改正されている.

特に,企業は,次世代育成支援対策推進法に基づき,労働者の仕事と子育てに関する「一般事業主行動計画」を策定し,一定の基準を満たした企業には,「子育てサポート企業」として厚生労働大臣より「くるみん認定」を受け,商品,広告などに「くるみんマーク」を付することができ,会社ぐるみで,「女性の仕事と子育ての両立支援に取り組む企業であることを意味している.

⑰ 育児・介護休業法

育児休業,介護休業など育児または家族介護を行う労働者に対する支援措置を講ずること等により,労働者の福利の向上を目的としている.

改正育児・介護休業法が 2022 年 4 月より順次施行され,2022 年 10 月には,「出生時育児休業（産後パパ育休)」が施行されている.

⑱ 出入国管理及び難民認定法

2018 年 12 月に成立した改正法では,深刻な人手不足に対応するため,外国人労働者の受け入れ拡大に向けて,新たな在留資格として「特定技能 1 号と 2 号」が創設されている.

- 「特定技能 1 号」は,「相当程度の知識又は経験を必要とする技能」の条件で,在留期間は最長 5 年.家族は帯同できない.
- 「特定技能 2 号」は,「熟練した技能」が条件で,在留期間は更新可能で,家族帯同が認められている.

⑲　労働施策総合推進法（パワハラ防止法）

労働に関し,その政策全般にわたり,必要な施策を総合的に講ずることにより,労働者の多様な事情に応じた雇用の安定及び職業生活の充実並びに労働生産性の向上を促進して,労働者の職業の安定と経済的地位の向上を図るとともに,経済及び社会の発展並びに完全雇用の達成に資することを目的としている.

2019 年 5 月の改正により,国がパワハラ問題に取り組む方針を明記し,企業がパワハラ対策に取り組むことが義務化され,大企業は 2020 年 6 月,中小企業は 2022 年 4 月（2020 〜 2022 年 3 月まで努力義務）から具体的な措置をとらなければならない.

⑳　青少年雇用促進法

青少年の雇用促進等を図り,その能力を有効に発揮できる環境を整備することを目的としている.

本法の改正では,円滑な就業実現等に向けた取組みの推進や職業能力の開発・向上の支援を定めている.

(2) 賃金管理

適正な賃金の考え方としては,①生計費説,②支払能力説,③需給説,④契約説がある.賃金管理は,総額賃金管理と個別賃金管理により構成されている.

① **総額賃金管理**：企業の支払能力の労働生産性（付加価値額／従業員数）から見て適正水準を維持.

② **個別賃金管理**：基本給や手当との組み合わせ等の賃金の構成要素を決め,個々の構成要素ごとに適正な個人配分ルールを設定.

③ **職務給**：職務の重要度や困難度によって決定する基本給.

④ **職能給**：職務遂行能力から決定する基本給.

⑤ **年俸制**：年単位で,1 年間の賃金を決定する制度.

⑥ **年功賃金**：学歴,年齢,勤続年数等に応じて決定する基本給.

⑦ **成果主義賃金**：具体的な成果を重視し,仕事の成果に基づいて昇進や賃金

を決定する.

⑧　**業績連動型賞与制度**：業績に連動する賞与で，個人，部門，会社単位の業績に連動して賞与額が変動する制度.

⑨　**同一労働同一賃金**：同一企業・団体内の正規雇用労働者と非正規雇用労働者間の同一労働に対する不合理な待遇差の解消を目指す取り組み.

⑩　**退職給付**：労働者が企業を退職する場合に支給する手当.最近は，企業の負担増加に伴い退職金制度の見直しが検討されている.

⑪　**労働生産性**：企業が新たに産出した「付加価値額（産出量）」を「従業員数（投入量）」で割ったもので，「従業員1人当たりが生み出す成果」の指標として，労働生産性は次式で算出する.

労働生産性＝付加価値額／従業員数

⑫　**労働分配率**：企業において，産出された付加価値額全体のうち，従業員の賃金総額に充当された割合として，労働分配率は

労働分配率＝賃金総額／付加価値額

で表し，企業の「生産性」を示す指標である.

(3) 働き方改革

2018年6月に「働き方改革関連法」が成立し，労働時間の規制の強化や緩和，正規社員と非正規社員の格差是正が図られている.

- 労働時間規制強化では，労働時間外労働の上限が月45時間，年360時間を原則とする，法的拘束力のある上限規制が設けられている.
- 労働時間規制の緩和では，年収の高い一部の専門職（高度プロフェッショナル制度）に対しては時間規制の適用を除外している.
- 同一企業内において，正規社員と非正規社員との間の不合理な待遇格差を是正するため，同一労働同一賃金が規定されている.
- この他，勤務間インターバル制の努力義務，企業に有給休暇の消化義務，フレックスタイム制の残業計算の基準延長，中小企業の残業代割増率が規定されている.

①　**ワーク・ライフ・バランス**：ワーク・ライフ・バランス（仕事と生活の調和）は，「仕事」と「仕事以外の生活（育児や介護，趣味や学習，休養，地域活動等）」との調和を図り，その両方を充実させる働き方，生き方である.このワーク・ラ

イフ・バランス社会の実現のために，フレックスタイム制，変形労働時間制度，テレワーク・在宅勤務，働き方改革等働き方の取り組みが推進されている．

②　**フレックスタイム制**：1 日の労働時間帯を必ず出社すべき時間帯（コアタイム）と出社・退社時間を選べる時間帯（フレキシブルタイム）とに分けて勤務する制度で，変形労働時間制度の一種である．

③　**変形労働時間制度**：一定時間で平均して 1 週間の法定労働時間以内の範囲で労働させることができる制度で，1 週間単位・1 か月単位・1 年単位の変形労働時間制度，フレックスタイム制度等が行われている．

④　**裁量労働制**：業務の性質上，その遂行の方法を大幅に労働者の裁量に委ねる必要がある，専門的業務の労働者に適用される働き方で，専門業務型，企画業務型に大別される．

⑤　**テレワーク**：情報通信技術（ICT）を利用して，勤務時間や場所にとらわれずに有効に活用できる柔軟な働き方である．テレワークには，勤務場所から施設利用型テレワーク（サテライトオフィス，テレワークセンター等），自宅利用型テレワーク（在宅勤務），モバイルワーク等が行われている（p.96 4.2（5）⑦ テレワークを参照）．

⑥　**職場復帰支援**：傷病等によって長期休業した労働者の職場復帰のための支援を会社が行う支援活動．労働者の円滑な職場復帰・再適応を支援し，特にメンタルヘルス不調により休業した労働者の職場復帰を配慮する必要がある．

⑦　**副業・兼業**：副業・兼業について，企業や働く方が法令のもとで留意すべき事項がガイドラインとして公表され，そのルールを明確化している．さらに，副業・兼業する労働者の多様なキャリア形成を促進するためにガイドラインが改定され，副業・兼業の希望者の増加に対処して，労働者の労働時間管理や健康管理等に必要な措置を講じることが示されている．

(4) 健康経営

従業員などの健康管理を経営的な視点で考え，企業が戦略的に実践する事業である．企業は，従業員などの健康投資を積極的に取り組み，企業の活性化や業績向上を図っている．

(5) 職業性ストレス

仕事上の要求・圧力が，労働者の対応能力を超える場合に発生する精神的，身体的な症状であり，外部から継続して長期間にわたるストレス要因を受け続けた結果，心身の健康状態に色々な障害を発生するストレス症状である．

① **ストレスチェック制度**：労働者のストレス状態を調べる「ストレスチェック」が企業に義務化され，メンタルヘルス不調のリスクを事前に低減することを目的としている．

② **メンタルヘルスケア**：すべての労働者が，健やかにいきいきと働ける気配りと援助をする活動で，メンタルヘルスケアには，労働者を対象とするもの及び職場環境等を対象とするものがある．

(6) 雇用制度

従業員の雇用区分を定める制度で，正規社員と非正規社員並びに直接雇用と間接雇用に区分することができる．

① **高度プロフェッショナル制度**：正式名称は，「特定高度専門業務・成果型労働制」と呼ばれ，高度の専門的知識を必要とする業務に従事する労働者で，労働時間規制の対象から除外されている．

業務としては，金融商品の開発，ディーリング，アナリスト，コンサルタント，研究開発等で，年収1075万円以上とされている．

② **再雇用制度**：定年を迎えた従業員を退職させて，その後改めて雇用する制度．厚生年金の支給開始年齢の繰り下げ開始に伴い，高齢者再雇用安定法が改正され，60歳定年後の希望者全員を65歳まで再雇用することが企業に義務付けられている．

③ **無期転換ルール**：労働契約法の改正により，有期雇用労働者は，5年を超えて働いている場合は，本人が希望すれば，期間の定めのない無期雇用契約に転換することができるルール．

(7) 福利厚生

企業が従業員及びその家族の福利向上を目的として行う給与以外の施策のことで，大別して法定福利制度と法定外福利制度がある．前者は健康保険，介護保険，

厚生年金保険，雇用保険等の各種社会保険料の事業主としての負担であり，後者は，交通費，住宅援助，社宅・寮の提供，保養施設，レクリエーション等である．

(8) 雇用保険制度

雇用保険は政府が管掌する強制保険制度で，労働者を雇用する事業は，原則として強制的に適用される．

雇用保険は

（a）労働者が失業してその所得の源泉を喪失した場合，労働者について雇用の継続が困難となる事由が生じた場合及び労働者が自ら職業に関する教育訓練を受けた場合及び労働者が子を養成するための休業をした場合に，生活及び雇用の安定並びに就職の促進のために失業等給付及び育児休業給付を支給する．

（b）失業の予防，雇用状態の是正及び雇用機会の増大，労働者の能力の開発及び向上その他労働者の福祉の増進を図るための 2 事業（雇用安定事業，能力開発事業）を実施する．

雇用保険の失業等給付は，次の 4 つの給付から構成されている．

（a）求職者等給付：一般求職者給付（基本手当等），高年齢求職者給付（高年齢求職者給付金），短期雇用特例求職者給付（特例一時金），日雇労働求職者給付（日雇労働者給付金）

（b）就職促進給付（就業促進手当等）

（c）教育訓練給付（教育訓練給付金等）

（d）雇用継続給付：高年齢雇用継続給付（高年齢雇用継続基本給付金等），育児休業給付，介護休業給付（介護休業給付金）

(9) 労災保険制度

労働者災害補償保険法に基づき，業務上の事由または通勤による労働者の負傷，疾病，傷害，死亡等に対して保険給付を行い，併せて被災労働者の社会復帰の促進，被災労働者及びその遺族の援護，労働者の安全及び衛生の獲得を図っている制度である．

(10) 年金制度

日本の年金制度は，3 階建ての構造となっている．その仕組みを**図 3-1** に示し

ている．１階部分は，全国民に共通の「基礎年金」（国民年金），２階部分は「厚生年金保険」である．この１階及び２階が，国が管理・運営する「公的年金」である．

３階部分は，公的年金に上乗せして「企業が実施する年金」（企業年金など）と個人が任意で加入できる年金の「私的年金」から構成されている．

- 企業が実施する年金
  - （a）厚生年金基金：厚生年金の代行部分のない基金による基金型年金．
  - （b）確定給付企業年金：労使の合意による年金規約に基づき外部機関に積み立てる規約型の年金．
  - （c）企業型確定拠出年金：拠出された掛け金が個人ごとに区分され，掛け金と運用収益で給付金が決定される年金．
- 個人が任意で加入できる年金（私的年金）
  - （a）国民年金基金：都道府県ごとの「地域型国民年金基金」と職種別に設立された「職能型国民年金基金」があるが，2019 年 4 月に両者が合併し，「全国国民年金基金」となっている．
  - （b）個人型確定拠出年金（愛称：iDeCo（イデコ））：個人が拠出した年金資産を自ら運用し，将来受け取る年金は運用実績により変動する年金．

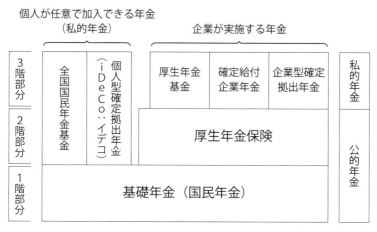

図 3-1　日本の年金制度の仕組み

(11) ハラスメント

色々な場面での「いじめ，嫌がらせ」をハラスメントといい，他人に対する発言・行動等が，本人の意思には関係なく，他人が不快になり，尊厳を傷付け，脅威等を感じる行為である．

代表的なものにパワーハラスメント（パワハラ），セクシャルハラスメント（セクハラ）がある．

①　**パワーハラスメント**：職場の上司が地位を利用して部下に嫌がらせをして，精神的・身体的苦痛を与える行為である．したがって職場におけるパワーハラスメントは，優越的な関係を背景とした言動であって，業務上必要かつ相当の範囲を超えたものにより，労働者の就業環境が害される行為である．

②　**セクシャルハラスメント**：本人が意図する・しないにも関わらず，相手が不快に思い，相手が自身の尊厳を傷付けられたと感じるような性的発言・行動である．

(12) 人材流動化

企業競争力向上のため，企業は常に新しい商品，サービスを提供する必要があり，これらを生み出す有能な労働者が求められる．人材確保の手法として「人材流動化」が推進されている．したがって，労働市場における人材のスムーズな移動を促すことによって，産業のさらなる発展と成長が期待されているが，日本では終身雇用や年功賃金等の雇用慣行の見直しが進まず，労働市場における「人材流動化」はまだ低調であり，活性化が必要である．

(13) 就労状況・労働統計

これまで「各年度労働経済の分析」（労働経済白書）からは「就労状況」，「労働経済・雇用管理の動向」，「総務省労働力調査（詳細集計）」からは「労働者の数」が出題されているため，特に「直近年度の労働経済白書」から「就労状況・労働統計等」を把握することが必要である．

(14) ポジティブアクション（女性社員の活躍推進）

男女雇用機会均等法（p.68 3.2 (1) ⑬男女雇用機会均等法を参照）に基づき，

男女均等の取り扱いを実現するため，ポジティブアクションの取り組みが行われている．

　特に，営業職や管理職などにおいて，男女労働者に格差が生じている場合には，格差解消のために個々の企業が自主的かつ積極的に女性社員の活躍推進のためのポジティブアクションに取り組むことが必要である．

　企業は，メッセージとして「ポジティブアクション宣言」を発表して，女性の活躍推進に向けて企業のビジョン，取り組み内容などを公表している．

3.3 人材活用計画

　組織において人は重要な経営資源であり，それをいかに計画的に活用していくかは組織を維持していくうえで重要課題である．組織が必要とする職務を決定する職務分析，それにもとづいて行われる雇用管理，作業能率に大きく関わる人間関係管理などを対象とする．

(1) 人間関係管理

　組織の大きな管理目的は，生産性を上げることである．このため，職場の人間関係の円滑化を重視する考え方が人間関係管理である．企業の組織は，技術的組織と人間関係の複合体である人的組織の二面性があり，人的組織は公式組織と非公式組織とから成り立っている．

① 公式組織・非公式組織

- **公式組織**：企業が組織の目的，目標を達成するために業務上のルールに基づいて専門化された役割を与え，その活動を統合・調整する公式の組織である．
- **非公式組織**：従業員が業務を通じて交流していると，必ず非公式組織が形成され，非公式組織は職場の行動規範，組織の力関係，職場の居心地及び育成の環境の決定に大きな影響を与えている．

(2) 人事管理

　企業やその他の組織体において，人的資源を有効に管理するための計画的・体系的施策を行うのが人事管理である．

　人事管理の具体的内容として，採用，配置，教育訓練，評価・処遇等の広範囲

の分野を対象としている．内容的には，次の雇用管理と同じである．

(3) 雇用管理

　従業員の確保，処遇等に関する一連の計画的，体系的な労務管理活動で，従業員の採用，配置，教育訓練，処遇，退職等に関する活動を対象としている．

　① **職能資格制度**：年齢や勤務年数，能力，技能から従業員の能力を基準にして決める資格制度である．

　② **職務等級制度**：従業員の職務ごとに業務内容やその難易度のレベルを細かく定義・区分し，その職務に応じて基準を決める制度である．

　③ **役割等級制度**：従業員が要求される役割を基準にして区分・格付け（等級）を決める制度である．

　④ **複線型人事制度**：企業内に複数のキャリアコースを設定し，従業員に選択させる制度である．

　⑤ **勤務地限定社員制度**：勤務地を限定し，転居を伴う転勤（異動）をしない正規雇用社員制度で，介護，育児，家事その他の理由で勤務地を特定範囲に限定したい社員のニーズに対応している．

　⑥ **専門職制度**：特定分野の能力が高い専門家で，特定の業務に限定して業務を担任する制度である．

　⑦ **社内公募制**：新規事業・プロジェクト等の要員確保のために社内で公募を行う制度である．

　⑧ **再雇用制度**：p.73 3.2（6）②再雇用制度を参照．

　⑨ **継続雇用制度**：継続雇用制度には，再雇用制度と勤務延長制度があり，高年齢者雇用安定法の改正により，企業は希望する従業員の全員を 65 歳まで雇用しなければならない．

- **再雇用制度**：定年を迎えた従業員を退職させて，その後新たに雇用する制度．
- **勤務延長制度**：定年を迎えた従業員を退職させることなく引き続き雇用する制度．

　⑩ **自己申告制度**：従業員が自ら業績の自己評価，異動，転籍の希望やキャリア開発（能力開発）を企業側に申告する制度．

　⑪ **ジョブ型（職務主義）**：職務に対して人が割り当てられる雇用の形態で，ジョブ型雇用は，欧米の多くの企業が採用している．

⑫　**メンバーシップ型（属人主義）**：従業員を採用してから人に応じて職務を割り当てる雇用の形態で，メンバーシップ型雇用は，多くの日本企業で採用されている．

⑬　**総合職・一般職**：総合職は，企業の基幹的業務を受け持ち，将来の管理職にもなり，全国または全世界のどこでも転勤させられるのに対して，一般職は，主に補助的業務を受け持ち，業務の負担が少なく，昇進・昇格は限定されているが，転居を伴う転勤がない制度である．

⑭　**職務分析**：従業員個々の職務内容を分析し，職務遂行に必要な知識，技能を明らかにする調査・分析行動で，観察調査，面接調査，質問紙調査等の方法により，職務に必要な内容を把握することができる．

⑮　**職務設計**：職務設計は，各従業員の職務の義務，権限，責任を決定するプロセスで，高い意識付けとその能力を最大限に発揮できるように職務を設計することである．中核的職務特性として，①技能の多様化，②仕事の一貫性，③仕事の有意味性，④自律性，⑤フィードバックの5つの特性がある．

(4) 採用管理

企業の活性化，能力向上のためには，優秀な人材の採用が必要である．企業は外部から人材を確保するための採用先着及び採用計画を作成し，適切な採用管理により，人材を確保して，業績向上を目指している．

(5) セカンドキャリア

会社員等が定年退職後に，女性が出産や育児後に，スポーツ選手が引退後等に従事する，「第二の人生における職業」のことである．

(6) 役職定年制

部長や課長等の役職に就いている社員が一定の年齢に達すると管理職ポストを外れ，専門職等に異動する制度である．

日本では，組織の活性化，モチベーションの向上や若手の育成を図るとともに，人件費の増加の抑制が重視されている．

(7) ダイバーシティ・マネジメント

　ダイバーシティ（Divercity：多様性）の考え方のもとに，多様な社員の違いを受け入れ，戦略的に活かすことによって組織の生産性やパフォーマンスの向上を図る手法・施策である．

　① **障害者雇用**：障害者雇用促進法において，障害者の雇用を促進するため，企業が雇用する労働者の 2.3% に相当する障害者の雇用の義務付けと在宅就労の促進が定められている．

　② **ジェンダーギャップ**：「ジェンダー（gender）」とは，「性別」,「社会的性別」のことで,「ジェンダーギャップ」は,男女の違いにより生ずる各種の格差である．

　この男女の格差を数値で表したのが「ジェンダーギャップ指数」で，「ジェンダーギャップ指数」は「経済・教育・健康・政治」の 4 分野で集計され，1 に近い数値ほど，ジェンダーギャップが小さいことを示している．

　③ **LGBTQ**：LGBTQ は，「L：Lesbian（女性同性愛者）」,「G：gay（男性同性愛者）」,「B：Bisexual（同性愛者）」,「T：Transgender（出生時に診断された性と自認する性の不一致）」,「Q：Queer（セクシュアル・マイノリティ全般）もしくは Questioning（自身の性のあり方をはっきりと決められなかったり，迷ったりしている人．または決めたくない,決めないとした人）」の頭文字でセクシュアル・マイノリティ（性的少数者）の一部の人々のことで，人の性のあり方（セクシュアリティ）は様々である．

(8) タレントマネジメント

　タレントマネジメントは，従業員のタレント（Talent：才能，能力，適性，資質など），スキル及び経験値などの情報を一元的に分析・管理することで，適性に合った人事配置や人材開発を行う，戦略的な人事管理を目指している．

(9) インターンシップ

　学生が在学中の学習内容や将来の進路に関連した企業に「就業体験」させる制度で，社会に出る前に仕事の場を体験し，職業の選択，適性を見極めるのに役立てる方法・手段である．

3.4 人材開発

　将来において必要とされる知識や技能を保有するために，計画された学習を通して組織構成員や組織内部の集団等を変革するプロセスが人的資源開発である．教育・訓練・学習によって組織変革を促進するプロセス，教育訓練計画・教育訓練体系・教育訓練手法といった教育訓練管理，従業員を評価する人事考課管理，品質向上を目的とした QC サークル活動などを対象とする．

(1) 人事考課管理

　従業員の仕事を通して，組織に対する貢献度を公正に評価し，評価結果を組織全体のモラル向上・人事管理に反映させる管理活動である．

　人事考課には情意（態度），業績（成績），能力評価の 3 つがあり，従業員の仕事ぶりや仕事内容を公正に評価する仕組みである．

① **情意考課（態度考課）**：仕事への意欲や勤務態度を評価．

② **業績考課（成績考課）**：業績や成果を評価．

③ **能力考課**：従業員の知識や能力を評価．

④ **多面評価（360 度評価）**：上司以外に，同僚や部下，関連する他部門の関係者，社外の人（顧客，関係会社）等の複数の人によって多面的に行われる人事評価で，360 度評価ともいわれている．

⑤ **目標管理制度（MBO：Management By Objectives）**：従業員が毎年個人目標を設定し，年度末にその達成度を評価する制度である．

⑥ **加点主義・減点主義**

- **加点主義**：成果に対してプラスの面に着目して評価するもので，従業員の間に失敗をおそれず挑戦する意欲が生じる．
- **減点主義**：失敗に対してマイナスの面を評価するため，従業員の間に失敗せずに無難に行動しようとする傾向が生じるおそれがある．

⑦ **人事考課の三原則**：人事考課は，社員の実績や能力について定期的に評価する活動である．人事考課の基本原則として，「公正性の原則」，「客観性の原則」，「透明性の原則」の 3 つが挙げられる．

- **公平性の原則**：決められた一定期間において，同じ評価基準で評価する．

- **客観性の原則**：評価尺度を統一し，決められた評価基準や評価項目について評価を行う．
- **透明性の原則（説明の原則）**：評価基準や評価項目を評価される側に公開し，評価結果に責任を持ち，評価結果を説明できるようにする．

⑧　**相対評価・絶対評価**

- 相対評価は，被評価者が属する組織や集団内で，成績順に序列をつけ，相対的な関係をもとに評価を行う方式である．
- 絶対評価は，集団内での序列に関わらず，客観的基準（絶対的基準）によって個人の能力を評価する方式である．
- これまで日本では，相対評価が採用されていたが，何となくあいまいな感じがするので，最近は人事評価は絶対評価にすべきであると考えられている．

⑨　**バイアス**：バイアス（Bias）は，偏り，偏見，偏向，先入観であり，思考や判断の偏りにより人事評価に偏りが発生する可能性を示している．

人事評価でのバイアスを防ぐには，「評価者の変更」や「複数の評価者による評価」の2つの方法によってバイアスを減らすことができる．

⑩　**評価誤差（ハロー効果等）**：人事評価を行うときには，評価誤差（心理的誤差傾向）を発生しやすい傾向があり，その代表的なものがハロー（Halo：後光）効果である．

ハロー効果は，特定の要素や特徴の良否によって全体の評価が影響を受け，他の項目まで同様の評価を行うことである．このほか，評価誤差（心理的誤差傾向）には，「寛大化傾向・厳格化傾向」，「中央化傾向」，「対比誤差」などがある．

(2) 人的資源開発（HRD: Human Resource Development）

企業が目的達成のために現在から将来にかけて必要な人材の資質・能力を予測し，計画された管理・教育訓練を通じて人材を採用・育成するプロセスである．

①　**階層別研修**：組織の階層ごとに対象者に行う研修であり，新入社員教育や管理職研修等である．

②　**専門別研修**：専門分野ごとの従業員を対象として，新技術の知識・技能や新導入機器操作訓練等である．

③　**課題別研修**：組織全体に共通した課題としてのAIや語学研修のほか，特定の課題としてサイバーセキュリティ対策や組織にとって緊急に措置すべき課題

の普及教育等である.

④　**自己啓発**：通信教育や自学研鑽，留学等によって，従業員個人が自主的に能力開発を行う教育訓練である.

⑤　**e ラーニング（e-Learning）**：パソコン，テレビ等のデジタル情報機器とインターネット等のネットワークを利用して教育・学習活動を行うことで，特にネットワークを通じて遠隔地でも教育の提供を受け，パソコンを使用して新しい形態の教材，資料が利用できる.

⑥　**OJT/OFF-JT**

- **OJT（On the Job Training）**：上司や先輩等の指導のもとで，職場内で仕事を通じて行う教育訓練.

- **OFF-JT（Off the Job Training）**：職場外の教室等で行う教育訓練.

⑦　**課題設定能力**：組織の目的・目標達成のために解決すべき課題を発見し，課題として設定する能力のことである.

⑧　**職務遂行能力**：与えられた職務について，自ら責任を持ってやり遂げることができる能力である.職務遂行能力は，個人の「保有能力」（知識,技能,体力,判断力,企画力,指導力等)」と「発揮能力（責任感,積極性,協調性等による能力)」をかけ合わせた結果が成果につながるものである.

⑨　**対人能力**：組織のチーム力や組織力，従業員個人の能力を発揮するには，まず，個人のコミュニケーション能力が重要であり，個人として相手に対応するコミュニケーション能力が「対人能力」である.したがって，対人能力は,「会話（会って話をする)」,「対話（一対一で話をする)」することが基本となっている.

⑩　**問題解決能力**：組織の目的・目標達成のための問題を解決する能力のことである.

⑪　**コンピテンシー**：一般には，コンピテンシー（Competency：能力，力量，技能など）は，優秀な業績を発揮した「個人の業績達成能力」のことである.この「業績達成能力」を指標として，社員の能力評価，教育訓練，人材の採用基準などの人事制度に採用されている.

なお,「技術士に求められる資質能力(コンピテンシー)」として,「専門的学識」,「問題解決」,「マネジメント」,「評価」,「コミュニケーション」,「リーダーシップ」,「技術者倫理」,「継続研さん」の 8 項目（P.4 表 1-3 を参照）が示されている.

⑫　**グローバル人材開発**：グローバル人材は，市場やビジネスのグローバル化

に対応できる人材であり，必要な資質や要件として次の 3 つの事項が求められている．

(a) 語学力，コミュニケーション力

(b) 主体性，積極性，チャレンジ精神，協調性・柔軟性，責任感・使命感

(c) 異文化に対する理解と日本人としてのアイデンティティー

この他，幅広い教養と深い専門性，課題発見・解決能力，チームワークとリーダーシップ，公共性・倫理観，メディア・リテラシーなどが必要である．

したがって，企業におけるグローバル人材開発にあたっては，社員の持つスキルや能力を発掘・最大化して，組織の力を高めるために，新入社員や若手人材だけでなく，全社員を対象とすることが重要である．

⑬　**リスキリング**：リスキリング（reskilling）は，「新しい職業に就くために，あるいは，今の職業で必要とされるスキルの大幅な変化に適応するために，必要なスキルを獲得する・させること」（経済産業省の定義）である．したがって，リスキリングは業務上で必要とされる知識・技能を学び直し，再教育することである．

特に，デジタル社会に向けた DX（Digital Transformation）の推進のためには，現役世代の従業員がデジタル知識・能力を習得・向上する必要があり，その学び直し（リスキリング）が重要となっている．

⑭　**メンター**：メンター（Mentor）は，仕事上または人生の助言者，相談相手で，新入社員，後輩や女性社員職務上の相談，精神的サポートやアドバイスを行うことである．

(3) 教育訓練技法

企業などの組織における教育訓練技法には，階層別に個人的教育訓練と集団的教育訓練に区分される．

個人的教育訓練は，マンツーマントレーニング（OJT，メンター等）が代表的な技法である．次に集団的教育訓練には，組織開発型教育訓練としてロールプレイング（役割演技法）とビジネスゲーム，創造性開発型教育訓練として討議（ブレインストーミング，ディベート），問題解決型教育訓練として事例研究（ケーススタディ，インバスケット）などがある．

①　**マンツーマントレーニング（OJT，メンター等）**：専属のトレーナーと一

対一で個別に行うトレーニングで，個人に適合した最適のメニューによって行う個人単位の教育訓練技法で，OJT，メンター等で実施されている．

したがって，マンツーマントレーニングは，スポーツの指導，車・機械などの運転技術の習得・実技訓練，専門・特殊技術の伝承，語学研修などに活用されている．

② **講義（講演，報告会等）**

- 講義は，大学の授業のうち，学生に向けて，主に学問的な分野について話す形式で，教育として行われている．
- 講演は，特定の題目（演題・テーマ）について，多数の人に話し，伝えることであり，報告会は，特定の業務や任務を遂行したものが，その状況や結果などについて，報告するものである．

このほか，必要な知識・技能を持った講師が多数の受講者に教える「セミナー」がある．

③ **討議（ブレインストーミング，ディベート等）**

- **討議**：特定の問題について，参加者が自由に意見を述べ，議論することで，ディスカッションのことである．

  討議にはブレインストーミング，ディベート等が含まれている．
- **ブレインストーミング**：p.53 2.7（2）ブレインストーミングを参照．
- **ディベート（debate，論争，討論，討議）**：特定のテーマについて賛否2つのグループに分かれて行われる討論会．

④ **事例研究（ケーススタディ，インバスケット等）**：事例研究は，実際に起こった具体的な事例について分析し，問題解決に必要な原理や法則を見出す教育訓練技法で，ケーススタディともいわれている．

インバスケット（in-basket）は，未処理箱を意味し，まだ決裁されていない書類を処理する能力を確認しようとするもので，制限時間内に決裁者の立場に立って考えさせる模擬体験による事例研究である．したがって，インバスケットには正解はないが，優先順位設定力，問題解決力，洞察力，判断力の向上を図ることができる．

⑤ **ロールプレイング**：役割演技法ともいわれ，あるビジネスの場面を想定して，その場面の登場人物として演技することにより問題点やその解決方法を考えさせる教育訓練技法である．

⑥　**教育ゲーム（ビジネスゲーム，シミュレーションゲーム等）**：教育ゲームは，コンピュータ上の仮想空間において，モデル化や模擬装置を構成してゲームを通じて参加者が実体験と同等の模擬体験を安全な環境下で行い，教育，訓練，学習，課題の検討などの効率化を図ることができる．

教育ゲームには，大別してビジネスゲーム，シミュレーションゲームなどがある．

・**ビジネスゲーム**：実際の経済活動やビジネスをモデル化して参加者に現実のビジネスに挑戦させ，スキル志向の向上を促す教育訓練技法で，ロールプレイングの一種である．

・**シミュレーションゲーム**：現実に事象・体験すべきことについてコンピュータ上の仮想空間においてゲーム体験を通じて参加者の技能を向上させる教育訓練技法である．

具体的に経営シミュレーションゲーム，ウォー・シミュレーションゲーム，実機シミュレーションゲーム（フライト，船舶，潜水艦，ドライブ，宇宙開発シミュレータ等）等がある．

⑦　**自己診断（適性診断，EQ 診断等）**：自己診断は，自分の興味・関心，強み，特徴やスキルのレベルなどを自己チェックして，自分と職業について理解を深めようとする診断である．

自己診断には代表的なものに適性診断，EQ 診断等がある．

- **適性診断**：自己の適性を把握，仕事に対する適性・基礎的能力を診断して就職や転職活動に活用しようとするものである．
- **EQ 診断**：EQ とは「Emotional Intelligence Quotient」の略で，「心の知能指数」または「感情の知能指数」といわれ，時運や他人の感情を知覚し，自分の感情をコントロールする知能である．この EQ 診断においては，自分の現在の心の知能指数と性格傾向を図り，意識的にコントロールすることによって EQ が向上することができる．

(4) 人材アセスメント

企業や組織が必要とする人材を獲得・配置するために，事前に外部の第三者による公正な審査のもとに，対象となる人材の能力・適性を客観的に評価する活動である．

(5) スキル標準

スキル（skill）とは，物事を行うための知識，技能や経験，資格のことで，主に教育，訓練を通して獲得した能力である．

スキル標準は，個人の技術やサービスの能力を専門分野ごとに明確化・体系化した指標であり，その専門分野で求められる人材に必要なスキルとレベルを明確化している．

日本のスキル標準には，IT の実務能力を体系化した「IT スキル標準」及び知的財産人材の実務能力を明確化した「知財人材スキル標準」などがある．

(6) CPD（Continuing Professional Development）

技術者が継続的に専門教育を行うことで，特に技術士には，技術士法第47条の2に「技術士の資質向上の責務」が課せられている．

(7) ジョブローテーション

従業員を1つの職務に専任させるだけでなく，定期的，計画的にいくつかの職務を経験させることで，長期的な人材育成，マンネリズム打破，セクショナリズム抑制等を図る方法である．

(8) QC サークル

QC サークル活動は，小集団活動の代表的な活動形態であり，小集団で品質管理のあり方や手法を活用した改善提案等を自主的に行う活動である（p.31 2.2 (2) ④・QC サークルを参照）．

(9) 外国人研修・技能実習制度

外国人研修・技能実習制度は，「出入国管理及び難民認定法」（p.69 3.2（1）⑱出入国管理及び難民認定法を参照）を根拠法令として実施されていたが，2016年11月に「外国人の技能実習の適正な実施及び技能実習生の保護に関する法律」（技能実習法）が成立し，外国人の研修・技能実習の適正な実施及び技能実習生の保護が定められている．

- **外国人研修制度**：一般企業での「実務研修を伴わない非実務研修」のみが認

められているが,「国や地方公共団体・独立行政法人」などの公共の機関が行う研修を受ける場合のみ「実務を伴う研修」が認められている.

- **外国人技能実習制度**：外国人が日本の企業や個人事業主などと雇用関係を結び, 働きながら技能・技術または知識（以下：技能等）を取得し, 人材育成を通じて開発途上地域等への技能等の移転による国際協力の推進を目的としている. 在留期間の最長は 5 年である.

技能実習制度における在留資格は, 受け入れの方法により,「監理団体型」と「企業単独型」があり, それぞれ次の 3 つに分類されている.

(a)　入国後 1 年目に技能等を修得：技能実習 1 号

(b)　入国後 2 ～ 3 年目に技能等を習熟：技能実習 2 号

(c)　入国後 4 ～ 5 年目に技能等を熟達：技能実習 3 号

(10) キャリアパス

キャリアパス（Career Path）は, ある職位（ポスト）や職務に就任するために必要なスキルや業務経験の積み上げなどを考慮して計画的に行う「経歴の道」,「キャリアアップの道筋」である. これらに基づき, 企業は「キャリア育成プラン」を作成し, 計画的に必要な人材の育成を図っている.

(11) キャリアオーナーシップ（Career Ownership）

現代は, ビジネス環境や個人のキャリアの将来が不安定, 不確実, 複雑で, 不透明な時代に突入している. この状況下でキャリアオーナーシップは「自らのキャリアについて, 主体的・能動的に考え, 行動する」ことである.

人生 100 年時代を迎え, 定年後も安定した生活に必要な収入を得るために, 個人がキャリアに対するオーナーシップを持ち, 自ら主体的にキャリアを開発することが重要である.

4. 情報管理

4.1 情報分析

　人や組織が活動していくためには，様々な情報を活用していく必要がある．しかし昨今では情報量は飛躍的に増大しており，それらを活用するためには適切な分析を行う必要がある．情報分析としては，基礎的な情報分析技法，巨大な電子データを扱うための統計分析とビッグデータ分析を対象とする．また情報活用として，経営・マーケティング分析とナレッジマネジメントを扱う．

(1) 情報分析技法

　経営等の組織運営において，組織を取り巻く膨大な情報から，必要にして正確な情報の収集と分析が，経営判断等において重要な課題である．

　① **アンケート分析**：アンケート結果は調査項目に対する単純集計，年代別や性別等とのクロス集計，時系列集計等の手法で分析する．したがって，分析手法をあらかじめ想定した調査項目の設計が重要である．

　② **情報検索**：大量のデータ群から目的に合致した情報を取り出すことであり，対象データには文字データのほか，音声，画像，動画，地図等の多様な形態がある．

　③ **情報推薦（レコメンド）**：購入履歴やアンケート等による嗜好分析に基づき，顧客に商品を推薦するシステム．広義には利用者に有用な情報を提供する手段を意味する．

(2) 統計分析

　統計分析はマーケティング等で客観的な知見を得るために有効な手段である．そのためのパッケージソフトも多数あるので比較的簡単に導入できるが，その数学的な意味を理解することと良質なデータを収集することが重要である．

　① **記述統計**：基本的な統計手法であり，一変量データの平均，分散，標準偏

差等，二変量データの相関分析，線形回帰等，三変量データの重相関係数等，及びグラフ等の図化表現等がある.

② **線形回帰と最小二乗法**：線形回帰とは二変量データ間の関係を最も有意な直線で近似する方法であり，最小二乗法により近似直線とデータ間の誤差の二乗和が最小となる直線の式を求める.

③ **重回帰**：重回帰分析は多変量解析の1つであり，1つの目的変数（例えば売上高）を複数の説明変数（例えば広告費，商圏人口，商品の種類数等）の1次関数で近似する.

④ **ロジスティック回帰**：説明変数（実用上は2個が多い）から目的変数の有無を判別する分析手法. 例えば，説明変数（喫煙年数，飲酒量）から食道がんに罹る可能性の有無を予測する. 使用するロジスティック関数はあらゆる説明変数の入力値に対し，0から1の範囲の値を出力することで有無判別に使用できる.

⑤ **相関分析**：2変数の関係を統計的に分析する手法. 求まる相関係数が1に近いと正の相関，−1に近いと負の相関が強く，0に近いと無相関と判断される.

⑥ **推定・検定**：推定とはサンプルデータを用いて分布の母集団を求める方法. 例えば，N個の母集団からn個の果実重量を計測し，その母集団は100g±10gで信頼度が95%のように区間推定ができる. 検定とは母集団の分布に関する仮説を統計的に検証する方法. 果実重量の平均が100gと仮定し，その仮説が成立する（帰無仮説）か成立しない（対立仮説）かの，どちらが正しいかを確率により判断する.

(3) ビッグデータ分析

大量かつ多様なデータを分析しマーケティング等に利用するものであり，分析スピードも重要な要素である. 分析手法はアンケート分析で挙げたクロス集計，統計分析の線形回帰分析，次に述べるクラスター分析等の手法がある. さらに機械学習やデータマイニングもこの発展領域である.

① **データ収集**：ビッグデータ解析で最も重要な作業である. 解析の目的や課題を明確にし，そのためのデータ収集の範囲等を定め，そのために適した方法で収集する.

② **データクレンジング**：収集したデータの品質を高めることで，期待する解析結果を得やすくなる. 例えば断片でないこと，重複がないこと，正確であるこ

と，一貫性があること，データ形式が正しいこと，要求範囲であることなどを基準にデータ洗浄をする．

　③　**機械学習**：既知のパターン等を学習し，それをもとに未知データに対して予測するもの．大きく分けて，予測結果が数値の場合とクラス（例えば犬か猫か）の場合がある．

　④　**データマイニング**：機械学習の手法を用いて，大量のデータから未知の特徴量や知識を見出すこと．例えば，Web 内の大量のテキストから新製品の評価を「掘り出す」ような応用があるが，データからのノイズ除去等の前処理（商品名と類似の文字列の除去等）や複数の機械学習技術の適用による結果の検証等の作業を要する．

　⑤　**クラスター分析**：それが属する集団はあまり似ていないが，目的の要素同士が似ているものをクラスターとする分析である．例えば，職種は異なるが，ネット通販をよく利用し，かつ 10 万円以上の嗜好品を購入するクラスターを抽出し，そのクラスターに商品情報メールを送るようなマーケティングに用いる．

　⑥　**情報可視化（ビジュアライゼーション）**：見ることのできない事象や関係性等を画像，動画，グラフ，図などで表すこと．そのための種々のツールが提供されている．

(4) 経営・マーケティング分析

　自社の経営分析により，自社の強み・弱みや経営環境を客観的に分析するとともに，マーケティングにより得られたデータを適切に分析し，その結果を経営指標等に照らして評価することで，次の戦略につなげることができる．

　①　**SWOT 分析**：組織目的達成のために社内外環境を分析する手法．内部要因として強み（Strengths）と弱み（Weaknesses），外部要因として機会（Opportunities）と脅威（Threats）の 4 つのカテゴリーで分析する．

　②　**バリューチェーン分析（製品付加価値創出分析）**：製品や業務等の流れを段階に分類し，その流れの中で価値の連鎖を分析し，どこでどのような価値が創造されるか，またどこにどのような課題があるかを分析する手法．例えば，製品では「部品→組立→卸→小売→消費者」となる．さらに「研究開発→」から始める考えもある．

　③　**3C 分析（自社状況分析）**：自社の経営環境を分析し，課題の発見，戦略

案の発想等に活用する．3Cとは Customer（市場・顧客）・Competitor（競合）・Company（自社）である．

④　**4P分析**：販売戦略のための分析手法であり，どのような製品（Product）を，いくら（Price）で，どの市場（Place）に，どのような販売方法（Promotion）で売るかという，4つの視点を組み合わせたものである．

⑤　**PPM（Product Portfolio Management）分析**：複数の事業を有する企業が，その経営資源を最適に配分することを目的とした分析手法．成長率と占有率の視点から，花形，金のなる木，問題児，負け犬の4象限に分類し，図化する．

(5) ナレッジマネジメント

ナレッジマネジメントとは組織の目的を達成するためにナレッジを共有し，活用する管理手法である．ここでナレッジ（知）とは知識，知恵，ノウハウ，事例，経験，習慣等で付加価値を伴うものと解される．従来からの課題解決だけでなく，課題設定や，無から有を創造するような目的にも利用される．

①　**形式知**：マニュアル，論文等のように，文章や図表で客観的に表現される知．

②　**暗黙知**：経験や勘等，主観的で言語化や形式化がされていない知．

③　**集合知**：多人数の知識または経験等をデータ化，体系化，分析して活用可能とした知．

④　**データウェアハウス**：基幹系システム等から必要情報を総合的に収集し，時系列的に整理された永続性のある統合データベース．

⑤　**知識共有化（ナレッジシェア）**：グループウェアや社内 SNS 等を利用して組織内の知識の共有化を図ること．

⑥　**デザイン思考**：新たな課題に対して，設計的なプロセスで解決すること．クライアントやユーザーのニーズを基盤に，その内容を深め，要求仕様書のような形で定義し，それを具体化するアイデアを出し合い，その後試作，テスト等で実現するイノベーション思考方法．ただし0から1を生じる課題には不向きといわれている．

4.2 コミュニケーション

　複数の人同士や組織の内外においては，常にコミュニケーションが要求される．そのため，コミュニケーション方法やコミュニケーション技法，アカウンタビリティ（説明責任）はその基本となる．また，特に組織におけるコミュニケーションで留意しなければいけない事項もある．また最近では，デジタル・コミュニケーション・ツールやコミュニケーション・マネジメントの手法も重要性が増している．緊急時には，また別の観点からの情報管理が必要となる．

(1) コミュニケーション方法

　コミュニケーションはその目的，対象や範囲等，その場面や時期，また同時性や記録性等により，様々な側面を有する．

　① **言語／非言語コミュニケーション**：言語によるコミュニケーションとともに，人間は非言語的コミュニケーションも同時に使用している．これは意識的と無意識的があるが，意識的な例は身振りがあり，顔の表情は無意識的なことが多い．

　② **マス・コミュニケーション**：不特定の大衆に情報を伝達するために，マスメディア（新聞，テレビ，インターネット等）を用いること．

　③ **パーソナル・コミュニケーション**：言語や動作による，直接的な対人コミュニケーション．人の成長段階では自我形成に有効といわれ，その後もより安定した自己の認識に繋がることから，企業内等においてもこれを重視し，促進するケースがある．次項のコミュニケーション技法でも，このパーソナル・コミュニケーションを基盤としている場合が多い．

(2) コミュニケーション技法

　対人的なコミュニケーション技法が，その目的により色々と開発されており，それらを知ったうえで，自分なりのスキルを開発して組織運営等に活かすことが期待される．

　① **ファシリテーション技法**：会議等の場で，発言を促し，話の流れの舵取りをするための技法．

②　**コーチング技法**：クライアントの目標達成のために，会話等によって自発的な行動を促すコミュニケーションスキル．

③　**カウンセリング技法**：クライアントの問題に対し，会話等を通じて解決を図る技法．特に相手の人格を尊重し，傾聴することが重要である．

④　**ネゴシエーション（交渉）技法**：双方の意見に不一致が生じた場合に，議論によって調整を図り，合意を得ること．両者の力関係で意見を押しつけるのではなく，相手の主張を良く聞き，win-win な結論を得るように心がけたい．

⑤　**合意形成技法**：複数の利害関係者間（ステーク・ホルダー間）での意見の一致を図る技法．多くの場合に達成すべき目標があるが，そのために前のめりになるのではなく，関係者間の調整を図りながら進める必要がある．そのために情報公開，情報共有，意見交換の場等を設け，利害関係者の主張の本質を捉え，また合意不調の場合の代替案を複数準備するなど，2 枚腰，3 枚腰での対応が求められる．そして何よりも信頼関係の構築が要<ruby>要<rt>かなめ</rt></ruby>である．

(3) アカウンタビリティ（説明責任）

情報は結論だけではなく，利害関係者等からの求めに応じてその背景，具体的な内容，議論の過程等の説明責任を果たし，関係者の適正な理解と判断材料の提供が必須である．

①　**情報開示**：会社法や金融商品取引法において，利害関係者の適正判断が可能なように情報開示規定が設けられている．

②　**開示請求**：開示請求書による開示請求があったときは，行政機関の長または独立行政法人等は，不開示情報が記録されている場合を除き，行政文書または法人文書を開示しなければならないこととされている．個人情報保護法改正（2021 年施行）により，事業者への本人情報開示請求が容易になる流れがあり，事業者として開示基準等の準備が不可欠である．また改正プロバイダ責任制限法改正（2022 年施行）でネット中傷についてプロバイダに対する発信者情報開示の請求範囲がより拡大されている．

③　**社会的受容（PA：Public Acceptance）**：地域への企業進出，公共施設等の建設，生活等に変革をもたらすような新技術等が地域社会や国民の理解・賛同を得て受け入れられること（p.129 5.2 (9) ①・社会的受容（PA）を参照）．

④　**ステーク・ホルダー**：企業等の活動に関わる利害関係者のこと．具体的に

は，顧客，従業員，株主，取引先，地域社会，行政機関等である．

⑤　**統合報告書**：企業の年次会計報告書として，財務データ（定量的データ）と知的資産（定性的データ）の両方の観点からまとめたもの．知的資産の例としては経営理念，経営層の能力，社員の意識，技術力，ノウハウ，商品開発力，協力会社，顧客などである．

(4) 対外コミュニケーション

　行政や企業等における情報の公開は住民や消費者等との双方向性が重視されている．そのため，開示基準等により情報の質，範囲やタイミングを適正にすることが求められる．

　①　**情報公開法**：行政機関が保有する情報の公開請求手順を定めた法律．政府が国民に対して説明責任（アカウンタビリティ）を全うし，民主的な行政の推進に資することとされている．

　②　**知る権利**：国民が政治や行政の情報を知ることのできる権利であり，民主主義国家における基本的な権利である．

　③　**開示基準**：近年は組織の戦略手段として情報公開の活用があり，そのために開示基準が必要である．また日常時のみならず，不祥事等の緊急時における開示基準も検討しておく必要がある．

　④　**パブリック・リレーションズ**（**PR：Public Relations**）：従来の広告宣伝としてのPRから一歩踏み込み，組織としての社会的信頼性や製品・サービスへの理解を求める姿勢によりPRの効果を高めることにつながる．

　⑤　**住民参加**：公共工事等で当該地域住民の利害に関わる場合に，その住民が発言権を得て意思表明を行うこと．

(5) デジタル・コミュニケーション・ツール

　コンピュータと通信回線を利用したコミュニケーションツールが発達しており，それらの有効な活用により情報共有や意見交換等の能力を強化できる．

　①　**ファイル共有**：複数の利用者間で，記憶装置に保存されたファイル等を共有すること．

　②　**グループウェア**：組織内で情報共有やコミュニケーションを図れるソフトウェア．

③　**テレビ会議・web 会議**：テレビ会議はカメラ，マイクとディスプレイ，スピーカを利用して，遠隔地間の会議を可能とするシステム．Web 会議はパソコンやスマートフォンを利用した遠隔会議システムであり，安価もしくは無料のサービスが提供されている．

④　**ビジネスチャット**：電子メールの補完として，チャット（リアルタイムな文字ベースでの会話）形式でコミュニケーションや情報共有を図るツール．

⑤　**（参考）ウェビナー（Webinar）**：Web と Seminar の造語でオンラインセミナーとも呼ばれる．Web 会議との違いは多人数の受講者を想定しており，またウェブキャスト（配信）のように一方向ではなく，受講者側から音声やチャットなどで質問を受けることができる．また受講者内で複数グループを作り，討論ができるツールもある．さらにリアルタイム聴講ができなかった受講者向けに録画配信も行われる．

⑥　**（参考）オンライン授業**：仕組みはウェビナーにも類似するが，使い方として教室での対面授業と出席できない学生のための同時配信の並行及びオンデマンド配信を授業内容により適宜組み合わせている．学生への課題の与え方など利用側の工夫を要する．

⑦　**（参考）テレワーク**：情報通信技術を使用した柔軟な働き方であり，働く者が抱える育児，介護，療養，学業，出張，時間帯，副業等の様々な課題に柔軟に対応できるので，働き方の可能性が拡大する（p.72 3.2（3）⑤テレワークを参照）．

在宅勤務は職場以外の場所でインターネット，社内イントラネット，電子メール，ファイル共有機能，電話，Web 会議等を活用した労働形態である．

サテライトオフィスには職場機能が完備されており，一社専用から複数社共有まであるが，自宅近隣や出張先で利用できる．

(6) コミュニケーション・マネジメント

コミュニケーション技術のみならず，合意形成やプロジェクト等の進行におけるコミュニケーション過程の計画や統制，情報管理等のマネジメントを確立する必要がある．

①　**コミュニケーション計画**：プロジェクト管理において，プロジェクトマネージャー等が必要とする情報を定め，その対象情報の種類，配布対象者，報告時期・

頻度等を定めたもの．

② **会議設計**：議題，目的，出席者，日時場所，権限者，運営方法，会議資料内容及び資料配布／表示方法等をあらかじめ設計し，意思決定を円滑に行うための作業．

③ **コミュニケーション・コントロール**：コミュニケーション計画に基づいて，情報が適切に管理，配布されるように制御し確認すること．プロジェクト管理では，プロジェクトメンバーのみならず，すべてのステークホルダーを対象とすることが望ましい．

(7) 緊急時の情報管理

緊急時には使える情報伝達手段が日常と同じとは限らず，最悪環境での情報伝達手段を準備する必要がある．また入手できる情報の精度を即座に評価し，また伝えるべき内容を選別することも重要である．そのためには日常における準備が必須である．

① **緊急時情報システム・サービス**

- **緊急速報サービス**：国，自治体や気象情報サービス業や社会インフラ系企業（交通情報等）から発信される緊急情報であり，媒体もテレビ，ラジオ，ネット等により速報性があり，また信頼性も高い．

- **安否確認サービス**：企業等の組織が従業員の安否確認を漏れなく，効率的に行えるサービスは通信インフラ系企業等から提供されているが，ネット，電話を用いるものが多い．また，高齢者を対象とした個人向けサービスもある．

- **被害予測システム**：例えば，台風の進行に従って，リアルタイムな被害予測情報が国，自治体，損害保険会社等から提供される．またリアルタイムではないが，津波の被害予測シミュレーションがある．企業や住民は，平時からその情報を正しく理解し，行動する準備が必要である．

- **緊急時情報収集・共有システム**：自治体のほか，情報インフラ系企業等が主にクラウドを利用した緊急時情報収集・共有システムを提供しており，平時からその活用の準備が必要である．

② **緊急時の情報処理**

- **緊急事態早期発見法**：マクロな公共情報を得る一方で，その組織にとってエッセンシャルな個別情報を得る必要がある．支店・支所等との連絡に加え，

プラント・工場等の遠隔監視データの活用が有用である．また SNS 情報も役立つので，あらかじめハッシュタグを決めておくことを推奨する．

- **緊急時情報選別・評価（救出優先順位，支援優先順位等）**：緊急時の情報は不足がちであることに加え，ノイズ（誤報，デマ等）がある一方で，断片でも重要な情報があり，その選別・評価には日常での対象範囲の情報ソースの理解が必須である．各種優先順位については平時にトリアージ（優先順序付け，選別基準）の準備を行い，また訓練を要する．
- **限定情報での意思決定**：災害等の緊急時には情報が不足していることが多いため，意思決定に支障があり得る．不足情報を補うために，ドローンや無線端末の利用を準備するとともに，意思決定手順をケースごとにあらかじめ準備して緊急時に利用すること，また意思決定に伴う活動に関連する部署や官公庁との連携をあらかじめ確認しておくことが必要である．
- **危機広報**：危機は自然災害や事故もあるが，不祥事や経営情報へのデマという場合もある．例えば，部品工場が被災した場合は，速やかにプレスリリースをする一方で，サプライチェーン上の関係先等に詳細な情報を提供し，取引先の生産への影響を最小限に留めることが求められる．いずれの場合も速やかで真実の広報に努めることが大切である．

4.3　知的財産権と情報の保護と活用

社会全体で知的財産権を保護することは，技術の発展に欠くことはできない要素である．知的財産権の種類，知的財産権戦略（創造・保護・活用等）に関する全般的な内容を対象とする．また，機密情報や個人情報の保護と適正利用，独占禁止法も対象とする．

(1)　知的財産権（知的財産基本法）

知的財産基本法（平成 14 年 12 月 4 日法律第 122 号）の目的は新たな知的財産の創造，保護及び活用に関し，基本理念及びその実現を図るものであり，その基本となる事項を定めたものである．

また定義として，知的財産とは，発明，考案，植物の新品種，意匠，著作物その他の人間の創造的活動により生み出されるものや，商標，商号その他事業活動

に用いられる商品または役務を表示するもの及び営業秘密その他の事業活動に有用な技術上または営業上の情報をいう．近年の知財権の重要性向上に伴い，頻繁に法改正があるので，常にウォッチすることが不可欠である．

①　**産業財産権**：特許庁所轄の特許権，実用新案権，意匠権，商標権をいう．

②　**特許権（特許法）**：発明とは「自然法則を利用した技術的思想の創作のうち高度のものをいう」（特許法）とされ，その発明者に独占的な権利を一定期間与えて発明の保護を図る．発明には「物」の発明，「方法」の発明及び「物の生産方法」の発明の3つのタイプがある．特許庁に出願・審査請求をし，特許査定を受け，特許料を納付して特許権取得となる．保護期間は出願日から20年（一部25年）．

③　**実用新案権（実用新案法）**：考案とは「自然法則を利用した技術的思想の創作」であって，「物品の形状，構造又は組合せに係る考案」（実用新案法）を保護の対象とする．実用新案は出願に対して形式審査のみで「無審査登録」される．その権利行使には別途「実用新案技術評価書」を得る必要がある．保護期間は出願日から10年．

④　**意匠権（意匠法）**：意匠とは「物品の形状，模様若しくは色彩又はこれらの結合であって，視覚を通じて美感を起こさせるものをいう」（意匠法）．工業上利用可能性，新規性，創作非容易性が必要要件である．2020年4月施行より「建築物（建築物の部分を含む）の形状等又は画像（機器の操作の用に供されるもの又は機器がその機能を発揮した結果として表示されるものに限る）」が追加された．また内装の意匠（第8条の2）も追加された．さらに2021年4月施行より関連意匠の出願日が本意匠出願から10年に緩和され，また関連意匠の関連意匠も出願可能となった．意匠登録出願をして，登録査定を受けると登録料を納付し，権利化される．保護期間は出願日から25年（2020年3月31日以前の出願は登録から20年，2007年3月31日以前の出願は登録から15年）．なお2021年改正により個人輸入による意匠権侵害が含まれることになった．

⑤　**商標権（商標法）**：商標とは「人の知覚によって認識することができるもののうち，文字，図形，記号，立体的形状若しくは色彩又はこれらの結合，音その他政令で定めるもの」（商標法）であって，商品または役務について使用するもの．2015年4月から動き商標，ホログラム商標，色彩のみからなる商標，音商標，及び位置商標についても登録できる．商標登録出願をし，登録査定を受けると登

録料を納付し，権利化される．保護期間は登録から 10 年で，更新可能である．なお 2021 年改正により個人輸入による商標権侵害が含まれることになった．

⑥ **著作権（著作権法）**：著作権法は「著作物並びに実演，レコード，放送及び有線放送に関し著作者の権利及びこれに隣接する権利を定める」ものである．この著作隣接権は著作物の公衆への伝達に重要な役割を果たしている者（実演家，レコード製作者，放送事業者及び有線放送事業者）に与えられる権利である．近年の動画配信サイト等は，サイト運営者が著作権料を払うことで，「歌ってみた」等の投稿が可能となっている．著作権は著作物の創作と同時に発生し，原則著作者の死後 70 年まで存続する．団体名義や映画の場合は原則公表後 70 年である．

⑦ **先使用権制度**：A による特許の出願時点で，B がその出願に関わる発明の実施である事業（事業の準備を含む）をしていた場合に，B はその特許権を無償で実施し，事業継続を可能とする制度である．

⑧ **国際出願制度**：特許協力条約（PCT：Patent Cooperation Treaty）に基づく国際出願は，条約に従って自国の特許庁に出願することで，PCT 加盟国のすべてに同時に出願したことと同じ効果を与える出願制度である．

(2) 情報の保護

情報の保護は各個人，各組織が自ら取り組むべき課題であり，保護とともにコンプライアンス（法令遵守）を重んじ，かつ情報の有効な活用を図ることが期待される．

① **特定秘密保護法**：国の安全保障が著しく脅かされかねない重要情報の保護に関する法律であり，対象は防衛，外交，特定有害活動（スパイ活動等）の防止，テロリズムの防止の 4 分野．2014 年施行で，有効期間は上限 5 年で更新可能，最長 60 年で例外もある．

② **不正競争防止法**：違法行為類型が示されている．すなわち，周知表示混同惹起行為，著名表示冒用行為，商品形態模倣行為，営業秘密の侵害，限定提供データの不正取得等，技術的制限手段無効化装置等提供行為，ドメイン名の不正取得等の行為，原産地・品質等誤認惹起表示行為，信用毀損行為，代理人等の商標冒用行為等である．侵害への民事上の措置は，差止請求，損害賠償請求，信用回復措置請求があり，特に違法性の高い行為は刑事罰の対象としている．仮想空間で

のデジタル模倣品の禁止が追加されるとの報道がある（2023年1月）.

③　**肖像権・パブリシティ権・プライバシー権**：肖像権は法的に明記されていないが，憲法第13条「幸福追求に対する国民の権利」が根拠とされている．したがって刑事罰に問うことはできず，民事訴訟による．肖像権にはパブリシティ権とプライバシー権の2つの側面があり，パブリシティ権は人気タレント等が備えている顧客吸引力などの経済的な価値を保護するものである．一方のプライバシー権は個人情報保護法（次項）に隣接するが，私生活上の情報をみだりに公開されない権利であり，その中に肖像も含まれる．

(3) 個人情報保護法

高度情報通信社会の進展に伴って個人情報の利用が著しく拡大しているため，個人情報の適正な取り扱いを定め，国及び地方公共団体等の責務等を明示し，個人情報取扱事業者の義務等を定めることで，個人情報の適正かつ効果的な活用を図り，個人の権利利益を保護する．

①　**個人情報**：生存する個人に関する情報であって，氏名，生年月日その他の記述等により特定の個人を識別することができるもの，及び個人識別符号が含まれるもの．個人識別符号とは生体から作成される顔認証データ，指紋データ等と，マイナンバー，パスポート，運転免許証等をいう．

②　**匿名加工情報**：特定の個人を識別できないように個人情報を加工し，かつ復元できないようにしたもの．個人情報取扱事業者は個人情報保護委員会規則で定める基準に従い加工しなければならない．なお，データは「個人情報を含むデータ（パーソナルデータという）」，「匿名加工されたデータ」，「個人に関わらないデータ（IoT端末からのセンシングデータ等）」の3つに分類することができるとされている．

③　**個人情報の保護措置**：個人情報の保護のための措置は，国，地方公共団体，独立行政法人等，地方独立行政法人及び個人情報取扱事業者等が講ずべき基本的な事項として定めるものとされている．2023年4月から国，地方，独立行政法人，民間ごとでの規定や運用を個人情報保護委員会が一元的に制度を所轄する．

④　**オプトイン／オプトアウト**：個人情報の第三者提供において，オプトイン方式では原則禁止であり，対象者が明示的に承諾したものだけが可能で，個人情報保護委員会への届出が不要である．オプトアウト方式では対象者が明示的に拒

否したものだけが停止されるが，オプトアウト手続きを行っていることを個人情報保護委員会に届ける義務がある．また「要配慮個人情報（人種，信条，身分，病歴，犯罪歴，犯罪被害歴など）」は認められない．

⑤　**個人情報の活用・流通**：2017 年施行の改正個人情報保護法では，時代に即した個人情報の活用・流通を情報漏洩リスクとのバランスをとりながら促進する内容となっており，これを受けて各界で対応する動きがある．例えば，医療情報は改正個人情報保護法で「要配慮個人情報」とされ，医療情報の第三者提供はオプトインとされているが，2018 年施行の次世代医療基盤法であらかじめ通知を受けた本人または遺族が停止を求めない場合にオプトアウトが適用できる．2022 年からは組織内での個人情報の利活用促進を目的に仮名加工情報（個人を特定できる項目を削除する等）が導入された．

⑥　**個人情報の漏えい時対応**：個人情報取扱事業者は，漏えい等事案が発覚した場合は，その事実関係及び再発防止策等について，個人情報保護委員会等に対し，速やかに報告するよう努めることとされていたが，2022 年からは義務化された．

(4) 独占禁止法

「私的独占の禁止及び公正取引の確保に関する法律」（通称：独占禁止法）は，「私的独占，不当な取引制限及び不公正な取引方法を禁止し，事業支配力の過度の集中を防止して，結合，協定等の方法による生産，販売，価格，技術等の不当な制限その他一切の事業活動の不当な拘束を排除することにより，公正且つ自由な競争を促進」させること等を目的とする．

①　**私的独占**：「排除型私的独占」は，事業者が単独または他の事業者と共同して，不当な低価格販売等の手段を用いて競争相手を市場から排除する等の行為であり，「支配型私的独占」は，事業者が単独または他の事業者と共同して，株式取得等により他の事業者の事業活動に制約を与えて市場を支配しようとする行為である．

②　**不当な取引制限**：「カルテル」は，事業者等が相互に連絡を取り合い，本来自主的に決めるべき商品の価格や販売・生産数量等を共同で取り決める行為である．「入札談合」は，p.104 本項⑥入札談合を参照．

③　**不公正な取引方法**：不公正な取引方法は，「自由な競争が制限されるおそ

れがあること」,「競争手段が公正とはいえないこと」,「自由な競争の基盤を侵害するおそれがあること」といった観点から, 公正な競争を阻害するおそれがある場合に禁止される. 例えば安売り店にはメーカーが共同で取引を拒む場合である.

④ **下請法**：下請法は独占禁止法の補完法で, 下請事業者に対する親事業者の不当な取り扱いを規制するものであり, 親事業者による受領拒否, 下請代金の支払遅延・減額, 返品, 買いたたき等の行為を規制している. 消費税転嫁対策特別措置法により, 下請事業者に消費税分の減額を要求する等が禁止されていたが, 2021 年 3 月末に失効したため, 以降は独禁法及び下請法上の問題になり得るとされている.

コラム

インボイス制度と下請法・独禁法

インボイスとは適格請求書登録番号や税率ごとに区分した消費税額等, 必要事項が記載された請求書である.

インボイス（適格請求書）制度は消費税の完全徴収を目的としたものと言われており, 2023 年 10 月より施行される. 非課税事業者（年間売上 1 千万円以下）でも適格請求書発行事業者として登録することで, 従来は益税としていた消費税を徴収できる. ただしこれは強制ではないことから, 混乱が懸念されている.

国交省サイトで事例を示しているので, 理解の一助とされたい.

・事例 1：取引完了後に適格請求書発行事業者で無いことが判明したため, 消費税相当額を支払わないこととした. これは下請代金の減額で下請法違反である.

・事例 2：非課税事業者である下請りが, その後適格請求書発行事業者になったが, 消費税分の増額を認めなかった. これは買いたたきで下請法違反のおそれがある.

・事例 3：下請事業者に課税事業者になることを求め, 応じないと消費税分は支払いできないとし, 応じなければ取引打ち切りと通告した. これは独禁法問題のおそれがある.

⑤　**独占禁止法とコンプライアンス**：経済取引における公正な競争を促進させるためには，独占禁止法の遵守とともに，企業等におけるコンプライアンスの向上が重要である．なお独禁法の解釈は難しいため，専門家の意見に依ることが望ましい．

⑥　**入札談合**：公共工事や物品の公共調達に関する入札に際し，事前に受注事業者や受注金額等を決めてしまう行為である．

(5) 知的財産戦略

知的財産戦略本部令（2003 年）の規定に基づき，「知的財産の創造，保護及び活用に関する推進計画」に関わる専門調査会が設置された．後に「知的財産推進計画」に名称変更されている．2013 年に「知的財産政策ビジョン」が策定され，毎年「知的財産推進計画」が策定されている．

2022 年版では，米国等の企業価値の源泉が無形資産である一方で，日本ではその貢献度が低く，イノベーション競争力が世界 13 位と低落している現状において，企業の知財・無形資産への投資・活用がカギであるとの認識から，①スタートアップ・大学の知財エコシステムの強化，②知財・無形資産の投資・活用促進メカニズムの強化，③標準の戦略的活用の推進，④データ流通・利活用環境の整備，⑤デジタル時代のコンテンツ戦略，⑥中小企業／地方／農林水産業分野の知財活用強化，⑦知財活用を支える制度・運用・人材基盤の強化，⑧アフターコロナを見据えたクールジャパンの再起動の 8 項目が挙げられている．

①　**知的財産の創造**：知財創造教育・知財人材の育成，とりわけクールジャパン戦略の持続的強化，地方のクールジャパン資源の発掘等，データ・AI 等新たな情報財の知財戦略強化等．

②　**知的財産の保護**：地方・中小企業・農業分野の知財戦略強化支援（植物品種の海外流出防止等），模倣品・海賊版対策，ビジネスモデルを意識した標準・規制等のルールのデザイン，デジタル化・ネットワーク化の進展に対応した著作権システムの構築等．

③　**知的財産の活用**：知財権の活用には種々の環境整備が必要である．例えば知財のビジネス上の価値評価，意匠制度見直しとデザイン経営推進，映像著作権創造のためのロケ撮影場所等の環境改善，デジタルアーカイブ社会の実現等．．

④　**標準化戦略**：「知的財産推進計画」2017 年版において，「グローバル市場

をリードする知財・標準化戦略の一体的推進」が述べられている.

- 自社のコア技術や製造ノウハウ等は特許化・秘匿化によるクローズ戦略で技術的優位性を確保.
- 自社製品を際立たせるような標準・基準等は国際標準化するといったオープン戦略により市場を確保.

これらを両輪としたオープン・クローズ戦略の策定が重要とされている.

2022年版では標準の戦略的な推進が挙げられた.

⑤　**デジュール標準**：ISO（国際標準化機構），IEC（国際電気標準会議）等の国際標準化機関が定める公的標準であり，公的で明文化され，公開された手続きによって作成される．WTO（世界貿易機関）／TBT協定（貿易の技術的障害に関する協定）のもと，国際法上の遵守義務が生じる.

⑥　**フォーラム標準**：当該技術に関心のある企業等が集まってフォーラムを結成して作成した標準．有名な例としてDVDフォーラム（DVD規格の制定及び普及促進の世界組織で機器メーカー，コンテンツプロバイダなどが参加）や，W3C（World Wide Web Consortium）（HTML，XML等のウェブ技術の標準化を行う国際コンソーシアム．会員には大学も含まれている）がある.

⑦　**デファクト標準**：1社が決めたもので強制力はないものの，市場での取捨選択や淘汰により支配的になったもの．事実上の標準．例としてWindows，ブルーレイ，USB端子などがある.

⑧　**ライセンス（技術実施許諾）**：特許として権利化された発明を，他人に実施させることを許可する契約であり，独占的な実施権の許諾と非独占的な実施権の許諾がある．また，権利化前の「特許を受ける権利」の実施権の許諾も可能である.

4.4 情報通信技術動向

現在の様々な業務遂行において，情報通信技術（ICT）の活用は不可欠である．情報システム実現方法の動向とシステム評価手法（RASIS），インターネットは基本的な構成要素である．また，情報システム活用方法の動向，今後のデジタル変革をもたらす技術も対象とする.

(1) 情報システム実現方法の動向

　情報システムは現代社会の重要なインフラである．社会人であれば誰でも，それがどのような仕組みであるか，またその利用や次世代技術の動向を知ることは必要な知識といえる．技術士であればその専門部門に関わらず必須であろう．

　① **集中化と分散化**：コンピュータ性能，データストレージ，通信技術等の進歩と社会のニーズにより，集中化と分散化の最適なバランスが時代により図られてきた．古くはメインコンピュータと入出力端末という構成で，処理は集中であった．やがて通信ネットワークを利用したクライアントサーバシステムとして，ネットワークで結ばれたクライアントからの要求にサーバが応答する形となり，集中と分散の協調が図られた．しかしクラウドの登場でローカルなデータもすべてクラウドサーバ側で管理する方式が普及した．さらに自動運転技術では，その端末側でのリアルタイムな高速処理が利用されている．同様に WEB の画面設計でも，集中と分散の視点が巧みに利用されている．TOP 画面への情報集約と検索ページの充実による分散化がその例である．

　② **WEB サービス**：利用者が WEB ブラウザによる表示・操作により利用できるサービスであり，SNS，動画配信，チケット予約，ネットバンキング等がある．

　③ **クラウドコンピューティング**：ソフトウェアやデータ等を，ネットワークを通じてサービスの形で利用する方式．これに対して自社組織内運用をオンプレミスという．

　④ **エッジコンピューティング**：端末自身で，または端末から近いサーバで情報処理を行う方式．局所的な通信で処理が完結するので通信量が抑えられ，遅延も低減できる．またリアルタイム性が要求される自動車の自動運転等では，端末側に相応の処理能力を持たせる．

(2) システム評価指標（RASIS）

　コンピュータシステムの代表的な評価指標の 5 つの頭文字．具体的には以下の項目である．

　① **信頼性（Reliability）**：適正な動作環境下において，コンピュータシステム等が要求された機能を安定して処理する能力である．

　• **MTBF（平均故障間隔）**：Mean Time Between Failure．システム等の信頼

性指標の 1 つであり，稼働開始から次に故障するまでの平均稼働時間．

MTBF＝総稼働時間÷総故障回数

- **MTTR（平均修復時間）**：Mean Time To Recovery．システム等を修復する平均修復間隔．

MTTR＝総故障時間÷故障回数

② **可用性（Availability）**：システムを障害なく稼働し続けることで，その指標は稼働率である．

- **稼働率**：システム等の全運転時間に対する稼働時間の割合．

稼働率＝MTBF÷（MTBF＋MTTR）

③ **保守性（Serviceability）**：単に修理の容易性だけではなく，技術の進歩や使われ方の変化により，システムの更新のしやすさも含まれる．特にソフトウェアでは税法等の法律改訂等でも保守が必要となり，それが容易なようにプログラム構造の分かりやすさやドキュメント類の整備が求められる．

④ **保全性（Integrity）**：障害時等でのデータ破壊や処理異常の起きにくさを意味する．

⑤ **安全性（Security）**：機密性に優れ不正アクセスされにくいことを意味する．

(3) 通信インフラ

通信インフラは通信回線，通信機器，施設等の総体であり，今日では社会インフラとしての重要性が益々増加している．日本での施設は通信会社が保有・運用しているが，広義には特定企業，公共期間が有する通信網も含まれる．

① **固定通信**：屋外から直接回線を引き込んで利用するものであり，光ファイバ回線，メタル回線がある．

② **移動通信**：特定の固定局の通信範囲を超えて，広い範囲で移動できる，無線通信機器を用いた通信．携帯電話，衛星電話等であるが，広義には警察無線やタクシー無線，トランシーバー等を含む．一方無線 LAN（Wi-Fi）は狭い範囲での利用であり，含まれないと考えられる．

③ **インターネット**：標準化された通信規格群を用いた，全地球的な通信ネットワークであり，個人から企業，組織，公共機関等が利用する．今や最も重要な情報通信基盤である．その大きな効用とともに，リスクとその回避策を理解し適正な利用を図ることが，一般人にとっても必須である．

- **SNS（ソーシャル・ネットワーキング・サービス）**：インターネット上で人と人との社会的なつながりを促進する機能を提供するサービスである. 代表的 なものに会員間情報共有の Facebook，短いつぶやきを投稿する Twitter，写真 投稿を中心とする Instagram，日本版 SNS の mixi，チャットを提供する LINE 等があるが，動画系の YouTube，短尺動画の TikTok 等を含める考えもある. また社内 SNS や学内 SNS としての活用もされている.

- **クラウドサービス**：従来は手元のコンピュータ，またはサーバにインストールして利用していたアプリケーションやデータを，いつでもどこからでもインターネットを通じて利用できるサービスの総称. アカウント情報を入力すれば，場所や端末にかかわらず利用できる.

  - SaaS（Software as a Service）はアプリケーションソフトの機能提供をサービス化したものであり，web ブラウザ等を通じて利用する.

  - PaaS（Platform as a Service）はサーバ環境をサービス化したもので，契約者は必要とするアプリやデータを導入して利用する.

  - HaaS（Hardware as a Service）はコンピュータや通信回線等をサービス化したもので，契約者は必要とする OS やアプリを導入し，ネットワークを通じて利用する.

(4) 情報システム活用方法の動向

　情報システムは広範なビジネスシーンで活用されている. その範囲は業務の種類においても，また空間的な広がりにおいても拡大を続けている.

　①　**ERP（Enterprise Resources Planning：統合基幹業務システム）**：企業を構成する多くの部門や業務で扱う情報資源を，統一的かつ一元的に管理する手法である.

　②　**財務会計・管理会計システム**：企業会計は 2 つに大別され，財務会計の目的はステーク・ホルダー向けの外部公開であり，管理会計は現状把握や経営判断に用いる内部向けである.

　③　**人事システム**：組織構成員のデータを一元管理するものであり，人事・給与システムと人材マネジメントシステムに大別される.

　④　**販売管理システム**：販売管理システムは製造業, 卸売業, 小売業等で機能,

範囲が異なる．製造業では受注管理，在庫管理，出荷管理，売上管理等のサブシステムから構成される．

⑤ **顧客管理（CRM）システム**：CRM（Customer Relationship Management）とは顧客氏名等の基本情報に加え，購買履歴やアンケート情報等を一括管理する．これをもとにダイレクトメール等の営業活動に活かす．最近は購買に結び付かなかった検索履歴やクラスター分析等により，レコメンドに活用する．

⑥ **営業支援（SFA）システム**：SFA（Sales Force Automation）とは営業活動の可視化と情報共有を目的としたもので，顧客データ管理，売り上げや営業活動の可視化，見積書等帳票作成機能，営業日報等の機能があり，名刺管理もこの一部である．

⑦ **生産管理システム**：生産計画とそれに必要な諸資源の管理及び工程管理，原価管理，品質（不良率）管理等を行う．資源とは部品在庫管理やその発注管理，設備管理，作業量管理，人員管理等を含む．

⑧ **サプライチェーンマネジメント（SCM）システム**：SCM（Supply Chain Management）とは自社と取引先との間での受発注，在庫，販売及び物流等の情報を共有し，それらの最適化を図る管理手法または情報システム（p.26 2.1 (11) サプライチェーンマネジメントを参照）．

⑨ **企業内ポータル・イントラネット**：企業内ポータルとは企業内での社員向けホームページであり，共有すべき情報の入手や，スケジュール登録，会議案内，会議資料配布，会議室予約等ができる．また役職や権限によってアクセス権が設定されている．大規模な企業では社内のサーバが分散しており，それらをイントラネットというインターネットの技術を用いた社内ネットワークで接続する．インターネットと共通の操作性なので，様々な業務サービスが導入しやすい．

⑩ **ビジネスインテリジェンス（BI：Business Intelligence）**：専門家ではなく一般の従業員が利用するためのビジネスツールで，データ分析やレポート作成機能等を備える．

(5) デジタルトランスフォーメーション（DX）の技術

総務省によれば，Digital Transformation（DX；デジタルトランスフォーメーション）の定義は一般に一致していないものの，2021年情報通信白書では，「世界最先端デジタル国家創造宣言・官民データ活用推進基本計画」（2020年閣議決

定）における次の定義を踏襲するとしている.

「企業が外部エコシステム（顧客，市場）の劇的な変化に対応しつつ，内部エコシステム（組織，文化，従業員）の変革を牽引しながら，第 3 のプラットフォーム（クラウド，モビリティ，ビッグデータ／アナリティクス，ソーシャル技術）を利用して，新しい製品やサービス，新しいビジネスモデルを通して，ネットとリアルの両面での顧客エクスペリエンス^注の変革を図ることで価値を創出し，競争上の優位性を確立すること」（注：エクスペリエンスの語義は体験であるが，IT 用語としてはシステムやサービスとの関わり合いを通じて得られるユーザーの体験や認識の総体である）

　同白書に依拠しながら DX をわかりやすく説明すると，コンピュータ利用の第一段階は「効率化」であり，そこでは社内等のビジネスプロセスは従来のままで，手書き伝票を機械出力に代替するようなものであった．第二段階では産業と「一体化」することであった．例えば EC（電子商取引）のようにネットを通じることで，ビジネスモデルの変革を図るものであり，従来の流通を越えて産地と消費者が直結するようなことを可能とした．それに対して，第三段階とでも言うべき「DX」はネットワーク等のデジタル環境を前提とした新たな「デジタル文化の創造」である^注．そこでは既存の組織，ビジネスプロセス，ビジネス思考，つまり慣習を根本から問い直し，顧客価値を実現するための，聖域なき変革を促進するものである．2015 年に野村総研等が発表した，「労働人口の 49% が AI やロボットに代替可能」との試算が各界に衝撃を与えたが，日本の人口減少が避けられない現状で，国力の維持・向上に不可欠であり，DX 推進は待ったなしと言われるゆえんである（注：各段階は本稿作成者が仮に付けたものであり，一般的ではない）.

コラム

　DX は，2004 年にスウェーデンのウメオ大学のエリック・ストルターマンらが提唱した概念で，「IT の浸透が人々の生活をあらゆる面で良い方向に変化させる」という考え方である．その嚆矢となる文献「Information Technology and the Good Life」では，「DX とラベル付けする美的経験（aesthetic experience）の評価に焦点を当てた方法論的概念」と説明している．Good Life とは何か，美的経験とは何かを，この DX の起源に遡って考えてみることも必要であろう.

① **人工知能（AI）**：AI（Artificial Intelligence）とは高度に知的な作業や判断を行う，コンピュータによる人工的なシステムの総称．過去に何度かのブレークスルーがあり，最近は多層モデルによるディープラーニングの研究と実用化が進展している．画像認識，音声認識，自動運転やゲームの対局システム等がある．なお，機械学習という手段の帰結として，答えが導き出されたロジックが説明できないという問題がある．そこで説明可能な機械学習モデルであるXAI（Explainable AI）の研究が行われている．なお従来のルールベースの推論も商品宣伝等でAIと称されている場合があるが，説明可能との利点がある．

② **機械翻訳**：ある自然言語を，他の自然言語に自動的に翻訳するコンピュータシステム．コンピュータの性能向上と，データベースの充実，AI技術の進展により急速に実用化レベルに至ろうとしている．携帯型ポケット翻訳機はアフターコロナでのインバウンド需要を支えると期待される．

③ **音声対話**：人間の発声する音声を認識し，それに自動的に音声等で応答するシステム．レストランの注文取りのような一定のテンプレートに従った会話は実用レベルにあるが，本来の対話のように必ずしも1つの回答に限らないような問題には研究課題が多い．

④ **画像認識**：画像からその意味を言語化すること，または他の画像との同一性を判定すること．古くから実用化されているのは文字認識であるが，最近は指紋認証，顔認証等が実用化されている．さらに監視カメラ等の自然画像から特定の人物を探し出せるところまできている．

⑤ **IoT（Internet of Things）**：情報・通信機器だけでなく様々なものに通信機能を持たせ，インターネットに接続して相互に通信し，自動制御，遠隔監視，自動認識等を行うこと．実用化例に電力会社のスマートメーターがあるが，さらに自動車の自動運転を支える技術として期待されている．

⑥ **仮想現実（VR）・拡張現実（AR）**：VR（Virtual Reality）は視覚のみならず，人間の感覚器官に働きかけ，現実ではないが実質的に現実のように感じられる状態を作り出す技術の総称．AR（Augmented Reality）はさらに各種センサも用いて，実際には存在しないものを可視化すること等が含まれる．身体内部の仮想画像と実画像との合成による医療支援がその例である．

⑦ **ブロックチェーン・暗号資産（仮想通貨）**：ブロックチェーンとはブロックと呼ばれるデータ単位を鎖（チェーン）のように連結していくことでデータを

保管する技術であり，改ざんに強いとされている．仮想通貨は電子的な決済手段に用いられており，その基盤技術がブロックチェーンである．日本銀行のサイトによれば，暗号資産（仮想通貨）とはインターネット上でやりとりできる財産的価値であり，「資金決済に関する法律」において，次の性質をもつものと定義されている．①不特定の者に対して，代金の支払い等に使用でき，かつ，法定通貨と相互に交換できる．②電子的に記録され，移転できる．③法定通過または法定通貨建ての資産（プリペイドカート等）ではない．

⑧　**RPA（Robotic Process Automation）**：ロボティックプロセスオートメーションとは，人間によるコンピュータ操作をソフトウエアロボットで代替することで，業務の自動化・省力化・誤操作防止・低コスト化を進めるものである．専用ツールで実務者が手順を設定できる．

4.5　情報セキュリティ

　人や組織における情報セキュリティの確保は基礎要件となってきている．情報セキュリティポリシー，情報セキュリティ上の脅威と対策技術を対象とする．また，情報セキュリティの認証制度も対象とする．

(1) 情報セキュリティの要素

　一口に情報セキュリティといっても，その対象や情報の活用，流通，保存などの場面で必要とされる要素が異なる．目的により，どのセキュリティ要素をどのように守るかを整理する必要がある．英語で呼ばれることも多いので，併記した．

　①　**機密性**：Confidentiality（コンフィデンシャリティ）．正当な権限者のみがその情報にアクセスできる状態及びその状態を維持すること．アクセス制御やアクセス記録，監査が適正に行われる必要がある．

　②　**完全性**：Integrity（インテグリティ）．データの整合性，無矛盾性，一貫性が保証されていること．例えば，データベースの更新中に何らかの障害があった場合に，部分的にデータが欠損・重複したり，それにより矛盾が生じたりすることがないようにすること．外部からの攻撃でも完全性が損なわれることがある．

　③　**可用性**：Availability（アベイラビリティ）．利用したいときに，常に利用可能な状態であること，またはその度合い．稼働率がその指標の例．

④　**真正性**：Authenticity（オーセンティシティ）．正当な権限者により作成された記録に対し，虚偽の入力，書き換え，消去及び混同が防止されており，かつ，第三者から見て作成の責任の所在が明確であること．

⑤　**責任追跡性**：Accountability（アカウンタビリティ）．情報資産に行われたある操作についてユーザーと操作を一意に特定でき，過去に遡って追跡できる特性のこと．操作ログや入退出記録，システムの稼働状況等の履歴（ログ）を過去に遡って追跡できることを要する．

⑥　**信頼性**：Reliability（リライアビリティ）．コンピュータシステムが与えられた動作環境下で，安定して要求された機能を果たすことができる能力のこと．修理可能なシステムでは平均故障間隔(MTBF)が指標の1つとして用いられる．

⑦　**否認防止**：Nonrepudiation（ノンレピュディエーション）．行為をした者が，後になってその行為を否定できないようにすること．デジタル署名や真正性の確保できるログを保管しておくことなどで証明できること．

(2) 情報セキュリティポリシー

情報セキュリティポリシーとは，企業や組織において実施する情報セキュリティ対策の方針や行動指針のことである．基本的な考え方，体制，運用規定，基本方針，対策基準等を具体的に記載するのが一般的であるが，全従業員等に徹底することが重要である．

①　**データガバナンス**：データ資産を効率よく企業が活用できるように，データの設計・収集から蓄積，活用，保守・運用を一貫かつ継続的に実行すること．そのために全社共通の理念・方針及び体制（プロセス），ルールの設定と，運用体制への監視・評価・フィードバックの組み込み，及びデータ活用の最大効果とリスク低減を図る取り組みである．

②　**情報セキュリティ教育**：情報セキュリティ教育は，組織の最高幹部から臨時職員まで全員に実施し，遵守を徹底することが必須である．そのためには，情報セキュリティポリシーや具体的な遵守事項と違反行為等の対面教育の実施，同意書へのサインや違反時の規定により意識させる仕組みづくり，診断システムの活用による情報セキュリティポリシーの浸透具合の測定と再教育等が効果的である．情報セキュリティは蟻の一穴で損なわれるという性質があることを心したい．

(3) 情報セキュリティの脅威

　情報システムのセキュリティには多くの脅威があり，それらは外的なものばかりではなく組織内部にも存在し，また一般従業員等の理解不足やケアレスミスからも生じる．誰であっても知らなかったでは済まないのが，現今の状況である．

　① **情報漏洩・改ざん・消失**：これらは代表的な情報セキュリティインシデント（情報管理やシステム運用の脅威となる事象）である．ただしその主な原因は，技術的原因（誤操作等），非技術的原因（紛失等），外部原因（不正アクセス等）である．いずれもまず基本的な対策（従業員教育，技術的なセキュリティ対策等）を確実に実施することが求められる．

　② **システム停止・性能低下**：これらのリスクは，外的要因よりも内部の技術的要因で起こることが多い．システムの異常時にはサービス継続のための縮退運転（機能，性能等を制限）やシステムの切り戻し（更新前のシステムに戻して運用を継続すること）等の対策をあらかじめ策定し，訓練しておくことを要する．

　③ **不正アクセス**：不正アクセスとは，権限のないものが通信回線等を通じてコンピュータにアクセスし，不正な操作や情報の取得，改ざん，消去等を行うことである．これは組織外部のみならず，内部の権限者または権限者を装う者によって同様の不正行為が行われる場合もある．不正アクセス禁止法が施行されている．

　④ **オペレーションミス（メール誤送信，端末紛失等）**：システム要員の操作ミスのみならず，一般職員も端末を操作することから，メール誤送信のようなミスも生じ得る．防止策は教育とともに，利用者制限，宛先制限，上司等の承認等がある．添付ファイルの暗号化も有効であるが，パスワードの管理を要する．

　⑤ **マルウェア（ウイルス，ワーム，スパイウェア，ランサムウェア等）**：マルウェアは悪意のある不正ソフトウェアの総称．

- ウイルスはネットワークや可搬記憶媒体を通じて，宿主となる正常プログラムの一部として自らを感染させ，有害な処理を行う．また自らを複製して他のプログラムへ次々と増殖する．
- ワームはウイルスに類似しているが，宿主を必要とせず，単独で侵入し，活動する．
- スパイウェアは利用者の操作記録や個人情報をこっそりと収集して，インターネットを通じて盗み出し，不正送金や不正アクセスに利用するなどの例

がある.

- ランサムウェアは身代金型ウイルスとも呼ばれ，侵入したコンピュータを正常に使えない状態としたうえで，そのロックを解除するために犯人が指定する方法での金品の送付を要求するもの.

⑥　**DoS・DDoS**：DoS 攻撃は大量のデータや不正データをターゲットのコンピュータにネットワークを通じて送り付け，システム負荷を過剰として機能不全とする手法．DDoS 攻撃はその分散処理版で，ネットワーク上に分散した多数の端末から連携して DoS 攻撃を行うこと.

⑦　**標的型攻撃**：特定の個人や組織を狙った攻撃のこと．実在の組織や個人名を名乗り，油断させて汚染された添付ファイルを開かせる等の手法を用いる.

⑧　**フィッシング詐欺・ファーミング詐欺**：フィッシング（phishing）詐欺とは金融系機関の正規メールや正規サイトを偽装して，クレジット番号，パスワード等を盗み取るという，被害者を一本釣りする詐欺．ファーミング（pharming）詐欺とは金融機関等をそっくりに真似た偽サイトを設置し，ドメイン名と IP アドレスの変換をする DNS サーバの情報を書き換えることでユーザーを誘導してカード番号や暗証番号を詐取する.

⑨　**ワンクリック請求**：メールに書かれた URL をワンクリックすると，いきなり「登録完了，料金の支払いを」という主旨の画面が表示される詐欺.

⑩　**ソーシャルエンジニアリング**：IT 技術を用いるのではなく，パスワード等を会話，盗み見等の「社会的」な手段で入手すること．盗られる側の問題もあり，パスワードを書いて貼っておく等はもってのほかである.

⑪　**脆弱性（セキュリティホール）**：コンピュータシステムを構成する機器，ソフトウェア等の設計上または実装上の不備により生じた弱点のことであり，不正操作やデータの不正取得等を可能にする足がかりとなる.

(4) 情報セキュリティ対策技術

セキュリティ対策技術は，コンピュータシステムや端末を運用するうえで必須のものとなっている．しかし，適切に運用しないとその効果を減じることになりかねず，最新の情報を常にフォローし，活かすことが求められる.

①　**ウイルス対策ソフト**：コンピュータ内部に入り込んだコンピュータウイルスを検知し，除去するソフトウェア.

②　**パスワード強化**：パスワードは文字数が多く（少なくとも 8 文字以上），大文字・小文字・数字・記号が混ざって文字種類が多いほど強いといわれている．

③　**アクセス制御・アクセス権限設定**：アクセス制御とは，誰が何に対してどのような権限で接触（アクセス）できるかを設定し，それに基づいて操作等を許可または拒否することである．ここで誰とは人間やプログラムであり，何とはコンピュータやソフトウェアが管理する対象（装置やデータ等）であり，権限とは読み出し，書き込み，作成，削除，プログラムの実行などである．つまりアクセス制御とはこれらのアクセス権限設定（権限の登録，管理）内容によりアクセスの許可，拒否をすることである．

④　**アクセスログ分析**：アクセスログとはコンピュータシステム，機器やソフトウェアに対する，人間や外部システムからの操作や要求等を時系列的に記録したもの．システムトラブルやハッキング等の問題に対して，アクセスログを分析することで，事実の詳細を調査し，また原因等の手がかりを得ることができる．なお販売サイトでは，そのサイトへの誘導サイト，検索語，サイト内でのページ遷移，商品閲覧履歴等の解析をすることで，Web マーケティングの効果を高めることができる．

⑤　**脅威攻撃の手口学習**：特に一般従業員に対してセキュリティ教育を行う場合に，マルウェア等の実際の攻撃手口を学習することは実践的な効果がある．攻撃手法と防衛手法を両輪として学習することが望ましい．

⑥　**ファイアウォール・侵入検知**：ファイアウォールは外部からのネットワークのアクセスを特定し，許可／制限することで不正アクセスを防ぐ．侵入検知システム（IDS：Intrusion Detection System）は通信パターンにより不正アクセスを判定する．この両者を適正に配置することで，その効果をより確実なものとできる．

⑦　**暗号化・電子署名（デジタル署名）**：暗号化とは伝達したいデータの内容を秘匿し，意味が分からない符号の羅列（暗号文）を作るために，そのデータと暗号鍵を組み合わせて，所定の暗号化手順によって演算と加工を行うこと．また元の文章等に戻す作業を復号化という．電子署名はデジタル署名ともいわれ，受け取ったメッセージ等が改ざんされておらず，申請送信者本人のものであることを確認する方法．送信者は本人だけが知っている秘密鍵と本文をもとに算出した暗号データを送信し，受信者は受信文と送信者の公開鍵等を用いて送信者本人の

ものと確認する.

⑧ **VPN（Virtual Private Network）**：専用線と同等な機能が公衆回線を使用して構築される仮想的な組織内ネットワーク．複数事業所を持つ企業の社内LAN を相互に接続するバックボーンとして使われることが多い．

⑨ **DMZ 認証技術**：DMZ（DeMilitarized Zone：非武装地帯）とは内部ネットワークと外部とを接続する場合に，その中間に設ける領域．DMZ には内外からアクセス可能だが，外部から内部に入ることができない．外部向けの Web サーバ設置がその例である．通常セキュリティの観点からこのゾーンに認証サーバを設けないが，置く場合は認証先の棚卸を定期的に行うなどの配慮を要する．

⑩ **生体認証**：人間それぞれの固有性が高い特徴を用いた本人認証方式．指紋認証が代表的だが，虹彩認証，顔認証，音声認証，指静脈認証等がある．なおコロナ禍の経験から，最近は非接触方式が選択される傾向がある．

⑪ **認証デバイス**：従来の ID とパスワードによる認証では，それを盗まれる，または予測されることによる不正アクセスが生じるおそれがあった．認証デバイスは顔認証，指紋認証，虹彩認証などの生体認証デバイスやワンタイムパスワードのような使い捨てパスワード生成デバイス（トークン）などがあり，認証強度を向上させている．

⑫ **多要素認証**：本人確認等において，複数の異なる原理の認証手段を用いることで，安全性を高める認証方法．具体的には①本人のみが知っているはずの情報（パスワードや暗証番号），②本人しか持っていない物品（トークン），③生体（顔，指紋，虹彩等）に三分類できる．実用上は二要素認証が多い．

(5) 情報セキュリティの認証制度

自組織の情報セキュリティの客観的なレベルを知り，対策構築の目標設定に役立てるとともに，取引先や顧客等にその認証を示すことで信用力を高めることができる．

① **情報セキュリティマネジメントシステム（ISMS：Information Security Management System）**：組織内の情報の機密性，完全性，可用性を一定水準に維持する仕組みのこと．

② **ISO/IEC 27001**：ISMS を実現するための要求事項をまとめたものであり，国内規格は JIS Q 27001（2014 年）である．2022 年に ISO/IEC 27001 が改

訂され，対応する JIS の改定は 2023 年春頃と見込まれる．主に付属書 A の管理策の項目整理といわれている．

③　**ISO/IEC 15408**：コモンクライテリア（Common Criteria）と呼ばれ，情報機器やソフトウェア，それらを総合した情報システムの情報セキュリティの評価基準を定めた規格で，国内規格は JIS X 5070（2011 年）である．

④　**プライバシーマーク**：JIS Q 15001（2017 年）による個人情報の適切な取り扱いの基準を満たしている団体を認定する制度及びその認定を示すマーク．

5. 安全管理

5.1 安全の概念

　従来の安全管理では，労働安全衛生に関する取り組みや，火災や爆発などの個別被害形態毎に未然防止対策を検討することが中心であった．しかし近年，IoT導入などによりさまざまなものやシステム，組織，社会などが相互に関係を深め，企業等における安全の問題は，組織構造，マネジメント，工学技術，パンデミックも含めた社会環境などに大きく依存するようになった．そのため，安全管理は，個別に細分化した安全対策を実施するだけでなく，組織全体のマネジメントの問題として取り組むことが必要となってきている．また，カーボンニュートラルやＤＸ等の社会の変化が安全の問題や対応にも大きな変化をもたらすことにも注意すべきである．本節では，安全の概念や安全に関わる制度・システム，およびそれへの対応の考え方などを扱う．

注）安全の定義は，ISO/IEC ガイドブックでは「受け入れ不可能なリスクがないこと」とされている．すなわち，いくらかのリスクは残存しており，それが受容される範囲内に抑えられていること．

(1) 安全マネジメント

　組織のトップのリーダーシップのもと，組織全体が一体となった安全管理体制の構築や安全に関する取り組みを行うこと．

　①　**安全マネジメントシステム**：安全マネジメントのため構築されたシステムであり，運輸事業における重大事故の教訓から国土交通省が運輸安全マネジメントを制定し，また他の分野でも労働安全衛生マネジメントシステム，食品安全マネジメントシステム等の導入が行われている．

　②　**安全管理**：安全管理とは企業内の安全を維持し災害を未然に防止するための諸活動であり，作業環境の整備，機械装置・用具の点検，生産方式の改善，保護用具の着用，安全教育の徹底等がある．安全管理は労働基準法や労働安全衛生

法等によって規制され，工場内に安全管理者や安全担当者等を置き積極的に安全管理に取り組むよう指導されている．

- **安全管理システム**：安全に関わるリスクを管理するための仕組みであって，必要な組織体制，責務，方針及び手順等を含むものである．各分野で航空安全管理システム，医療安全管理システム，食品安全管理システム等，組織として安全管理システムを実行するようになっている．

③　**安全目標**：安全目標とは，安全マネジメントの1つとして組織として定めた定量的，定性的な安全目標を指し，職場にはポスターや安全標語の形で掲げ関係者全員が目的達成に向け活動するもの．

④　**安全経営**：安全マネジメントシステムを確立して安全を優先した経営（安全経営）を行うことをいう．

⑤　**安全投資**：組織として労働安全衛生や災害防止のための設備や人員等の投資を行うことをいう．

(2) 社会安全

社会の急速な変化に伴って，自然災害，公衆衛生，犯罪・非行等に対して社会安全を守る課題も複雑化している．それに取り組むには，安全・安心への取り組みに向けて多様な参加者を適切に結び付け，広くかつ深い知識に裏付けられた能力が必要となる．近年，このような課題に対応するため社会安全学部を新設する大学や社会安全のための研究組織等の設立が行われている．

①　**防災**：「防災」には災害を未然に防ぐ被害抑止のみを指す場合もあれば，被害の拡大を防ぐ被害軽減や，被災からの復旧まで含める場合もある．すなわち土地利用の管理，河川の改修，建物の耐震化，災害の予報・警報等の被害抑止対策に加え，防災計画の作成，訓練，防災システムの開発，人材育成，災害の予報・警報等の被害軽減対策，救助，消火，医療，避難所の運営等の応急対策等も含む場合もある．

②　**レジリエンス（Resilience）**：レジリエンスとは，もともとは「反発性」，「弾力性」を示す物理の用語で，外的な衝撃にも，ぽきっと折れることなく立ち直ることのできる「しなやかな強さ」のことであり，危機対応のためにレジリエンスの高い組織と人の育成も日頃心がける必要がある．

③　**オールハザードアプローチ（All Hazard Approach）**：地震や台風等の自

然災害，犯罪やテロリズム，ミサイルや戦争・紛争，情報流出やサイバー攻撃，ネット炎上，感染症パンデミック等すべての破滅的危機を対象にする危機管理学の手法．

④　**公衆安全**：公衆の安全とは社会一般の人々の安全を意味する．なお，日本技術士会の倫理綱領には「技術士は，公衆の安全，健康及び福利を最優先に考慮する」と規定されており，技術士の業務遂行にあたり公衆の安全を最優先するよう求められている．

⑤　**消費者安全**：消費者の消費生活における被害を防止しその安全を確保するため，消費者安全法並びに関連規則等により，消費生活センターの設置，消費者事故等に関する情報の集約，対策等が行われている．

⑥　**利用者安全**：近年，高齢者施設で多数の利用者が豪雨被害で亡くなる事故が発生し，介護施設等における利用者安全の確保につき厚生労働省から通達が出され対策が進められている．

(3) 事業安全

製品や従業員の安全のみならず社会環境の変化に伴ういろいろなリスクも含めて事業の安全を確保すること．

①　**プロセス安全**：プロセス安全は，主として石油ガス生産設備，製油所，化学プラント等における火災爆発，毒ガスの放出等の重大事故の発生防止に焦点を当てたもの．これらの設備のシステム設計・機器仕様・制御・試験・運転・保守に加え，危険の評価，事故調査，変更管理，従業員教育等についても，プロセスの安全管理の観点で万全の配慮が求められる．

- **プロセスセーフティマネジメント（PSM）**：PSM は，各種プラントにおける施設の設計，建設，運営及び保守を行う上で，プラントが扱う化学物質の潜在的なりスクを十分に考慮して対策を講じ，災害の影響を最小化すること．内容としては設計段階から運転・保全に関わる危険源を分析し，これら危険源に起因するリスクアセスメント結果をプラント設計及び機器仕様に反映させた上，非常時を想定した内容を含む操作手順・保全作業手順を作成した上で操業を実施することを求めている．

- **システム安全**：システム安全は，各部分の安全性，信頼性が高いだけでなく，一部に故障が生じても他に重大な影響を及ぼすことのないような冗長度を有

すること等，総合的対策で確保される．

- **RBM（リスクベースメンテナンス）**：RBM とは，「破損確率×破損影響度」で定義される工学的リスクを指標として，経済的合理性に基づく保全計画の意思決定をする為のツールである．

- **RBI（リスクベース検査）**：RBI は，Risk-Based Inspection の略語で，設備損傷等のリスクの大きさを基準として検査計画を立案し，設備の連続運転を拡大することや検査費用の削減を目的とする評価手法である．RBI は API（American Petroleum Institute）で API 581 として標準化され，定性的 RBI と定量的 RBI の進め方や被害の大きさの査定手順等が規定されている．

- **サイバーセキュリティ**：電磁的方式によって記録・発信・伝送・受信される情報の漏洩・滅失・毀損の防止等安全管理のために必要な措置及び情報システムや情報通信ネットワークの安全性・信頼性を確保するために必要な措置が講じられ，その状態が適切に維持管理されていることをいう．

②　**労務安全衛生**：労働時間，時間外労働，賃金，割増賃金等の労働条件に関わる労務管理及び過重労働，健康障害防止，腰痛予防，転倒災害防止等の従業員の安全衛生に関わる管理．

③　**製品安全**：有形・無形を問わず，企業がユーザーに提供するすべてについて「許容できないリスク」がないこと．

④　**事業継続マネジメント（BCM）／事業継続計画（BCP）**：事業継続マネジメント（BCM：Business Continuity Management）とはリスクマネジメントの一種であり，企業がリスク発生時にいかに事業の継続を図り，取引先に対するサービスの提供の欠落を最小限にするかを目的とする経営手段である．でき上がった成果物を事業継続計画（BCP：Business Continuity Plan）という．BCP を策定する目的は，自社にとって望ましくない事態（自然災害・大事故・不祥事等）が生じた際に，被害を最小限に抑えつつ，最も重要なビジネスを素早く再開させることで，損害の発生を最小限に留めることである（p.27 2.1（12）事業継続計画（BCP）・事業継続マネジメント（BCM）を参照）．

(4) 安全文化

常日頃安全に関する意識が高く，全員が安全を最優先で考え行動する社会や組織をいう．

(5) 安心

　安心とは，安全・安心に関係する者の間で，社会的に合意されるレベルの安全を確保しつつ信頼が築かれる状態である．

(6) 安全法規

　①　**消防法（危険物　第1類から第6類）**：消防法は火災を予防，警戒，鎮圧し，国民の生命，身体及び財産を火災から保護するとともに，火災または地震等の災害による被害を軽減し，社会公共の福祉の増進に資することを目的とする法律．危険物は，第1類「酸化性固体」，第2類「可燃性固体」，第3類「自然発火性物質及び禁水性物質」，第4類「引火性液体」，第5類「自己反応性物質」，第6類「酸化性液体」に分類され，保管法や運送方法等の規定がある．

　②　**高圧ガス保安法**：高圧ガスによる災害を防止するため，高圧ガスの製造，貯蔵，販売，移動その他の取扱及び消費並びに容器の製造及び取扱を規制するとともに，民間事業者及び高圧ガス保安協会による高圧ガスの保安に関する自主的な活動を促進し，もって公共の安全を確保することを目的とする法律．

　③　**機械の包括的安全に関する指針**：「機械を作る側」そして「機械を使う側」が，この基準に沿って機械の安全化を図り，機械による労働災害を防止していくための厚生労働省が公表している指針．

　④　**消費生活用製品安全法**：消費生活用製品による一般消費者の生命または身体に対する危害の防止を図るための法律．特定製品の製造，輸入または販売の事業を行う者は，製品ごとに省令で定めた技術上の基準（同法第3条）に適合していることを示す表示（PS（Product Safety＝製品安全）C（Consumer＝消費者）マーク）を付したものでなければ，これらを販売または販売の目的で陳列することができない（p.34 2.2（2）⑦・消費生活用製品安全法を参照）．

　⑤　**製造物責任法（PL法）**：「製造物」の「欠陥」が原因で，他人の生命・身体・財産に損害が生じた場合，製造業者等に損害賠償責任を負わせる法律．民法で損害賠償を請求する際には，被告の過失を原告が立証する必要があるが，過失の証明が困難であるために損害賠償を得ることができないという問題意識から，同法で製造者の過失を要件とせず，製造物に欠陥があったことを要件とすることにより，損害賠償責任を追及しやすくした（p.36 2.2（5）製品安全を参照）．

(7) Safety2.0

Safety2.0 は，情報通信技術（ICT）等を活用し，人・モノ・環境が，情報を共有することで，安全を確保する協調安全の技術的方策．人の注意力による安全を Safety0.0，人と機械を隔離する安全を Safety1.0，情報の共有による安全を Safety2.0 と称している．

(8) ELSI（Ethical, Legal and Social Issues：倫理的，法的，社会的課題）

ELSI という用語は，1990 年にアメリカで始まった「ヒトゲノム計画」で登場した．ヒトゲノム研究がもたらし得る影響は，医師や患者に留まらず，すべての人に関わるものであり，社会全体に及ぶため，ELSI の研究は，医科学研究者だけではなく哲学者や法学者，社会学者，倫理学者など幅広い学問領域からの参加や，また領域を飛び越えて検討することが求められる．ELSI の対象はヒトゲノム研究だけではなく，今日の様々な最先端の研究・技術に当てはまるもの．

5.2 安全に関するリスクマネジメント

リスクマネジメントは，組織やプロジェクトに潜在するリスクを把握し，そのリスクに対して使用可能なリソースを用いて効果的な対処法を検討及び実施するための技術体系である．リスクマネジメントのプロセスの中核は，リスク特定，リスク分析，評価と対応であるが，リスクの概念やリスクマネジメントの仕組みは，時代や分野によって変化してきている．

多様な分野のリスクマネジメントを包括するものとして，2009 年に ISO 31000 が発行され，2018 年にその改訂版が発行されている（JIS Q 31000 2019）．ISO 31000 では，リスクの影響は好ましいものも好ましくないものも含まれるとしており，経営，品質，環境，安全等の多くの分野を横断して活用されている．

一方，安全分野においてリスクマネジメントを適用する際は，好ましくない影響のみを対象として，重大な被害を受けないための従来のリスクマネジメント手法を活用する場合が多い．本節では安全分野のリスクマネジメントに関するキーワードを整理している．

(1) リスク管理

事故や危機が発生したときに迅速に対応・復旧させ被害を最小化する活動を危機管理，あらかじめ危機が生じないよう予防・抑制する活動をリスク管理と呼んでいるが，両方を含んでリスク管理と称することもある．

図 5-1　リスク管理

(2) リスク分析の前提条件

リスク分析を進めるにあたって前提条件が壊れるとリスクになるので，以下の条件も明確にして，不正確・不安定・不完全によって生ずるリスクを把握しておく必要がある．

　①　**組織の内外環境の特定**：経済的・社会的な外部環境変化や人事，組織，財務等の内部環境の特定．

　②　**分析の適用範囲の設定**：対象とする機器，システム，業務等の適用範囲の設定．

(3) リスク図

一般的には，リスク＝被害規模（影響の種類と大きさ）×発生確率とすることが多いが，分かりやすく表現する方法として**図 5-2** のようなリスク図がある．発生確率を縦軸にとり，被害規模の大きさを横軸にとると，両者の積が等しいものは図のように直角双曲線上に表される．

発生確率が大きく被害規模も大きい領域は，リスク低減領域と呼ばれ，潜在的な危険を低減する対策や未然防止対策等で発生確率を減少させる必要がある．一方，被害規模が大きく発生確率が小さい領域（自然災害，戦争等）の場合や被害規模が小さく発生確率が大きい領域（日常的な極小規模の災害等）はリスク保有領域と称され，前者には保険によるリスク移転を講じる等，一方，後者は対策

費用との兼ね合いからリスク保有することが合理的と判断される等の対応がなされる.

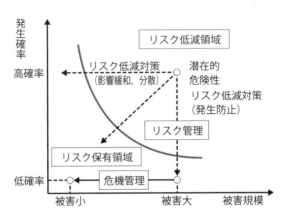

図 5-2　リスク図（出典：青本（注），p.135　図 5-3）

　（注）青本とは日本技術士会発行「技術士制度における総合技術監理部門の技術体系」（第 2 版）の通称.

(4) ハザード（潜在的危険要因）

　危険の原因・危険物・障害物などの潜在的危険要因.

(5) 起こりやすさ（発生確率，頻度）

　地震に関する地盤のデータや火災における防火対策等のような起こりやすさの周囲の環境条件や過去の経験やデータも加味して定量的または定性的に発生確率や頻度を推定する.

(6) 影響

　リスク評価やリスク対応の検討は，過去の災害時の被害形態や影響も把握しておく必要がある.

(7) リスクマネジメント計画

　リスクマネジメント計画は，プロジェクトのリスクマネジメント活動を実行す

る方法を定義するプロセスであり，プロジェクトの構想段階で開始して，プロジェクト計画を策定する初期の段階に完了するもの．具体的に被害規模そのものを策定するのは次の段階である．

① **被害規模**：死者数，避難者数，家屋倒壊数等の被害規模．

(8) リスク基準

リスク基準とは，リスクアセスメント実施者によって評価結果に大きなブレが出ないようにすることを狙いとして，あらかじめ設定する判断指標を指す．すなわち前述のリスク図のリスク低減領域とリスク保有領域の境界であるリスク基準を組織としてあらかじめ設定する等．

(9) リスクマネジメントシステム

リスクマネジメントシステムとは，リスクマネジメントを実施するための組織に構築された仕組みである．

① **リスクマネジメント方針**：リスクマネジメント方針とは，リスクマネジメントを実施する際の組織の最高方針であり，経営者が自らの基本的な考えや活動方針を社内外に公表するもの．

- **リスクアセスメント**：リスクアセスメントは，潜在するリスクの特定，分析，評価を行うこと．
- **リスク特定**：リスクに関する情報を分析して組織に重大な影響を及ぼす可能性のあるリスクを特定するためにリスクの洗い出し（発見）を行う．
- **リスク分析**：リスク特定で発見したリスクについて，シナリオ分析や弱点分析によりリスクの算定や脆弱性を特定すること．
  - **シナリオ分析**：フォールトツリー分析（FTA：Fault Tree Analysis）やイベントツリー分析（ETA：Event Tree Analysis）により，リスクの見積り，発生確率や被害規模の分析・算定を行うこと．
- **リスク評価**：特定・分析したリスクについて，リスクの評価を行い，対策を実施すべきリスクを絞り込むとともにその優先順位を決定する．
  - **対策効果算定**：弱点（問題点）に講じた対策の効果判定には，評価基準として目標値に対して比較し，計数的・客観的にその対策の効果の算定を行う．

- **リスクマトリクス**：リスクアセスメントの評価の検討方法として**図 5-3** のようなリスクマトリクスを使うこともある.

  ［リスク評価フレームの各領域の内容］

  A．顕在化した場合は，被害規模も発生確率も大きく，リスクを最優先して被害影響の低減対策を実施する領域.

  B．発生確率は小さいが，顕在化した場合の被害規模が大きい領域で，発生確率がある値以下ではリスク保有またはリスク移転の領域である. 組織としては，リスク対策の優先順位は C より高くなる.

  C．発生確率は大きいが，被害規模が小さい領域で，日常で経験することが多い領域. 特に，被害規模が一定の値より小さい場合はリスクを保有する領域.

  D．組織として，そのリスクを許容してもいい領域.

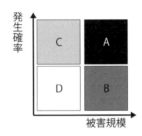

図 5-3　リスクマトリクス（出典：青本，p.138　図 5-4）

- **リスクの最適化（トータルリスクミニマム）**：リスクアセスメントで認知されたリスクに関して，トータルリスクミニマムの観点でリスクの最適化をする必要がある.
- **リスク対応方針**：リスク対応方針は大別して安全活動方針と緊急時対応方針があり，人命優先，被害の最小化，安全確保に関する基本的な方針.
  - **リスク保有**：特定のリスクから結果的に生じる損失及び利益を受容すること. リスク保有には認知されていないリスクの受容が含まれており，リスクアセスメントの結果，リスクを保有することもある.
  - **リスク低減**：リスクの発生確率を下げることで，リスクが顕在する場合には，その影響の大きさを小さくする. または，それらの両方の対策をとること.

- **リスク回避**：リスクアセスメントの結果，リスクレベルが高く改善策が見つからない場合には，その事業の実施を中止（回避）すること．
- **リスク共有**：1つまたは複数の他の者とリスクを共有すること．リスクが発生したときは，保険等で損害賠償等の軽減を行う場合がリスク共有に相当する．
- **モニタリング**：絶えず変化するリスクに対して，最初に設定したリスク対策が有効性を失わずに効果を発揮し続けているか，監視することをモニタリングという．
- **変更管理**：対策すべきリスクが，ある代替案によって低下したとしても，それによって新たなリスクやデメリットが発生する可能性もあるので，工場等でリスク低減策を実施するにあたっては十分な変更管理が必要である．
- **リスクコミュニケーション**：リスクコミュニケーションとは，予想されるリスクの性質，大きさ，重要性等に関する正確な情報を，利害関係のある行政，専門家，企業，市民等関係主体間で共有し，合意形成のために相互に意思疎通を図ることである．リスクコミュニケーションの効果は，情報の送り手／受け手／メッセージの内容／媒体によって影響を受けるので，事前に専門家等の意見も取り入れて慎重に検討を要する．
- **社会的受容（PA：Public Acceptance）**：あらゆる事象にリスクは存在するが，そのリスクを社会が受け入れることを社会的受容という．正負両面の効用を比較して効用が大きいと判断されれば社会的受容は高くなる．社会的受容は不変なものでなく，時代や価値観の変化に応じて変わる社会心理学的現象である（p.94 4.2（3）③社会的受容（PA）を参照）．
- **リスク認知**：リスク情報は，様々なメディアを通じて個人や社会に到達するので，到達した段階でフィルタリングを経た情報となりバイアスを内含することになる．したがって，個人・組織・社会のリスク認知の状況が社会や文化により様々なバイアスの影響を受けるために，社会的受容に関して短期間で効果を上げることは難しく継続的な行動が必要である．
- **マネジメントレビュー**：マネジメントレビューとは，企業が行ってきたマネジメント体制を振り返り，体制の成果や懸念・問題点を考察する経営管理活動を指す．定期的にマネジメントレビューを行うことで，製品やサービスの品質担保，今までの組織活動・組織能力の分析，組織風土の見直し，コン

プライアンスの遵守等のメリットが得られる．マネジメントレビューの主導は，経営者を含む経営層が担う．

- **継続的改善**：労働安全衛生マネジメントシステム（OSHMS）の適切性，妥当性，有効性を継続的に改善する（OSHMS は，p.133 5.3（5）②労働安全衛生マネジメントシステム（OSHMS）を参照）．
- **記録の維持管理**：リスクマネジメントの継続的改善のためには，記録の維持管理（文書管理・電子データ管理）が重要．
- **ALARP の原則**：リスクはどこまで許容されるかについて広く用いられているものとして，ALARP の原則（ALARP：As Low As Reasonably Practicable）という言葉がある．これは，「リスクは合理的に実行可能な最低の水準まで低減しなければならない」という，IEC61508（JIS C0508）における許容リスクの概念であり，合理的に実行可能な最低の水準まで低減されているリスク領域を ALARP 領域という．
- **残留リスク**：リスクマネジメントにおいては，トータルリスクミニマムの観点でリスクを最適化し実行に際しては残留リスクを整理して使用者側に的確に伝えることが必要である．

②　**リスク認知のバイアス**：リスク情報を入手しても，過去の経験や潜在的な意識によってバイアスがかかり，認知するまでに歪みが生じ誤った判断とならないよう留意すること．

- **正常性バイアス**：異常を示す情報を入手しても，非常事態と認識できず正常であると解釈しようとする傾向．
- **楽観主義バイアス**：情報を得ても，日常的な事態と変わらないだろうと楽観的に考えようとする傾向．
- **カタストロフィーバイアス**：大災害の体験者等が，滅多に起こらないことに過度に敏感になり，壊滅的な被害を及ぼすおそれがあるとリスクを過大視する傾向．
- **ベテランバイアス**：経験豊富な人が，自分の経験と大きく異なる場合に経験が判断を誤らせる傾向．
- **バージンバイアス**：経験が浅いと情報を判断するための手がかりがなく，正しい判断が難しくなる傾向．

5.3 労働安全衛生管理

労働安全衛生管理は，組織の運営に伴う災害の根絶を目的とし，職場内の設備，環境，作業方法などを整備し，職場で働く人達の生命や心身の健康を維持するための管理であり，合理的かつ組織的に行われる組織運営活動上の施策である．組織がその構成員の心身の健康を維持するために，業務上または構内などで発生する災害を防止することや，発生した災害に対しての適切な処置・対策を理解することが重要である．

組織員の保全やモラルの維持高揚に関する対応，心身の健康増進等を対象とする．

(1) 労働災害

労働災害とは，労働者の就業に関わる建築物，設備，原材料，ガス，蒸気，粉じん等により，または作業行動その他の業務に起因して，労働者が負傷し，疾病に罹り，または死亡することをいい，日頃から安全管理の徹底や安全教育の取り組み等，労働災害を発生させないための努力が求められる．

① **災害統計**：労働災害の災害統計では，度数率，強度率，年千人率という指標が用いられる．

- **度数率**：100 万延べ実労働時間当たりの労働災害による死傷者数で，災害発生の頻度を表す．労働災害による死傷者数÷延べ実労働時間数×1 000 000 で計算．
- **強度率**：1 000 延べ実労働時間当たりの延べ労働損失日数で，災害の重さの程度を表す．延べ労働損失日数÷延べ実労働時間数×1 000 で計算．
- **年千人率**：在籍労働者 1 000 人当たり年間どのくらい死傷者が発生しているかという割合を表す．年間死傷者数÷年間平均労働者数×1 000 で計算．

厚生労働省から毎月労働災害発生状況の速報が発表され，年度ごとに死亡災害件数，死傷災害数，災害原因要素の分析等をまとめて労働災害統計として公表されている．

なお，令和 3 年の労働災害の状況を調査産業計でみると，度数率が 2.09，強度率が 0.09，年千人率 2.7 となっている．

② **災害コスト**：労働災害に伴い発生するコストで，災害コストの内容は次のように分類される.

- 直接損費：災害補償費，一般補償費（付加休業給付，特別給付金，退職割増金，社葬費，慰謝料，入院中の雑費等）
- 間接損費：人的損費（被災者に関する損失時間,第三者に関する不働賃金），物的損費（建物,機械器具,製品等の損費),その他の損費（旅費,通信費等），特別損費（未回収固定費，労働埋合せ損失，生産量減少等）

(2) 職業病

職業病とは，特定の職業に従事することにより罹る，もしくは罹る確率の非常に高くなる病気の総称である. 高温，振動，騒音，放射線等の物理的要因，有害化学物質等の化学的要因，生物学的要因，あるいは不適当な作業方法，作業条件等が原因となる. 鉱山労働者の塵肺，石綿にさらされる作業による肺癌，潜水作業等による潜水病（ケーソン病），チェーンソー等の使用による末梢神経障害や運動障害（蠟病）等は，新聞でも話題になった.

(3) メンタルヘルス

近年，職場を取り巻く環境が大きく変化し，複雑な人間関係や長時間労働等のストレスによってメンタルヘルスで不調をきたす人が増えている. メンタルヘルスとは「心の健康」のことであり，特別な精神疾患を患う人の問題だけに限定されるものではない.「心が健康である」とは，前向きな気持ちを安定的に保ち，意欲的な姿勢で環境（職場）に適応することができ，いきいきとした生活を送れる状態のことである. そのため企業には，多様なストレスを最小にできるよう従業員が抱える問題に焦点を当て，解決支援に取り組むことが求められている. 心の健康を維持するためには下記の3つのステップに留意する必要がある.

- 発生の予防：個々人の予防段階であり，強いストレスを避ける，ストレス耐性を強める，気分転換を図る等心がけること.
- 早期発見，早期治療：早期発見し，相談や治療を早期に行える状況を作る組織としての対策. 日頃から,メンタルヘルス啓蒙,職場の環境づくりが重要.
- 職場復帰：職場復帰する従業員に対する職場環境を整備する. 職場の良好な人間関係の醸成，個々人の意見の尊重，相談体制の整備等が重要である.

(4) 労働安全衛生関連法

① **労働基準法**：労働基準法は，労働者を保護する労働法の１つで，労使が合意のうえで締結した労働契約であっても，労働基準法に定める最低基準に満たない部分があれば，その部分については労働基準法に定める最低基準に自動的に置き換えるとして民事上の効力を定めているほか，一部の訓示規定を除くほとんどすべての義務規定についてその違反者に対する罰則を定めている．さらに，労働基準監督機関の設置を定め事業場等の立入検査，報告徴収，行政処分等の権限を付与している（p.64 3.2（1）①労働基準法を参照）．

② **労働安全衛生法**：労働基準法と相まって，労働災害防止のための危害防止基準の確立，責任体制の明確化及び自主的活動の促進の措置を講ずる等その防止に関する総合的計画的な対策を推進することにより職場における労働者の安全と健康を確保するとともに，快適な職場環境の形成と促進を目的とする法律である（p.67 3.2（1）⑧労働安全衛生法を参照）．

(5) 労働安全衛生管理

労働安全衛生管理の基本は，環境管理，作業管理及び健康管理の３管理を指す．これに労働衛生教育と労働衛生管理体制を加え，５管理とすることもある．

① **労働安全衛生管理システム**：労働安全衛生管理システムは，事業場において自主的に安全衛生水準を向上していくための仕組みであり，一連のプロセスを定めて継続的に安全衛生水準を維持・向上させていくための管理システムである．

② **労働安全衛生マネジメントシステム**（OSHMS：Occupational Safety and Health Management System）：労働安全衛生マネジメントシステムは，事業者が労働者の協力のもとに「計画（Plan）－実施（Do）－評価（Check）－改善（Act）」（PDCAサイクル）という一連の過程を定めて，継続的な安全衛生管理を自主的に進めることにより，労働災害の防止と労働者の健康増進，さらに進んで快適な職場環境を形成し，事業場の安全衛生水準の向上を図ることを目的とした安全衛生管理システムである．唯一の国際的な基準としてILO（国際労働機関）においてもOSHMSに関するガイドラインが策定され，厚生労働省の指針もILOのガイドラインに準拠している．

③ **安全衛生方針**：企業トップ自らが安全衛生管理の最高責任者として，労働

者の安全と健康確保が最優先である旨の基本方針を安全衛生方針として公表することが求められる.

④　**安全衛生教育**：労働安全衛生法には，一定の危険有害業務に労働者を就かせる場合には，資格取得や特別教育を実施するよう義務付けている．安全衛生教育は，それぞれの事業場の実態に即して，そのような教育が，どのような対象者に必要なのかを十分検討したうえで教育・訓練計画を立て，これに基づき実施していくことが重要.

⑤　**安全衛生管理体制**：労働安全衛生法では，労働災害を防ぎ労働者が安全で快適な環境で作業するために安全衛生管理体制を構築し，権限や責任の所在，役割等を明確化するよう義務付けている．事業場の業種と規模（労働者数）によって義務付けられる体制が変わるが，主なものは次の通りである.

- **安全委員会**：労働者の危険防止のための安全委員会（50人以上の常用労働者が働く林業，建設業，運送業，製造業等指定業種）を設置しなければならない.
- **衛生委員会**：労働者の健康の保持増進を図るための衛生委員会（50人以上の常用労働者が働く全業種）を設置しなければならない.
- **安全衛生委員会**：安全委員会及び衛生委員会の両方を設置する場合はこれらを統合して安全衛生委員会を設置することができる.
- **総括安全衛生管理者**：安全管理者及び衛生管理者等を指揮し，次のような業務等を統括管理する責任者.
  - 労働者の危険または健康障害を防止するための措置
  - 労働者への安全または衛生のための教育に関すること
  - 健康診断の実施
  - 労働災害の原因調査や再発防止に関すること
- **安全管理者**：総括安全衛生管理者が統括管理すべき業務のうち，安全に関わる必要な措置の実施に関しての具体的な事項を管理する.
- **衛生管理者**：総括安全衛生管理者が統括管理すべき業務のうち，衛生に関わる必要な措置の実施に関しての具体的な事項を管理する.
- **産業医**：従業員の人数が50人以上の事業場は，専門的な立場で作業環境の指導・助言や従業員との面談による健康相談・管理等を行う産業医を選任する必要がある.

- **安全監査**：事業者は，安全管理体制の構築・改善の取り組みに関する確認のため安全監査を実施する．これには内部監査と外部監査がある．内部監査の範囲は安全管理体制全般とし，経営トップ，安全統括管理者等及び必要に応じて現業実施部門に対して行う．また事業者は，必要に応じて，親会社，グループ会社，協力会社，民間の専門機関等を活用して内部監査を実施することもできる．監査は安全管理体制の構築・改善の取り組みが，安全管理規程，その他事業者が決めた安全管理体制に関する規程・手順に適合しているか，安全管理体制が適切に運営され有効に機能しているかを確認する．客観的な立場で自社以外の者が実施するのが外部監査．

- **安全配慮義務**：労働契約法には，「使用者は労働契約に伴い，労働者がその生命，身体等の安全を確保しつつ労働することができるよう，必要な配慮をするものとする」として，安全配慮義務が定められており，使用者が労働者に対して負うべき労働契約上の付随義務がある．

5.4 事故・災害の未然防止対応活動・技術

　安全管理では，労働安全衛生活動に加えて火災・爆発等の事故や地震等の災害に対応することも重要であり，マネジメントの視点と現場における日常的な活動の視点で考えることが重要である．事故や災害に結び付く可能性のある事項の抽出，改善策の策定と実施法を対象とする．

(1) 不安全状態／不安全行動

　労働災害が発生する原因は，労働者の不安全行動（人為的不安全行為）と機械や物の不安全状態（事故が発生し得る状態，また事故の発生原因を作り出されている状態）がある．厚生労働省の統計によると，各業種において例年休業4日以上の死傷災害の9割以上に不安全行動が認められている．

(2) ヒューマンファクタ

　人為的ミスによって達成しようとした目的とは逸脱した結果に至ることがあるが，その人為的要因を指す．

(3) ヒヤリハット

ヒヤリハットとは，ヒヤリ・ハッとしたが事故に至らなかったものを指す．

ヒヤリハット活動で重要なことは，早期の報告／報告者の保護／早期の改善／情報の早期流通である．この活動を水平展開することによって，次の効果が期待できる．

- 重大災害に結び付く事象の早期発見による未然防止．
- ヒヤリハット事例は頻発するため，多数のデータを分析することによって普遍的な情報を得ることができる．
- 事例報告者自身の安全意識向上につながる．

①　**ハインリッヒの法則**：労働災害における経験則の 1 つであり，1 件の死亡事故や重大事故が発生した場合は，それと同じ原因で 29 件の軽微な災害が発生し，同じ性質の障害のない災害が 300 件発生しているといわれる．ヒヤリハット活動は 300 件の事例をなくそうとする活動である．

(4) 本質的安全設計

本質的安全設計方策は，「ガード又は保護方策を使用しないで，機械の設計又は運転特性を変更することによる保護方策」である．すなわち，設計上の配慮・工夫により危険源そのものをなくす，危険源に起因するリスクを低減する，危険源になることを防止する，作業者が危険区域に入る必然性をなくす，または頻度を低減することである．

①　**本質安全化**：機械の危険箇所（危険源）を除去する，または人に危害を与えない程度にする．例えば，角部を丸くする，作動エネルギーを小さくする等．

②　**安全防護**：安全防護は，ガードまたは保護装置による保護方策で，隔離と停止の原則による安全確保である．

(5) システムの高信頼化

情報・制御システムの適用範囲の拡大・普及に伴いシステムの高信頼化は必須であり，様々な高信頼化の方策が行われている．

①　**安全計装システム**：安全計装システムは，プロセスの状態を監視し，危険な状態になったときにプロセスの安全を確保するシステム．

② **非常停止装置**：非常停止装置は，緊急時の安全確保のための最優先で機器を停止させる装置．

③ **フォールトアボイダンス（Fault Avoidance）**：故障排除技術という意味で，信頼度の高い部品，バグが少ないソフト等高信頼性のアイテムによりシステムを構成し，故障・障害を発生しないようにする考え方である．具体的には，使用部品の精度の確保，耐久試験の実施等による初期不良の排除や設計，製造，検査等の工程ごとのきめ細かい品質管理による高信頼化の確保である．

④ **フォールトトレランス（Fault Tolerance）**：システムを構成している一部に不具合があっても，他の部分がそれをカバーして全体としての信頼性を下げることなく正常に機能するようにする方法である．信頼度の高くない要素を用いても，付加装置や付加機能等の冗長性を組み込むことにより，故障の影響を自動的に防ぎ，システムとしての正常な機能を維持し続けることができる．主な技術として，冗長性技術，異常検出技術，試験・診断技術，異常救済技術等である．

⑤ **フェールソフト（Fail-Soft）**：システムに冗長性を持たせることにより，システムの一部に障害が発生したらその部分を切り離したりして，システムのその部分のみの機能ダウン（縮退）により被害を最小限に抑え，全体としては何とか稼働を維持し続けるための技術である．冗長性技術，さらに故障の自動検出及びその対応を組み込む等の技術が必要である．

⑥ **フールプルーフ（Foolproof）**：バカヨケともいわれる．人間は，ミスをするものであるという前提で安全を考える基本である．人為的に不適切な行為や過失等が起こっても，システムの信頼性及び安全性を保持することをいう．例として，ドアを閉めなければ加熱できない電子レンジ，ギアが「P」に入っていないとエンジンがかからない等がある．

⑦ **フェールセーフ（Fail Safe）**：基本的に人間ではなく機械にその機能を持たせるように設計する考え方である．具体的には，安全制御の考え方から誤操作や故障が発生した場合は，常に安全側に制御すること，またはそうなるように設計する機械設計原則のことである．

⑧ **インターロック（安全装置・安全機構）**：誤操作や確認不足により，適正な手順以外による操作が行われるのを防ぎ，正常な製造・運転の条件を逸脱したときに自動的に当該設備に対する材料等の供給を遮断する等で安全を確保するものである．

⑨　**安全確認型システム／危険検出型システム**

- 安全確認型システムは，「安全の確認を行うと同時にその安全確認に基づいて，作業者もしくは，機械に所定の作業を許可する装置であって，その装置自身に危険側の誤りが生じないようなシステムの構成方法」である．基本は，作業空間が安全であり，かつセンシング回路から安全情報が発せられている場合のみ機械の運転・継続が許可される構成のものである．
- 危険検出型システムは，センサ等の安全機器が故障した場合，危険な状態になっても危険を検出する信号を発することができないので機械が停止しない．

⑩　**隔離安全／停止安全**

- 隔離安全は，人が機械の危険源に接近・接触できないようにする．例えば，柵や囲い等のガードを設けるなど．
- 停止安全は，一般的に機械が止まっていれば危険でなくなるので，人が機械の動作範囲に入る場合は，インターロック等で機械を停止させるまたは停止してから入場を許可する．

⑪　**安全立証**：安全立証はリスクを許容できる限界まで下げることであり，最悪の状況を想定した危険性評価（リスク評価）をまず行う．しかし，その評価に基づく防護策は，防護策の故障時の防護機能維持，具体的には故障時機械が停止できることの立証（安全立証）を要求している．

⑫　**LOPA（防護層解析：Layer of Protection Analysis）**：LOPA は，多重の独立した保護システムによって事故発生を防止する手法で，独立防護層（IPL）の概念を用いてハザード解析やリスク評価を行うものであり，化学プラントの安全性評価等に使われる．

(6) テクニカルスキル／ノンテクニカルスキル

専門的な知識や技術であるテクニカルスキルに対し，ノンテクニカルスキルはこの専門的な技術以外の能力を指し，状況認識能力やコミュニケーション能力，リーダーシップ，企画力など，職務を遂行する現場において必要なあらゆる技術の総称として用いられる．

(7) 事故の４M要因分析（Man, Machine, Media, Management）／事故の４E対策（Engineering, Education, Enforcement, Example）

４M要因分析／４E対策とは，事故の要因と対策の分類整理方法で，４Mと

4Eをマトリックス表の縦軸と横軸に整理して，事故の要因分析と対策を検討するもの．4Mが，Man（人間の心理的・技術的要因），Machine（機器の不具合や誤作動の要因），Media（情報や環境等周囲の要因），Management（組織的な管理や教育が要因）であり，4Eは，Engineering（技術・工学的対策），Education（教育・訓練による対策），Enforcement（強化・徹底による対策），Example（模範・事例による対策）である．

この分析モデルは，アメリカの国家航空宇宙局で事故の分析や医療事故の分析に応用されている．

(8) 5S活動（整理，整頓，清掃，清潔，躾）

5Sとは，整理・整頓・清掃・清潔・躾のローマ字の頭文字をとったもので，単なる掃除のことではない．仕事に必要なモノだけに絞り，仕事を行いやすく整頓することによって，職場の抱える課題を解決する改善活動をいう（p.43 2.3 (11) ① 5Sを参照）．

(9) 小集団活動（ZD運動，改善提案活動，TPM，TQC等）

小集団活動とは，従業員の経営参加の方法の1つであり，企業内で少数の従業員が集まったグループを結成し，そのグループ単位で共同活動を行うことを目的として運営するものである．小集団活動を行うことのメリットとしては，従業員のチームワークによる生産性の向上，従業員個人の意見が経営に反映されることで生きがいが見出される，小集団の中で自己を振り返ることができ相互啓発が促進される等といった事柄がある．

- **ZD運動**：Zero Defects運動の略で，無欠点で仕事をしようという標語であり，不良，故障，災害等欠点をゼロにする運動．
- **改善提案活動**：従業員に製品や業務について改善提案をさせ，採用された提案に対しては表彰・奨励を行う活動．
- **TPM（Total Productive Maintenance）**：装置の保守を専門要員に任せるのではなく製造作業者が自ら実施することで，設備効率向上，品質向上などを通じて究極のコスト削減を目指す全員参加型の組織的改善活動である．
- **TQC（Total Quality Control）**：総合的品質管理，または，全社的品質管理のことである．QC（品質管理）は主に工場などの製造部門に対して適用さ

れた品質管理の手法であるが，これを製造部門以外（設計部門，購買部門，営業部門，マーケティング部門，アフターサービス部門等）に適用し，体系化したものである．

(10) 労働災害防止計画

厚生労働大臣が労働政策審議会の意見を聞いて策定する労働災害の防止のための主要な対策に関する事項その他労働災害の防止に関し重要な事項を定めた計画．内容は，労働災害をめぐる動向を踏まえた当該計画の目標を設定し，計画の具体的な項目を示すものとなっている．昭和 33 年を初年とする第一次労働災害防止計画の公示以来，その後 5 年ごとに策定されている．

(11) 自主保安

自家用電気工作物の取り扱いや高圧ガスの取り扱いに際し安全を維持するためには，所有者が自主保安体制を定め，日常の未然防止活動や定期点検活動による自主保安が大切である．

①　**未然防止活動**：製品の品質トラブルや製造現場での事故などが発生する前に防ぐための活動．組織的なアプローチで過去の情報を収集・整理・整頓し，未知の失敗を想定し，様々な視点で補足・検証していくことが必要．

②　**定期点検活動**：機械や設備を継続的かつ安定して稼働させるために，点検，修理，部品交換などの保全計画を立てて定期的にメンテナンスを施していく活動．

③　**危険予知訓練（KYT）**：工事や製造等の作業に従事する作業者が，事故や災害を未然に防ぐことを目的に，その作業に潜む危険を予想し，指摘し合う訓練．ミーティングや職場内研修を通じ，危険性の情報を共有することで，予測できる災害の発生を未然に防止させる仕組み．

④　**TBM（ツールボックスミーティング：Tool Box Meeting）**：作業前に現場で関係者が集まって作業上の注意や作業内容にどんな危険があるのか等話し合うツールボックスミーティング（TBM）を活用することも安全衛生向上に役立つ．

⑤　**作業マニュアル**：安全を確保して作業するためには，作業手順や注意事項書等を分かりやすく示した作業マニュアルの整備も大切である．

(12) 安全衛生パトロール

職場の安全衛生向上を推進する手段として，自社の職場の状況を色々な立場から見て，会社のルールの順守状況や設備の状況，職場の環境等を確認するのが安全衛生パトロール．

①　**始業前点検**：始業の最初に指差喚呼等により安全確認を行うこと．

5.5 危機管理

危機管理では，危機（crisis）に対する対策のとり方に共通性を見出し，それを体系化し理解することが重要である．

危機管理の対象，危機管理の考え方や手法，危機管理の体系化を対象とする．

(1) 危機

安全，経済，政治，社会，環境等の面で，個人，組織，コミュニティ，もしくは社会全体に対して不安定かつ危険な状況をもたらす，もしくはもたらしかねない突発的な出来事のこと．

①　**緊急事態**：速やかな対応が必要とされる重大な事態．

②　**不測事態**：不測の事態とは「予期せぬ出来事」と「悪い結果をもたらす」の意味があり，通常の計画範囲では対応できない予測不可能な事態．

③　**自然災害**（暴風, 豪雨, 豪雪, 洪水, 高潮, 地震, 津波, 噴火等による被害）：不測事態の自然災害に対応して，政府・地方自治体による国土強靭化基本計画の策定や防災訓練計画の推進，監視・通報システム等，最新の科学技術を活用したシステム防災の設置が進められている．

- **極端化現象**：近年の極端な高温／低温や強い雨等特定の指標を越える現象のことを指し，気象庁では日最高気温が 35℃ 以上の日（猛暑日）や 1 時間降水量が 50mm 以上の強い雨等を極端化現象として整理している．

- **防災気象情報**：気象庁が発表している気象・地震・火山等に関する予報や情報の総称．

- **警戒レベル**：大雨警報，土砂災害警戒情報，指定河川洪水予報及び高潮警報を対象とした 5 段階の警戒レベル（大雨・洪水・高潮警戒レベル）の運

用が開始され，警戒レベル5は災害発生情報のため，警戒レベル4の段階で危険な場所からの避難を済ませる必要がある．

- **レベル2地震動**：レベル2地震動とは，その地域でごくまれに発生する規模で，発生すれば甚大な被害をもたらすおそれがある地震のことをレベル2として，土木構造物の耐震設計はこれを考慮すべきと提言している．
- **タイムライン**：災害の発生を前提に，防災関係機関が連携して災害時に発生する状況をあらかじめ想定し共有したうえで，「いつ」，「誰が」，「何をするか」に着目して，防災行動とその実施主体を時系列で整理した計画である．
- **避難指示**：災害対策基本法に定められている避難を呼びかける情報で，災害により生命や財産等に被害が発生する恐れのある地域の住民に対して市区町村長が発表する．「警戒レベル3」で危険な場所から高齢者等は避難，「警戒レベル4」で危険な場所から全員避難．

④　**自然災害に起因する産業事故（Natech）**：自然災害により引き起こされる産業事故は，ナテック（Natural-Hazard Triggered Technological Accidents）と呼ばれ，自然災害と産業事故の間をつなぐ新しい分野として研究が進められている．

⑤　**危険物施設防災**：総務省消防庁は危険物施設を風水害から守るためのガイドラインを作成し公表した．それによると，各事業者はハザードマップなどを参考に施設がある場所のリスクを把握したうえで，防災計画を策定し訓練を行うなどとしている．

⑥　**原子力防災**：東京電力株式会社福島第一原子力発電所の事故を受けて，原子力災害対策特別措置法が改正され，原子力災害対策が大幅に強化された．これに伴い，緊急事態において政府と電力会社の情報共有を確実に行うため，テレビ会議などを用いたネットワークの強化を図ることとなった．

⑦　**テロリズム**：特定の政治的目的を達成するため，広く市民に恐怖を抱かせることを企図した組織的な暴力の行使．

⑧　**感染症・パンデミック**：感染症は，ウイルス，細菌等が体内に侵入し，繁殖したために発生する病気のこと．パンデミックは最近の新型コロナウイルス感染症（COVID-19）のように流行の規模が大きくなり国境や大陸を越え，世界中で感染症が流行すること．

(2) 危機管理

① 危機管理体制

- **危機広報**：危機広報（危機発生時における広報）のあり方は，ときにその後の組織の命運を左右するので，危機管理体制の構築に考慮しておく必要がある．危機管理広報の三大原則は，「逃げない，隠さない，嘘をつかない」である．
- **優先順位**：危機発生時は，人身の安全確認と安全確保が最優先であることは当然であるが，対応すべきことが多岐にわたるので，危機を想定して優先順位を定めておくことが大切である．

② **危機管理マニュアル**：潜在的な危機を洗い出し，被害想定して優先順位を決めて，想定される危機ごとに危機管理マニュアルを作成する．緊急時は余裕がないので，一見して重要事項，必要事項が分かる書き方で安否確認方法，緊急連絡先，避難場所等を記載する．

(3) 災害対策関係法等

① **国民保護法**：武力攻撃事態等における国民の保護のための措置に関する法律（国民保護法）により，有事等の不測の事態に際しては，政府が国民の避難救援等を行う義務がある．

② **災害対策基本法**：災害対策全体を体系化し，総合的かつ計画的な防災行政の整備及び推進を図ることを目的として制定されたものであり，阪神・淡路大震災後の 1995 年には，その教訓を踏まえ二度にわたり災害対策の強化を図るための改正が行われている．

③ **国土強靱化基本法**：東日本大震災から得られた教訓を踏まえて，必要な事前防災及び減災その他迅速な復旧復興に資する施策を総合的かつ計画的に実施し，大規模自然災害等の国民生活及び国民経済に及ぼす影響を最小化することを目的に国土強靱化基本法が 2013 年 12 月に議員立法により制定された．これにより，政府・地方公共団体・民間が協力して国土強靱化基本計画や国土強靱化地域計画が策定され，諸施策が推進されている．

(4) ICS（Incident Command System）

アメリカで開発された災害現場などにおける命令系統や管理手法が標準化され

た管理システムであり，東日本大震災以降，日本でもこれを参考にしたシステムが導入されつつある．

(5) 安全教育

労働安全衛生に関する教育に加え，危機対応に際しての安全教育も危機管理として重要である．

(6) 訓練

① **事故対応訓練**：事故や災害が発生した場合，迅速かつ速やかに対処するには，知識，技能，判断力及び適応能力を習熟，体得させるための事故対応訓練が必要．事故や災害等の混乱状態の中では，平常時のように冷静な判断を下し，思慮ある行動をとれるものではないので，有事の際に従業員が自己の任務を的確に遂行するためには，日頃から訓練を積み重ね，事故対応力を強化しておくことが必要である．

② **防災訓練計画**：防災訓練は，応急処置や緊急連絡等事故の発生から処置完了まで一連の流れに沿って対応すべき行動を想定した防災訓練計画を立てて年間教育の中で計画的に行う．

③ **ブラインド訓練**：ブラインド訓練とは，実施者に事前に訓練の進行やシナリオを与えず，想定のみ与える実践的な訓練をいう．

5.6 システム安全工学手法

システム安全工学手法（故障解析手法, 危機シナリオ分析手法とも呼ばれる．）では，リスクの発生過程を調べるために，どのような危険発生源がシステムに存在し，それがどのように事故や災害に進展するかを理解することが重要である．

具体的手法やヒューマンファクターに対する分析手法，システム信頼度解析等を対象とする．

(1) システム安全工学手法

① **FMEA（Failure Mode and Effects Analysis）**：重大事故や故障率の高い故障モードを取り上げ，発生した場合にシステムや機器にどのような影響を及ぼ

すかを解析し，安全性等を損なう可能性の大きい故障モードを識別する方法．

② **HAZOP（Hazard and Operability Study）**：化学プラント等に内在する潜在的危険性や運転上の大きな問題点を洗い出し，潜在的危険に対して安全対策を検討する手法である．設計からのずれが起こったときに発生するおそれのある潜在的ハザードが指摘できる．系統的な関係を把握しやすい特徴がある．

③ **HAZID（Hazard Identification）**：新しい構造物やシステムを作る場合に，Hazard を同定しその存在によって人命や財産の安全，環境等にどのような影響を及ぼすかを，様々なシナリオを想定して安全性や環境影響を評価する安全性評価法である．

④ **デシジョンツリー分析**：デシジョンツリーは意志決定手法として知られており，プロジェクトにおける不確実性をツリー構造にし，事象の発生確率とその事象発生時におけるプロジェクト成果を確率として分析し，効果的なプロジェクト投資意思決定を行うために活用されている．

⑤ **フォールトツリー分析（FTA）**：FTA（Fault Tree Analysis）は，その発生が好ましくない事象（出力）を頂点に取り上げ，木の枝のように次第に源泉の方に図式に展開して，その発生源（入力）及びその発生経路を解析する方法．

- **頂上事象**：製品の上位の故障・事故を頂上事象という．
- **最小カットセット**：トップ事象を発生させる基本事象の組み合わせをカットセットといい，その組み合わせの中で必要最小限の組み合わせを最小カットセットという．
- **共通要因故障**：二重化したシステムがあった場合，2つのシステムが，同じ設計で同じ素材で，同じ部品で，同じ電源を使っているなど共通性が多いと，2つのシステムが同時に故障になる可能性が高くなる．このように，システムの共通性が原因で，同時に発生する故障を共通要因故障という．

⑥ **イベントツリー分析（ETA）**：ETA（Event Tree Analysis）は，FTA とは逆に構成要素に故障（入力）が発生したとして，時間の経過をたどり，どんな事象（出力）に発展するかを解析する図式解法．ETA は初期事象と防護機能を定めてツリーを展開する．

- **初期事象**：ETA の起点となる事象．
- **防護機能**：起こり得る事故に対する警報，冗長化，バックアップ等を防護機能という．

⑦　**ボウタイ分析**：ボウタイ（蝶ネクタイ）分析（Bow-Tie Diagram）は，原因から結果までのリスクの経路を記述し，分析する簡易な図式方法である．事象（蝶ネクタイの結び目で表す）の原因を分析する FTA の考え方（左側）と，結果を分析する ETA（右側）とを組み合わせたものと見ることができる．

⑧　**PHA（Preliminary Hazard Analysis）**：業務の全段階における危険要因を早期に迅速に調査するための危険要因把握ツール．シナリオ想定に基づく思考法，ブレインストーミング（自由討議），専門家，事故データ，規制を活用して，迅速に危険要因を分析する．この方法は，業務の全段階を検討し，高リスク分野を早期に把握するためのものである．

(2) ヒューマンエラー分析（人的過誤分析）

ヒューマンエラーとは人的過誤とも呼ばれ，JIS Z 8115 ディペンダビリティ（信頼性）用語では「意図しない結果を生じる人間の行為」と定義されている．

①　**人的過誤確率（HEP：Human Error Probability）**：労働災害の約 80％はヒューマンエラー（HE）によるものといわれており，行動形成要因（PSF）や人的過誤確率（HEP）の分析・評価によって組織上の見直しや防護方法の検討が行われている．

②　**トライポッド理論**：トライポッド理論は，事象（event）は危険源（hazard）が存在していたところへ対象（人や物）が作用するために生じるのであり，このどれが欠けても事象は生じないとする理論で，ヒューマンエラーを多角的視点から分析する手法である．ヒューマンエラーの要因を 11 個のグループに分類（ハードウェア，設計，保守管理，手順書，エラー誘発条件，日常業務，相容れない矛盾する目標，コミュニケーション，組織，訓練，防護）して考える．

③　**THERP（Technique for Human Error Rate Prediction：ヒューマンエラー発生率予測法）**：THERP は，イベントツリーにより分析する手法であり，人間の一連の手順的な仕事を解釈，操作，読み取り等の基本的な単位仕事のつながりで表し，各単位仕事に成功する場合と失敗する場合に分けながらどのような作業環境に至るかを分析する．原因には危険感知ミス，判断ミス，対応行動失敗等があるが，認知過程や置かれた状況に注意しないと解析自体の信頼性を損なうことになる．

④　**行動形成要因（PSF：Performance Shaping Factors）**：「作業や業務をや

りにくくしている事柄」，「ヒューマンエラーのもとになりやすい事柄」，「作業意欲を低減させてしまうような事柄」のような人間の行動に影響を与える要因をいう．例えば機械設備を操作してヒューマンエラーが発生したときに調べてみると，その機械が使いにくかった，自分にその機械を使う技能が十分になかったなど，特に処理手順が高度に定められた活動におけるエラーの定量化に有効と考えられる．

⑤　**MORT**（Management Oversight and Risk Tree）：MORT は，管理体制の欠落を検出する方法．管理体制の現状と一般的な管理欠陥の論理ツリーとを参照して問題点を発見するものである．機器の安全のみでなく管理，設計，生産，保全等広い範囲にわたって適用可能であり，より高度の安全を達成することを目的としている．

⑥　**J-HPES**（Japanese version of Human Performance Enhancement System）：アメリカの原子力発電運転協会が開発したヒューマンエラーの背後要因まで網羅的に分析することを目的とした手法を日本に適応するように全面的に改良したもの．

⑦　**VTA**（Variation Tree Analysis）：事故の進展における変化に着目し，フォールトツリーを基本としたツリーを用いて正常状態からの逸脱を追跡する対策志向型の分析手法．フォールトツリー分析が推定要因も分析しているのに対して，この手法では確定事実のみを対象としている．

(3) システム信頼度解析

複雑なシステムをモデル化し，数理的手法に基づいたシステムの安全性や信頼度を評価する技術であり，システムとしては直列システムと並列システムがある．

①　**信頼性ブロック図**（RBD：Reliability block diagram）：複雑なシステムの成功または故障に貢献しているかの部品の信頼性を示すダイヤグラムである．RBD は，依存図（DD：dependence diagram）として知られ，並列または直列構成で接続された一連のブロックとして描かれる．各ブロックは，故障率とシステムの構成要素を表す．

②　**直列システム**：1 つのアイテムが故障すると，システムも故障するシステムである．システムの信頼度を Q，各アイテムの信頼度を Q_i とすると，次式のようになる．

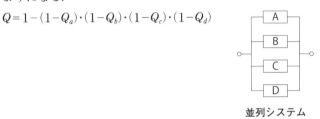

$$Q = Q_a \cdot Q_b \cdot Q_c \cdot Q_d$$

直列システム

③　**並列システム**：すべてのアイテムが故障した場合，システムが故障するシステムである．システムの信頼度を Q，各アイテムの信頼度を Q_i とすると，次式のようになる．

$$Q = 1 - (1 - Q_a) \cdot (1 - Q_b) \cdot (1 - Q_c) \cdot (1 - Q_d)$$

並列システム

(4) 制御システム

　他の機器やシステムを管理し制御するための機器，あるいは機器群を制御システムという．時代の進歩とともに高度化，複雑化する制御システムの安全工学における役割は大きく，人間工学原則の遵守，システム高信頼度，事故未然防止等の基本に従って安全な制御システムとすることが大切である．

(5) 故障モード

　製品は，例えば断線，短絡，折損，摩耗等，製品やシステムを構成する要素（部品）の特性劣化や物理的な構造破壊に起因して，動作停止，警報等の故障モードとなる．「故障」は故障モードが引金となって発生する不具合である．

(6) 根本原因分析（RCA: Root Cause Analysis）

　根本原因解析は，問題解決の中の 1 つの部類に属し，問題や事象の根本的な原因を明らかとすることを狙いとする．単に明らかな兆候に即座に対処するのでなく，根本原因自身を修正及び除外する試みによって，最高の問題解決を図ることを基調としている．根本原因の度合いを直接修正することによって，問題の再発が最小限になることが期待される．しかしながら，一方的な介入による完璧な再発防止は常にできるとは限らない．したがって，根本原因分析は反復処理である

ことと，継続改善の道具としての視点であると考えられている．

(7) 冗長安全

代表的な冗長安全の方法としては，複数のアイテムによってバックアップを実行する待機冗長や，アイテムを多重化してシステム機能を段階的に低下させる優美縮退冗長，複数の同一アイテムから得られる結果を比較評価する多数決冗長等がある．

(8) 深層防護

原子力施設が，第一段階は安全確保のための設計で，異常の発生を防止するため安全上余裕のある設計，誤操作や誤動作を防止する設計，自然災害に対処できる設計が採用され，第二段階は事故拡大防止の方策で，万一異常が発生しても事故への拡大を防止するため，異常を早く発見できる設計，原子炉を緊急に停止できる設計が採用され，第三段階は放射性物質の放出防止の方策で，万一事故が発生しても放射性物質の異常な放出を防止するための原子炉格納容器や ECCS（緊急炉心冷却装置）が備えられている．これを深層防護または多重防護という．

(9) 人間工学原則の遵守

ISO 6385：2016 に，作業システムの設計者や評価者が，人間の能力や特性に応じた効率的で安全で快適な作業環境を提供するために必要なガイドラインが示されている．例えば
・人間の身体の可動範囲や筋力，視野角，身長・体重等を考慮して，作業台や椅子の高さや角度，スイッチの配置等を決めること．
・人間の情報処理能力や視覚・聴覚・触覚等の感覚に基づいて，情報表示の仕方や色彩・音の調整，ボタンの形状・大きさ等を決めること．
・製品や作業環境等が人間の安定性を脅かすことがないように，安全性を考慮した設計を行うこと．
・人間の視覚・聴覚・触覚等の感覚を適切に刺激するように明るさや音量，表面の質感や温度等を調節して快適な作業環境とすること
等が求められている．

6. 社会環境管理

6.1 地球的規模の環境問題

　人間活動の発展に伴い，地球を構成する大気，水，土壌，生態系に重大な変化が生じ，人間の生存基盤に対する脅威となっている．中でも，地球的規模の環境問題については，国連などの国際組織が中心となってその対応に取り組んでいるが，我が国もその一員として先導的な役割を果たすことが期待されている．環境面において，組織活動の社会システムとの関わり方の重要性はますます増大しており，組織としては環境問題の実態を理解し，その対応策に取り組むことが社会的責任として重要であるだけでなく，組織としての今後の継続，発展，組織価値の増大のために必要不可欠な要素となっている．地球的規模の環境問題としては，気候変動，エネルギー問題，生物多様性，その他オゾン層破壊などが対象となる．

(1) 持続可能な開発

　近年，環境と開発に関する世界委員会は，報告書で「今後の地球の目指すべき社会のあり方は，持続可能な開発（Sustainable Development）である」と提唱し，持続可能な開発を，将来の世代の欲求も満足させる開発と定義している．

①　国連人間環境会議

1972 年，国際連合が主催し，ストックホルムで開催された最初の環境問題に関する国際的対策会議といわれている（ストックホルム会議とも呼ばれている）．

114 か国が参加し「かけがえのない地球」をスローガンに掲げ「人間環境宣言」を採択した．人間の増加と人間の生存環境の悪化が取り上げられ，世界的な合意の形成に大きな影響をもたらした．

②　ローマクラブ

1970 年，正式発足した地球の未来に関する民間研究組織．最初の会合をローマで開催したことにちなみ，この名が付けられた．政治に関与しない各国の科学

者，経済学者，プランナー，実業家，教育者等で構成されるシンクタンクであり，人類の当面する危機を世界的規模で研究，その成果を発表し，政策的な提言を行っている．1972年発表の報告書「成長の限界」は，世界的に注目された．

③ 環境と開発に関する世界委員会（WCED）

ノルウェーのブルントラント（後の首相）を委員長とする環境と開発の関係について討議した委員会．1984～1987年の活動を通し「我ら共有の未来」との報告書を国連に提出，「持続可能な開発」の概念を打ち出した．

④ 国連環境開発会議（地球サミット：UNCED）

1992年，ブラジルのリオデジャネイロで開催された首脳レベルでの国際会議．人類共通の課題である「地球環境の保全」と「持続可能な開発のための具体的な方策」が話し合われた．「環境と開発に関するリオ宣言」や宣言の諸原則を実施するための「アジェンダ21」が採択された．

⑤ 環境と開発に関するリオ宣言

前述の会議で採択された宣言であり，27原則で構成されている．また，この宣言を確実に履行するため，その場で「気候変動枠組条約」，「生物多様性条約」，「森林原則声明」，「アジェンダ21」も採択された．

⑥ アジェンダ21

21世紀に向けた持続可能な開発を実現するために，各国及び各国際機関が実行すべき行動計画を具体的に規定するもので，大気，水，廃棄物等の具体的な問題について，そのプログラムとともにこの行動を実践する主要グループの役割強化，財源等の実施手段のあり方が規定されている．

⑦ エコロジカル・フットプリント

人間活動により消費される資源量を分析・評価する手法の1つで，人間1人が，持続可能な生活を送るのに必要な，生産可能な土地面積で表される．

⑧ 人間開発指数（HDI：Human Development Index）

平均余命・教育・所得の側面から人間開発の達成度を示す指数で，パキスタンの経済学者マブーブル・ハックが1990年に考案したもの．国連開発計画（UNDP）が毎年発表している．

⑨ 持続可能な開発目標（SDGs の 17 の目標）

2015年9月国連で採択された，先進国を含む2030年を期限とする国際社会全体をターゲットにした「持続可能な開発目標」を SDGs（Sustainable

Development Goals）と呼び，貧困の撲滅や格差の解消，環境保護等，17 の目標（ゴール）とその下位目標である 169 のターゲットで構成されている．

⑩　オゾン層保護

地球を取り巻く成層圏に多くが存在するオゾン層は，太陽光に含まれる有害紫外線の大部分を吸収し，地球上の生物を保護する役目を果たしている．日本では 1988 年に「オゾン層保護法」を制定し，国際的協力を念頭にオゾン層の保護を目的として，ウィーン条約・モントリオール議定書を的確かつ円滑に実施するための措置をした．

- **ウィーン条約・モントリオール議定書**：ウィーン条約は，1985 年採択されたオゾン層の保護のための国際的対策の枠組みを定めた条約である．一方，モントリオール議定書は，1987 年採択されたオゾン層保護対策推進のためオゾン層破壊物質の生産削減等の規制措置を定めた議定書である．日本は，いずれも 1988 年に締結している．

⑪　酸性雨

二酸化硫黄，NOx 等の大気汚染物質は，大気中で硫酸，硝酸等に変化し，再び地上に戻ってくる（沈着）．これには 2 種類あり，1 つは，雲を作っている水滴に溶け込んで雨や雪等の形で沈着する場合（湿性沈着）であり，もう 1 つは，ガスや粒子の形で沈着する場合（乾性沈着）である．当初は酸性の強い（pH5.6 以下）雨にのみ関心が集まったが，現在では，酸性雨は，湿性沈着及び乾性沈着を併せたものとして幅広く捉えられている．

(2)　気候変動・エネルギー問題

地球温暖化が原因とされる気候変動により，近年，極端な気象現象が起こり，多大な災害が起きている．温暖化への寄与は，温室効果ガスを多く発生する化石燃料によるエネルギー利用によるところが大きい．気候変動問題は，これからのエネルギー利用の抜本的見直しを求めている．

①　温室効果ガス（GHG：Green House Gas）

大気を構成する気体で，赤外線を吸収して大気温度上昇の熱源となり，再放出して地表に吸収され，その温度を高める気体を指す．京都議定書では，二酸化炭素（CO_2），メタンガス（CH_4），一酸化二窒素（N_2O），ハイドロフルオロカーボン（HFC），パーフルオロカーボン（PFC），六フッ化硫黄（SF_6）の 6 物質が温

室効果ガスとして排出削減対象となっている.

② エルニーニョ現象／ラニーニャ現象

エルニーニョ現象は，太平洋赤道域の日付変更線付近から南米沿岸にかけて，海面水温が平年より高くなり，その状態が1年程度続く現象である．逆に，同じ海域で，海面水温が平年より低い状態が続く現象は，ラニーニャ現象と呼ばれ，それぞれ数年おきに発生する．これらの現象は，日本を含め世界中の異常な天候の要因になり得ると考えられている．

③ IPCC（気候変動に関する政府間パネル）

1988年，国連環境計画（UNEP）と世界気候機関（WMO）により設立され，世界の政策決定者に対し正確でバランスのとれた科学的知見を提供し，気候変動枠組条約の活動を支援している．5〜7年ごとに地球温暖化について網羅的に評価報告書を発表するとともに，適宜，特別報告書や技術報告書，方法論報告書を発表している．

④ 気候変動枠組条約

正式には「気候変動に関する国際連合枠組条約」という．1992年の地球サミットで，地球温暖化対策に関する取り組みを国際的に協調して行っていくため採択され，1994年発効した．本条約は，大気中の温室効果ガスの濃度を安定化させることを究極の目的とし，締約国に温室効果ガスの排出・吸収目録の作成，地球温暖化対策のための国家計画の策定とその実施等の各種義務を課している．

⑤ 京都議定書

1997年12月，京都で開催された気候変動枠組条約第3回締約国会議（COP3）において採択された議定書（Protocol）をいう．ここでは，先進国のみに温室効果ガスの排出量について拘束力のある数値目標が決定された．それとともに，排出量取引，共同実施，クリーン開発メカニズム等の新たな仕組みが合意された．2005年2月に発効したが，アメリカは批准しておらず，中国，インドは参加していない．

⑥ パリ協定

2015年12月，パリで開催された気候変動枠組条約第21回締約国会議（COP21）において採択された協定（Agreement）をいう．地球温暖化対策に，先進国，発展途上国を問わずすべての国が参加し，世界の平均気温の上昇を産業革命前の2℃未満（努力目標1.5℃）に抑え，21世紀後半には温室効果ガスの排出を実質

ゼロにすることを目標とした．締約国は削減目標を立てて5年ごとに見直し，国連に実施状況を報告することが義務付けられた．また，先進国は途上国への資金支援を引き続き行うことも定められた．

⑦　**脱炭素社会**

脱炭素社会とは，気候変動や地球温暖化の原因となる温室効果ガス，その中でも二酸化炭素（CO_2）の排出量を実質ゼロにする社会とされ，発生源である石油や石炭などの化石燃料を使わない，再生可能エネルギーを柱にした，脱化石燃料の社会を指している．

⑧　**2050 年長期戦略**

2019 年 6 月，政府は閣議を経て，2050 年に向けた日本の地球温暖化対策に関する「長期計画」（パリ協定に基づくもの）を国連に提出した．いわゆる，2050年長期戦略である．基本は，最終到達点としての「脱炭素社会」を掲げ，今世紀後半のできるだけ早期に実現することを目指すとともに，2050 年までに 80％の削減に大胆に取り組むとしている．その後，2020 年 10 月，菅義偉首相の所信表明で，温室効果ガスの排出量を 2050 年に実質ゼロ（100％削減）にする新目標が打ち出された．

- **グリーントランスフォーメーション（GX）**：GX とは，産業革命以来の化石燃料中心の経済・社会，産業構造を，環境に配慮した先端技術を用い，クリーンエネルギー中心の構造に移行させ，経済社会システム全体の変革（脱炭素社会実現）を目指す戦略である．

⑨　**地球温暖化対策推進法**

1998 年に法制化された地球温暖化対策を推進するための法律で，温暖化対策計画の策定や地域協議会の設置等，国民の取り組みを強化するための措置，温室効果ガスを一定量以上排出する者に排出量を算定して国に報告することを義務付け，国が報告されたデータを集計・公表する「温室効果ガス排出量算定・報告・公表制度」等について定めたものである．

- **地球温暖化対策計画**：2021 年 10 月 22 日，閣議決定された計画を指す（前回計画を 5 年ぶりに改訂）．我が国は，2021 年 4 月に，2030 年度において温室効果ガス 46％削減（2013 年度比）を目指すことを表明した．改訂された計画は，この新たな削減目標を踏まえて策定され，温室効果ガスのすべてを網羅し，新たな 2030 年度目標の裏付けとなる対策・施策が記載され，新目

標実現への道筋が描かれている.

⑩ **気候変動適応法及び緩和策・適応策**

2018年6月公布,同年12月施行の法律であり,同法により,気候変動に関する適応策の法的位置付けが初めて明確化され,国,地方公共団体,事業者,国民が,連携・協力して適応策を推進するための法的仕組みが整備された.なお,気候変動対策には,前節の地球温暖化対策推進法に基づく,温室効果ガスの排出削減対策(緩和策)と本節の気候変動適応法に基づく,気候変動の影響による被害の回避・軽減対策(適応策)があり,車の両輪といわれている.緩和策は根本的な解決へ向けた対策を指し,適応策は対処療法的な取り組みを指している.

⑪ **排出量取引制度**

環境汚染物質の排出量を抑制するために用いられる政策手法の1つであり,京都議定書に排出量取引が規定されたこともあって,温室効果ガスを対象にした例が多い.排出総量に上限を設け,過不足分を取引する方式はキャップ&トレードと呼ばれ,削減の取り組みを確実に担保するとともに,柔軟性のある義務履行を可能としている.

⑫ **カーボンニュートラル**:温室効果ガスの排出量と吸収量+除去量を均衡させる事を意味する.我が国は,2050年までに温室効果ガスの排出を「全体としてゼロにする」とし,カーボンニュートラルの実現を目指すとしている.「全体をゼロに」とは,「排出量から吸収量と除去量を差し引いた合計をゼロにすることを意味する.つまり,排出を完全にゼロに抑えることは,現実的には難しいため,排出せざるを得なかったものについては,同じ量を「吸収」または「除去」することで,差し引きゼロを目指すもので,これが,カーボンニュートラルの「ニュートラル(中立)」を意味するものである.

- **カーボンフットプリント**:商品の一生(原料調達から廃棄・リサイクルまで)に排出されたCO_2量を商品に,表示する仕組みをいう.最近では商品だけでなく,航空運賃やホテル宿泊費等,サービス全般に導入の動きがある.カーボンニュートラルの実現に役立つ考え方の1つ.

- **カーボン・オフセット**:CO_2等,温室効果ガスの排出削減や,吸収量・除去量の増加につながる活動に投資する(埋め合わせ)と云う考え方を指す.自身の排出量を認識(見える化)し,削減努力をし,どうしても削減出来ない排出量を,他の場所での排出削減・吸収量(クレジット等)で,その全部ま

たは一部を埋め合わせる（オフセットする）ことである．

- **ギガトンギャップ**：パリ協定は，加盟各国が自主的に CO_2 等，温室効果ガスの削減目標を定めるとしている．だが現在，各国が提出した削減目標をすべて足しても，産業革命前からの気温上昇を 2℃ 未満，出来れば 1.5℃ に抑えるという長期目標達成に必要な削減量には，まったく足りない．2020 年での削減不足量は CO_2 換算で 100 億トン，2030 年では 150 億トンに達すると云う試算がある．この問題をギガ（＝10 億）トン・ギャップと呼んでいる．

- **カーボンバジェット（炭素予算）**：人間活動に起因する，気候変動による地球の気温上昇を，一定のレベルに抑えようとする場合，想定される CO_2 等，温室効果ガスの累積排出量（過去・将来の合計値）の上限値をいう．この考え方により，過去の排出量と気温上昇率をベースに，将来排出できる量を推計できる．ただし，気候感度には幅があるので，カーボンバジェットにも幅が生じる．

- **CCS・BECCS**：CCS とは，CO_2 を回収（Capture）し，貯留（Storage）する技術のこと．また，BECCS は，この CCS とバイオマスエネルギー（Bio-Energy）を結び付けた技術を指す造語である．エネルギー利用のため，バイオマスを燃焼させた際，CO_2 は排出されるが，バイオマスのライフサイクル全体での排出量は変わらないため，CO_2 排出量としてはカウントされない．このバイオマス燃焼時の CO_2 を回収，地中に貯留すれば（CCR），大気中の CO_2 は，純減することになる．

⑬　**エネルギー政策基本法**

2002 年 6 月公布，施行されたエネルギー需給政策に関する法律で，基本方針は「安全供給の確保」，「環境への適合」，及びこれらを十分考慮したうえでの「市場原理の活用」の 3 項目であり，国・地方公共団体，事業者，国民等の責務，エネルギーの需要施策の基本事項を定めている．

- **エネルギー基本計画**：法に基づき，政府が策定するエネルギー政策の基本的な方向性を示す計画をいう．計画は，長期エネルギー需要見通しと密接な関連があり，再生可能エネルギーの普及目標等も定められる．

- **S＋3E**：安全性（Safety），エネルギーの安定供給（Energy Security），経済効率性の向上（Economic Efficiency），環境への適合（Environment）から成り，日本のエネルギー政策の基本となる概念である．

⑭　**再生可能エネルギー**

エネルギー源として，一度利用しても比較的短期間に再生が可能であり，資源が枯渇しない源を利用して生ずるエネルギーの総称をいう．具体的には，太陽光，風力，水力，地熱，太陽熱，バイオマス等をエネルギー源として利用する．

- **再生可能エネルギー特別措置法**：再生可能エネルギーから作った電気を，国が定めた単価で一定期間電力会社が買い取ることを義務付けた法律で，再生可能エネルギーによる発電ビジネスの推進・拡大が目的とされる．

- **固定価格買取制度（FIT：Feed-in Tariff）**：再生可能エネルギーにより発電された電気を，電力会社が一定価格で一定期間買い取ることを国が約束する制度をいう．対象となる再生可能エネルギーは，太陽光，風力，水力，地熱，バイオマスの5つで，国が定める要件を満たす必要がある．

- **再生可能エネルギー賦課金**：固定価格買取制度で，電力会社が買い取る費用の一部を電気の利用者から毎月の電気料金と合わせて徴収しており，この料金を再生可能エネルギー賦課金という．

⑮　**省エネ法**

1979年制定，2018年改正で，正式名を「エネルギーの使用の合理化等に関する法律」という．省エネ法では，工場等の設置者や輸送事業者・荷主に対し，省エネの取り組みを実施する際の目安となるべき判断基準を示し，一定規模以上の事業者には，エネルギーの使用の状況等の報告を求めたり，必要に応じて指導等を実施したりしている．省エネ法におけるエネルギーは，化石エネルギー（燃料，熱，電気）を対象としており，廃棄物からの回収エネルギーや風力，太陽光等の非化石エネルギーは対象としていない．

- **トップランナー制度**：自動車の燃費基準や電気機器等の性能向上に関する製造業者等の判断基準を，現在商品化されている製品のうちエネルギー消費効率が最も優れているもの（トップランナー）の性能を勘案して定める制度をいい，製品のエネルギー消費効率のさらなる改善の推進を行うことを目的とする．

- **建築物省エネ法**：2015年制定，正式名を「建築物のエネルギー消費性能の向上に関する法律」という．情勢の変化により，建築物のエネルギーの消費量が他部門に比べ著しく増加し，対処のため，住宅以外の一定規模以上の建築物に対し，エネルギー消費性能基準への適合義務の創設，エネルギー性能

向上計画の創設等の法的措置がなされた.

⑯ **エコまち法**

2012 年制定. 正式名を「都市の低炭素化の促進に関する法律」という. 社会経済活動に伴って発生する二酸化炭素の相当部分が都市において発生しており, 都市の低炭素化促進に関する基本方針の策定, 市町村の低炭素まちづくり計画の策定, 及び民間等の低炭素建築物の認定等を定めた法律である.

⑰ **コンパクトシティ**

急激な人口減少・高齢化に直面する中, 生活の質を向上させ, 持続的な成長が求められる. その実現のためには, 社会インフラを賢く使える都市空間の形成が必要で, その 1 つとして考えられる集約型の都市構造をコンパクトシティという. 一般的に, 高密度で近接した開発形態, 公共交通でつながった市街地, 地域のサービスや職場までの移動の容易さ, という特徴を持った都市構造を指す.

⑱ **コージェネレーション**

天然ガス, 石油, LP ガス等を燃料として, エンジン, タービン, 燃料電池等の方式により発電し, その際に生じる廃熱も同時に回収するシステムをいう. 回収した廃熱は, 蒸気や温水として工場の熱源, 冷暖房・給湯等に利用でき, 熱と電気を無駄なく利用できれば, 燃料が本来持っているエネルギーの約 75 ～ 80%と, 高い総合エネルギー効率が実現可能といわれている.

⑲ **ESCO 事業**

Energy Service Company 事業の略で, ESCO が省エネに関する包括的なサービス（技術, 設備, 人材, 資金等）を客に提供し, 客の利益と地球環境の保全に貢献するビジネスで, 省エネ効果の保証等による客の省エネ効果の一部を報酬として受け取る仕組みとなっている.

⑳ **スマートグリッド**

次世代送電網のことで, 電力の流れを供給側・需要側の両方から制御し最適化できる送電網といわれ, 専用の機器やソフトウェアが送電網の一部に組み込まれている. 従来の送電線は大規模な発電所から一方的に電力を送り出す方式で, 需要のピーク時を基準とした容量設定に無駄が多く, 自然災害に弱く復旧にも手間取っていた. そのため, 送電の拠点を分散し, 需要家と供給側との双方から電力のやり取りができる送電網が望まれている.

(3) 生物多様性

地球上の生命，その中には多様な姿の生物が含まれており，この生物達の豊かな個性と命のつながりを生物多様性と呼んでいる．条約では，次の3つのレベルで多様性があるとしている．①生態系の多様性，②種の多様性，③遺伝子の多様性．

① 生物多様性基本法

2008年制定．生物多様性の保全及び持続可能な利用について基本原則を定め，国，地方公共団体，事業者，国民及び民間の団体の責務を明らかにするとともに，生物多様性の保全及び持続可能な利用に関する施策の基本となる事項を規定した法律である．生物多様性に関する施策を総合的かつ計画的に推進し，生物多様性から得られる恵沢を享受できる，自然と共生する社会の実現を図り，合わせて地球環境の保全に寄与することを目的としている．

② 生物多様性条約

生物の多様性の保全やその構成要素の持続可能な利用及び遺伝資源の利用から生ずる利益の公正かつ衡平な配分を目的とした条約である．1992年に採択され，1993年発行した．日本は1993年に締結し，条約に基づき生物多様性国家戦略を策定し，各種施策を実施している．

③ 生物多様性国家戦略

生物多様性条約第6条に基づき，条約締約国が作成する生物多様性の保全及び持続可能な利用に関する国の基本的な計画である．2012年9月には「生物多様性国家戦略2012-2020」が閣議決定されている．

④ ミレニアム生態系評価

国連の主唱により，2001～2005年にかけて行われた地球規模の生態系に関する総合的評価である．95か国から1360人の専門家が参加，生態系が提供するサービスに着目して，それが人間の豊かな暮らしにどのように関係しているか，生物多様性の損失がどのような影響を及ぼすかを明らかにした．これにより，これまであまり関連が明確でなかった生物多様性と人間生活との関係が分かりやすく示された．生物多様性に関連する国際条約，各国政府，NGO，一般市民等に対し政策・意思決定に役立つ総合的な情報を提供するとともに，生態系サービスの価値への考慮，保護区設定の強化，横断的取り組みや普及広報活動の充実，損なわれた生態系の回復等による思い切った政策の転換を促している．

⑤　**生態系サービス**

人々が生態系から得ることのできる便益のことで，食糧，水，木材，繊維，燃料等の供給サービス，気候の安定や水質の浄化等の調整サービス，レクリエーションや精神的な恩恵を与える文化的サービス，栄養塩の循環や土壌形成，光合成等の基盤サービス等がある．

⑥　**SATOYAMA イニシアティブ**

人と自然との共生を目指し，世界的な規模で生物多様性の保全と持続可能な利用・管理を促進するための取り組みである．日本の里地里山のような人間の営みにより形成・維持されてきた農地や人工林，二次林等の二次的な自然地域を対象とし，保全と持続可能な利用を進めるもので，環境省が国連大学等の国際機関とともに提唱している．

⑦　**名古屋議定書**

正式名称を「生物の多様性に関する条約の遺伝資源の取得の機会及びその利用から生ずる利益の公正かつ衡平な配分に関する名古屋議定書」という．2010 年10 月，名古屋で開催された生物多様性条約第 10 回締約国会合（COP10）において採択され，2014 年 10 月発効した．生物多様性条約の目的である「遺伝資源の利用から生ずる利益の公正かつ衡平な配分（ABS）」を達成するため，各締約国が具体的に実施すべき措置を規定している．日本は 2017 年 5 月に批准し，同年8 月に効力を生ずるに至った．

⑧　**レッドリスト**

日本における絶滅のおそれのある野生生物種のリストである．日本に生息または生育する野生生物について，生物学的観点から個々の種の絶滅の危険度を評価し，絶滅のおそれのある種を選定してリストにまとめたもの．

⑨　**ラムサール条約**

正式名称を「特に水鳥の生息地として国際的に重要な湿地に関する条約」という．1971 年に採択，1975 年に発効し，日本は 1980 年に加入した．国際的に重要な湿地及びそこに生息，生育する動植物の保全と賢明な利用を推進することを目的としている．2019 年時，日本では 50 か所の湿地が登録されている．

⑩　**ワシントン条約**

正式名称を「絶滅のおそれのある野生動植物の種の国際取引に関する条約」という．1973 年に採択，1975 年に発効し，日本は 1980 年に加入した．野生動植物

の国際取引の規制を輸入国と輸出国が協力して実施することにより，絶滅のおそれのある野生動植物の種の保護を図ることを目的としている．条約の附属書に掲載された野生動植物の国際取引は禁止または制限され，輸出入の許可書等が必要となっている．

⑪　バイオセーフティ

細菌・ウイルスなどの微生物や，微生物が作り出す毒素（病原体）などが原因となって，人や他の生物体にもたらされる危害（リスク）であるバイオハザード（生物災害）の防止のために行う対策の総称といわれている．病原体の危険性に応じた4段階の取り扱いレベル（バイオセーフティレベル BSL 1 ～ 4）が定められている．

2020 年 4 月，世界保健機構（WHO）は，新型コロナウイルス感染症に関連した検査室のバイオセーフティに関するガイダンスを出し，対策を図った．

- **カルタヘナ議定書**：正式名称を「生物の多様性に関する条約のバイオセーフティに関するカルタヘナ議定書」という．遺伝子組換え生物等の利用等による生物多様化保全等への影響を防止するために，特に国境を越える移動に焦点を合わせた国際的な枠組みである．

⑫　自然環境保全法

1972 年制定，自然環境を保全することが特に必要な区域等の適正な保全を総合的に推進することを目的とする法律である．自然環境保全基本方針の策定，自然環境保全基礎調査の実施，優れた自然環境を有する地域を原生自然環境保全地域等として保全すること等を規定している．

⑬　自然公園法

1957 年制定，優れた自然の風景地を保護するとともに，その利用の増進を図ることにより，国民の保健，休養及び教化に資することと相まって，生物の多様性の確保に寄与することを目的とする法律である．

⑭　自然再生推進法

2002 年制定，自然再生に関する施策を総合的に推進するための法律である．自然再生についての基本理念，実施者等の責務及び自然再生基本方針の策定，その他の自然再生を推進するために必要な事項を定めている．

⑮　鳥獣保護管理法

2002 年制定，正式名を「鳥獣の保護及び管理並びに狩猟の適正化に関する法

律」という．鳥獣の保護を図るための事業を実施するとともに鳥獣による被害を防止し，合わせて猟具の使用に関わる危険を予防することにより，鳥獣の保護と狩猟の適正化を図ることを目的とした法律である．

⑯　**自然共生圏**

「生物多様性国家戦略 2012–2020」で，「自然共生圏」という新しい考え方が示された．生態系サービスの需要につながる地域や人々を一体として捉え，その中で連携や交流を深めていき，相互に支え合っていくという考え方であり，そのベースにある圏域を自然共生圏といっている．

⑰　**特定外来生物**

日本に入り込んだ外来生物のうち，農林水産業，人の生命・身体，生態系へ被害を及ぼすものまたは及ぼすおそれがあるものの中から，外来生物法に基づき指定された生物（生きているものに限られ，卵，種子，再生可能な器官も含まれる）であり，同法によって，輸入，飼育や運搬，野外に放つことが原則として禁止されている（特定の目的のため許可を受けた場合は可能）．

⑱　**森里川海プロジェクト**：平成 26 年 12 月，「自然資源（森里川海）を豊かに保ち，その恵みを引き出すこと」「国民一人一人が，森里川海の恵みを支える社会を作ること」を目指し，国（環境省）が立ち上げたプロジェクト．森里川海を保全・再生し，国民全体でそれに関わる人達をつなぎ支え，地域循環共生圏の実践を通じ，SDGs の達成を目指す取組みである．

6.2　地域環境問題

　有限な地球上において地球の恩恵を享受して発展し続けていくためには，持続可能な開発の理念に基づき，資源の大量消費・大量廃棄型社会から循環型社会に転換していくことが必要である．環境問題には地球的規模の問題だけでなく，足元の地域的環境問題まで様々な問題がある．組織としては，これら地域的環境問題についても積極的な対応を取ることが求められている．地域的環境問題としては，廃棄物管理や大気汚染，水質汚濁，土壌汚染等の典型七公害のほか，ヒートアイランド問題や放射性物質による環境問題などが対象となる．

(1) 循環型社会の形成と廃棄物処理

　日本における循環型社会とは，「天然資源の消費の抑制を図り，もって環境負荷の低減を図る」社会といわれている．そこでは，廃棄物・リサイクル対策を中心とした循環型社会の形成に向けた，廃棄物等の発生とその量，循環的な利用・処分の状況把握，国の取り組み，各主体の取り組み，国際的な枠組みの構築がなされている．

① 循環型社会形成推進基本法

　2000 年制定，循環型社会の形成について基本原則，関係主体の責務を定めるとともに，循環型社会形成推進基本計画の策定，その他循環型社会の形成に関する施策の基本となる事項等を規定した法律である．

- **循環型社会形成推進基本計画**：上記基本法に基づき，政府全体の循環型社会の形成に関する施策の総合的かつ計画的な推進を図るため，循環型社会の形成に関する施策についての基本的な方針等を定める計画をいう．2003 年に第 1 次計画，2008 年に第 2 次計画，2013 年に第 3 次計画，2018 年 6 月には第 4 次計画が閣議決定された．同計画では，持続可能な社会づくりとの統合的取り組みを主題とした国の取り組みを示すとともに，循環型社会の全体像に関する指標，目標を定めている（物質フロー指標：資源生産性，循環利用率，最終処分量）．

- **３R**：リデュース（Reduce：廃棄物等の発生抑制），リユース（Reuse：再使用），リサイクル（Recycle：再生利用）の 3 つの頭文字をとった環境用語である．

- **都市鉱山**：家電製品や IT 製品等に使われている貴金属やレアメタル（希少金属）等有用な物質を再生可能な資源とみなし，それが廃棄されて集まる場所を都市の中の鉱山と見立てた概念である．

- **資源有効利用促進法**：1991 年制定，製品の環境配慮設計，使用済製品の自主回収・リサイクル，製造工程で生じる副産物のリデュース・リサイクルといった 3R に関する様々な取り組みを促進することにより，循環経済システムの構築を図ることを目的とした法律である．

- **容器包装リサイクル法**：1995 年制定，正式名を「容器包装に係る分別収集及び再商品化の促進等に関する法律」という．一般廃棄物の減量及び再生資

源の利用を図るため，家庭ごみの大きな割合を占める容器包装廃棄物について，消費者は分別して排出する，市町村は分別収集する，容器を製造するまたは販売する商品に容器包装を用いる事業者は再商品化を実施するという役割分担を定めた法律である．

- **家電リサイクル法**：1998 年制定，正式名を「特定家庭用機器再商品化法」という．エアコン，テレビ，洗濯機，冷蔵庫及び冷凍庫について，小売業者に消費者からの引き取り及び引き取った廃家電の製造者等への引き渡しを義務付けるとともに，製造業者等に対し引き取った廃家電の一定水準以上のリサイクルの実施を義務付けた法律である．

- **小型家電リサイクル法**：2012 年制定，正式名を「使用済小型電子機器等の再資源化の促進に関する法律」という．デジタルカメラやゲーム機等の使用済小型電子機器等の再資源化を促進するため，再資源化事業計画の認定，当該認定を受けた再資源化事業計画に従って行う事業についての廃棄物処理業の許可等に関する特例等を定めた法律である．

- **自動車リサイクル法**：2002 年制定，正式名を「使用済自動車の再資源化等に関する法律」という．自動車製造業者等を中心とした関係者に適切な役割分担を義務付けることにより，使用済自動車のリサイクル・適正処理を図るための法律である．

- **建設リサイクル法**：2000 年制定，正式名を「建設工事に係る資材の再資源化等に関する法律」という．一定規模以上の建設工事について，その受注者に対し，コンクリートや木材等の特定建設資材を分別解体等により現場で分別し再資源化等を行うことを義務付けるとともに，制度の適正かつ円滑な実施を確保するため，発注者による工事の事前届出制度，解体工事業者の登録制度等を設けている．

- **食品リサイクル法**：2000 年制定，正式名を「食品循環資源の再生利用等の促進に関する法律」という．食品循環資源の再生利用，並びに食品廃棄物等の発生抑制及び減量に関する基本的事項を定めるとともに，登録再生利用事業者制度等の食品循環資源の再生利用を促進するための措置を講ずることにより，食品に関わる資源の有効利用及び食品廃棄物の排出抑制を図ること等を目的とした法律である．

- **グリーン購入法**：2000 年制定，正式名を「国等による環境物品等の調達の

推進等に関する法律」という．国等の公的機関が率先して環境物品等（環境負荷低減に資する製品・サービス）の調達を推進するとともに，環境物品等に関する適切な情報提供を促進することにより，需要の転換を図り，持続的発展が可能な社会の構築を推進することを目的とする法律である．2001 年4 月施行．

② 廃棄物処理法

1970 年制定，正式名を「廃棄物の処理及び清掃に関する法律」という．廃棄物の排出を抑制し，その適正な分別，保管，収集，運搬，再生，処分等の処理をし，生活環境の保全及び公衆衛生の向上を図ることを目的とした法律で，廃棄物処理施設の設置規制，廃棄物処理業者に対する規制，廃棄物処理に関わる基準等を内容としている．

- **マニフェスト制度**：「産業廃棄物管理票制度」といわれ，産業廃棄物の行き先を管理し不法投棄を未然防止するのを目的とした仕組みであり，紙マニフェストと電子マニフェストから選択する．マニフェストは，産業廃棄物の処理を他人に委託する場合に適用され，記載漏れや写しを保存しないと罰則の対象となる．委託契約書通りの適正処理を確認するのがマニフェストである．

- **特別管理廃棄物**：廃棄物のうち，「爆発性，毒性，感染性その他の人の健康又は生活環境に係る被害を生ずるおそれがある性状を有する」ものを指す．特別管理一般廃棄物と特別管理産業廃棄物に分けて規定され，他の廃棄物と区別しての収集運搬や，特定の方法による処理を義務付ける等特別な基準が適用される．ばいじん，廃 PCB，廃石綿，感染性廃棄物等が指定されている．

- **災害廃棄物**：地震や津波，洪水等の災害に伴って発生する廃棄物をいう．2015 年 3 月，廃棄物処理法及び災害対策基本法の一部が改正され，災害により生じた廃棄物の適正な処理と再生利用を確保したうえで，円滑かつ迅速にこれを処理すべく法が整備された．

- **PCB 特別措置法**：2001 年制定，正式名を「ポリ塩化ビフェニル廃棄物の適正な処理の推進に関する特別措置法」という．PCB 廃棄物について，処理体制の速やかな整備と確実かつ適正な処理を推進し，国民の健康の保護と生活環境の保全を図ることを目的とした法律である．

③　バーゼル条約

正式名称を「有害廃棄物の国境を越える移動及びその処分の規制に関するバーゼル条約」という．1989年に国連環境計画（UNEP）がスイスのバーゼルで採択，1992年発効，日本は1993年に加入した．有害廃棄物の輸出に際しての許可制や事前通告制，不適切な輸出，処分行為が行われた場合の再輸入の義務等を規定している．

④　E-waste 問題

電気電子機器廃棄物（Electronic and Electrical Wastes）は，使用済のテレビ，パソコン，携帯電話等の機器で中古利用されずに分解・リサイクルまたは処分されるものを指している．近年その発生量及び輸出入量が急増し，E-waste に含まれる鉛等の有害物質の不適切な処理に伴う環境及び健康に及ぼす悪影響が懸念され，問題視されている．

⑤　海洋プラスチック問題

国連によると，海洋に流れ込んでいるプラスチックごみは，毎年800万トン以上となり，その総量はすでに1億5000万トンを超しているといわれている．2050年には，地球上に生息する魚の重量を海洋プラスチックごみの重量が上回るとも予想されており，早期の対策が必要とされる．特に海洋に流出したプラスチックごみが，紫外線や波の力などで5mm以下の微小な粒「マイクロプラスチック」となって，魚や海鳥の体内から大量に発見されている．このため，生態系への影響が懸念され，海洋汚染対策が国際的な課題となっている．この海洋プラスチック問題は，国際社会でも問題視されており，2019年6月の大阪G20サミットでは，2050年までに新たな海洋プラスチックごみによる汚染をゼロにする目標を掲げた「大阪ブルー・オーシャン・ビジョン」を各国首脳が共有した．

⑥　**プラスチック資源循環法**：令和3年（2021年）6月11日公布，令和4年4月1日施行の「プラスチックに係る資源循環の促進等に関する法律」であり，プラスチック製品の設計から同廃棄物の処理までに関わる，あらゆる主体におけるプラスチック資源循環の取組み（3R＋Renewable（持続可能な資源））を促進するための措置を講じている．

- **プラスチック資源循環戦略**：令和元年（2019年）5月31日，関連9省庁連名で発表された，プラスチック資源の循環を総合的に推進するための戦略であり，これに基づく施策を国として推進するとしたものである．基本原則を

「3R + Renewable（持続可能な資源）」に置き，重点戦略として，実効的な1）資源循環，2）海洋プラスチック対策，3）国際展開，4）基盤整備，を取り上げている．

(2) 公害

環境基本法（第2条第3項）により，公害とは，①事業活動その他の人の活動に伴って生ずる，②相当範囲にわたる，③大気の汚染，水質の汚濁，土壌の汚染，騒音，振動，地盤の沈下及び悪臭によって，④人の健康または生活環境に係る被害が生ずることと定義している．③に列挙された7種は，典型7公害と呼ばれている．

① 四大公害病

戦後，日本の高度経済成長期（1950 ～ 1960 年代）に，各地で産業公害が多発し住民に被害を及ぼした．このうち住民への被害が大きかった4つの公害病を指す．水俣病（メチル水銀化合物）・新潟水俣病（同左）・イタイイタイ病（カドミウム）・四日市ぜんそく（コンビナート排ガス NOx，SOx）である．

② 公害対策基本法

1967 年制定，日本の四大公害病の発生を受けて制定された，公害対策に関する日本の基本法である．1967 年 8 月 3 日公布，同日施行．1993 年 11 月 19 日，環境基本法施行に伴い統合，廃止された．本法律のもとで，大気汚染，水質汚濁，土壌汚染，騒音，振動，地盤沈下，悪臭の7つを公害と規定した．

③ 典型7公害

前述の公害対策基本法で定義した7つの公害を，引き継いだ環境基本法でも同様な定義で規定しており，これらを典型7公害といっている．

④ 大気汚染防止法

1968 年制定，工場及び事業場における事業活動に伴う，ばい煙，揮発性有機化合物（VOC）及び粉じんの排出を規制して有害大気汚染物質対策の実施を推進し，並びに自動車排出ガスに関わる許容限度を定めること等により国民の健康保護と生活環境を図ることを目的とした法律である．

- **自動車 NOx・PM 法**：1992 年制定，正式名を「自動車から排出される窒素酸化物及び粒子状物質の特定地域における総量の削減等に関する特別措置法」という．大気環境基準の確保が困難な地域において，自動車から排出される窒素酸化物（NOx）及び粒子状物質（PM）の総量を削減し大気環境の

改善を図ることを目的とした法律である．

- **光化学オキシダント**：自動車や工場・事業場等から排出される大気中の窒素酸化物，揮発性有機化合物等が，太陽からの紫外線を受けて光化学反応を起こし作り出される二次汚染物質の総称をいう．光化学オキシダント濃度が高く，もやがかかったような状態を光化学スモッグという．

- **揮発性有機化合物**（VOC：Volatile Organic Compounds）：印刷インキ，ガソリン及び溶剤等に含まれるトルエン，キシレン等の揮発性を有する有機化合物の総称をいう．SPM（浮遊粒子状物質）及び光化学オキシダント生成の原因物質の 1 つである．

- **微小粒子状物質**（PM2.5）：大気中に浮遊する粒子状の物質 SPM（浮遊粒子状物質：粒径が 10μm 以下）のうち，粒径が 2.5μm 以下の微小粒子状物質を指す．非常に微小なため肺の奥深くまで入りやすく，呼吸器系への影響が心配されている．

⑤　**水質汚濁防止法**

1970 年制定，公共用水域及び地下水の水質の汚濁を防止し，国民の健康保護と生活環境の保全を図るため，事業場からの排出水の規制・生活排水対策の推進・有害物質の地下浸透規制等が盛り込まれた法律である．また同法では，閉鎖性水域に対して，汚濁負荷量を全体的に削減しようとする水質総量規制が導入されている．

⑥　**土壌汚染対策法**

2002 年制定，土壌汚染対策の実施を図り，国民の健康保護を目的として，土壌の特定有害物質による汚染状況の把握に関する措置及びその汚染による人の健康被害の防止に関する措置を定めた法律である．2009 年の改正により，一定規模以上の土地の形質変更時の調査の実施，自主的な調査の活用，汚染土壌の適正な処理の義務付け等が規定された．

- **原位置浄化**：土壌汚染対策手法の一種で，汚染土壌から，その場所（原位置）にある状態で抽出または分解その他の方法により，対象となる特定有害物質を基準以下まで除去する対策手法をいう．

- **バイオレメディエーション**：微生物等の働きを利用して汚染物質を分解等することによって，土壌，地下水等の環境汚染の浄化を図る技術をいう．原位置浄化にも活用される．

⑦　**感覚公害（騒音，振動，悪臭）**

人の感覚を刺激して，不快感やうるささとして受け止められる公害（環境汚染）を感覚公害と総称する．具体的には，騒音，振動，悪臭がある．日常生活と密着した公害であることから，典型7公害に関する苦情の1/3以上を占めるといわれている．

⑧　**アスベスト問題**

アスベスト（石綿）は天然に存在する繊維状の鉱物で，耐熱性，絶縁性，保温性等多くの長所があり，建築資材を中心に様々な産業で使用されてきた．しかし，吸引すると中皮腫や肺癌等の原因になることも指摘され，2004年には全面的に使用禁止となった．近年，アスベストによる健康被害リスクが明らかとなり，アスベスト問題として取り上げられている．

(3) 化学物質と環境リスク

科学的には，元素や元素の結び付いたものを化学物質と呼ぶ．したがって，自然のものも人間が作ったものもすべて化学物質である．化学物質は人の生活を便利にする一方で，製造，使用，廃棄の過程で環境中に排出されることによって，人の健康や動植物等の生態系に悪影響を与えるおそれがあり，これを環境リスクといっている．このリスクの大きさは，化学物質の有害性の程度と暴露量（体に取り込む量）によって決まる．化学物質の影響は，環境リスクの観点からの考慮が必要である．

①　**ダイオキシン類対策特別措置法**：1999年議員立法にて制定，毒性や発がんのリスクがあるダイオキシン類（PCDD，PCDF，PCB）による環境汚染の防止やその除去を図り，国民の健康保護を目的とした法律である．耐容一日摂取量及び環境基準の設定のほか，各種規制等が定められている．

②　**化審法**：1973年制定，2018年2月改正，正式名を「化学物質の審査及び製造等の規制に関する法律」という．化学物質の有する性状のうち，「分解性」，「蓄積性」，「人への長期毒性」または「動植物への毒性」や環境中の残留状況に応じて規制等の程度や態様を異ならせ，上市（じょうし：新しい商品を市場に出すこと）後の継続的管理の実施を促す法律である．なお2018年改正の内容は，少量新規・低生産量新規化学物質の確認制度の見直し，新区分（特定新規化学物質，特定一般化学物質）の導入である．

③　**化管法／ PRTR 法**：1999 年制定．正式名を「特定化学物質の環境への排出量の把握等及び管理の改善の促進に関する法律」という．事業者による化学物質の自主的な管理の改善を促進し，環境保全上の支障の未然防止を図ることを目的としている．環境への排出量の把握等を行う PRTR（Pollutant Release and Transfer Register）制度，及び事業者が化学物質の性状及び取り扱いに関する情報（SDS）を提供する SDS 制度等が定められている．

- **SDS（Safety Data Sheet：安全データシート）**：化学品を他に譲渡または提供する際，SDS により，その化学品の特性及び取り扱いに関する情報の提供及びラベル表示に努めることとする制度である．

④　**POPs 条約（ストックホルム条約）**：2001 年採択，正式名を「残留性有機汚染物質に関するストックホルム条約」という．環境中での残留性，生物蓄積性，人や生物への毒性が高く，長距離移動性が懸念されるポリ塩化ビフェニル（PCB），DDT 等の残留性有機汚染物質（POPs：Persistent Organic Pollutants）の製造及び使用の廃絶・制限，排出の削減，これらの物質を含む廃棄物等の適正処理等を規定した条約である．

⑤　**水俣条約**：2013 年熊本で採択，2017 年発効．正式名は「水銀に関する水俣条約」という．水銀による環境汚染や健康被害防止のため，水銀及び水銀を使用した製品の製造と輸出入を規制・管理する国際条約である．条約では 2020 年以降，水銀及び特定の水銀製品の製造，輸出入を原則禁止している．

- **水銀汚染防止法**：2015 年制定の「水銀による環境の汚染の防止に関する法律」であり，水銀に関する「水俣条約」の的確かつ円満な実施を確保し，水銀による環境の汚染を防止するため，水銀の掘削，特定の水銀使用製品の製造，特定の製造工程における水銀等の使用及び水銀等を使用する方法による金の採取を禁止するとともに，水銀等の貯蔵及び水銀を含有する再生資源の管理等について所要の措置を講じている．

⑥　**REACH 規制（Registration, Evaluation, Authorization and Restriction of Chemicals）**：2007 年 6 月に発効した欧州の化学物質管理に関する法規制である．EU 域内で製造・使用される化学物質はほとんどすべて，登録，評価，認可，制限，情報伝達の義務が課されている．

⑦　**SAICM**：2006 年 2 月，国際化学物質管理会議（ICCM1）で採択され，国連環境計画（UNEP）が承認し，推進する「国際的な化学物質管理のための

戦略的アプローチ」である．正式名を「Strategic Approach to International Chemicals Managemennt」といい，「2020年までに，化学物質が，人の健康と環境への有意な悪影響を最小限にする方法で使用され，製造されることを目指す」とする，ヨハネスブルグサミット（2002年）で採択された実行計画の主旨を，取りまとめたものである．

(4) 異常気象と防災

近年，地球温暖化や気候変動の影響により，気象状況が「局地化」，「集中化」，「激甚化」してきており，異常気象といわれている．特に，大雨の発生数は増加傾向にあり，各地で局地的な豪雨による浸水害や土砂災害が発生，大きな被害をもたらしている．国は，災害防止へ向けて，気象観測・予報精度の向上，情報・データの利用促進を図るとともに，自助，共助，公助をベースとした地域防災力の強化に努めるとしている．

① ヒートアイランド現象

都市域において，人工物の増加，地表面のコンクリートやアスファルトによる被覆の増加，さらに冷暖房等の人工排熱の増加により，地表面の熱収支バランスが変化し，都市域の気温が郊外に比べて高くなる現象をいう．都市及びその周辺の地上気温分布を等温線で見てみると，都心部を中心に島状に市街地を取り巻いており，ヒートアイランド（熱の島）といわれる．

② 都市型水害

上記と同様，都市域では，アスファルト舗装の道路，密集したコンクリート建物は，地中への雨水の浸透を低下させ，局地的な豪雨があると雨水は一気に下水管や中小河川へ流れ込む．排水処理機能がこれに追いつかない場合，雨水は下水道や河川から溢れ出し，道路や住宅地への冠水，地下街への浸水を引き起こす．この種の自然災害を都市型水害という．

③ 液状化現象

ゆるく堆積した砂の地盤に，強い地震動が加わると，地層自体が液体状になる現象をいう．液状化が生じると，砂の粒子が地下水の中に浮かんだ状態となり，水や砂を噴き上げたりする．また，建物を支える力も失われ，比重の大きいビルや橋梁は沈下したり，比重の小さな地下埋設管やマンホール等は浮力で浮き上がったりする．

④　ハザードマップ

自然災害による場所と被害頻度を予測し，その災害範囲を地図上に表したものである．予測される災害の発生地点，被害の拡大範囲及び被害程度，さらには避難経路・場所等の情報が地図上に示される．洪水・内水・高潮・津波・土砂災害・火山等の種類がある．

⑤　**防災気象情報**：気象庁が発表している気象・地震・火山等に関する予報や情報の総称であり，災害から身を守るための情報と，生活に役立てる情報の2種類に大別される．防災気象情報には，市町村の避難情報の発令判断を支援する役割と，住民が主体的に避難行動を取るための参考となる「状況情報」の役割がある．

- **警戒レベル**：住民が，災害発生の危険度を直感的に理解し，的確に避難行動ができるよう，避難に関する情報や防災気象情報等を5段階に整理し伝えるようにした．この5段階に整理し，住民に伝える情報を警戒レベルという．

  警戒レベル1：心構えを高める（気象庁が発表）

  警戒レベル2：避難行動の確認（気象庁が発表）

  警戒レベル3：避難に時間を要する人は避難（市町村が発表）

  警戒レベル4：安全な場所へ全員避難（市町村が発表）

  警戒レベル5：すでに災害が発生・または切迫している状況（市町村が発表）

(5) 放射性物質による環境問題

2011年3月11日の東日本大震災により，福島第一原子力発電所の原子炉が冷却不能に陥り，炉心溶融（1〜3号機）と水素爆発を起こした．この事故により放出された放射性物質は，その時点での放出量と気象条件，特に風向に従って，北西方向に向かって大量降下し，甚大な環境問題（被曝）を引き起こした．

①　**原子力災害対策特別措置法**

1999年制定，2017年改正．原子力災害の予防に関する原子力事業者の義務，原子力緊急事態宣言の発出，及び災害対策本部の設置，応急対策の実施等原子力災害に関する特別の措置を定めることにより，原子力災害に対する対策の強化を図り，原子力災害から国民の生命，身体及び財産を保護することを目的とした法律である．

②　**放射性物質汚染対処特別措置法**

2011年8月30日公布，2012年1月1日完全施行．正式名を「平成23年3月

11 日に発生した東北地方太平洋沖地震に伴う原子力発電所の事故により放出された放射性物質による環境の汚染への対処に関する特別措置法」という．事故由来放射性物質による環境汚染への対処に関し，国，地方公共団体，原子力事業者及び国民の責務を明らかにするとともに講ずべき措置を定め，環境汚染の人の健康，生活環境への影響を速やかに低減することを目的とした法律である．

- **除染特別地域**：前述の法に基づき，地域内の事故由来放射性物質による環境汚染が著しいと認められる地域，その他の事情から国が除染等の措置を実施する必要があるとして環境大臣が指定した地域をいう．
- **汚染状況重点調査地域**：地域内の事故由来放射性物質による環境汚染（被曝線量等）の状況が，環境省令で定める要件に適合しないと認められ，またはそのおそれが著しいと認められる場合に，関係地方公共団体の長の意見を聴いたうえで環境大臣が指定する地域をいう．年間の追加被曝線量が，1 ミリシーベルト以上の地域が指定される．

③ **放射性廃棄物**

使用済の放射性物質及び放射性物質で汚染したもので，以後使用せず廃棄されるものを指す．放射能のレベルで以下の 2 つに大別される．

- 原子力施設の運転等に伴い発生する低レベル放射性廃棄物．
- 使用済燃料の再処理に伴い再利用できないものとして残る高レベル放射性廃棄物．

一般の廃棄物に比べて圧倒的に発生量が少なく，発生から処分まですべての過程で厳重な管理がなされている．

④ **中間貯蔵施設**

除染で取り除いた土や放射性物質で汚染された廃棄物を最終処分するまでの間，安全に，集中的に管理・保管するための施設である．

⑤ **ALPS 処理水**：福島第一原子力発電所の建屋内に存在する放射線物質を含む汚染水を，多核種除去設備（ALPS：Advanced Liquid Processing System）等を使用し，トリチウム以外の放射性物質を規制基準以下まで浄化処理した水を指す．トリチウムは，水素の仲間であり，水道水や食べ物，人の体内に普段から存在する．規制基準を満たして処分すれば，環境や人体への影響は考えられない．

⑥ **クリアランスレベル**

原発の運転や廃止措置に伴って発生する放射性廃棄物のうち，放射性物質の放

射能濃度が低く人の健康への影響がほとんどないものについて，国の認可・確認を得て普通の廃棄物として再利用または処分できる制度をクリアランス制度という．この制度では，どのように使用あるいは廃棄されたとしても，人体への影響がないように放射能濃度の基準を設けている．これをクリアランスレベルという．

6.3　環境保全の基本原則

　環境保全に関する制度やルールは，多くの場合，対策実施主体に関する汚染者負担原則，拡大生産者責任等，対策の実施時期に関する未然汚染防止原則，予防原則等の基本原則に依拠している．また環境保全の取組を推進し，環境政策の目標を達成するためには，従来からの規制的手法に加え，経済的手法，情報的手法，手続き的手法，自主取組的手法等の各種政策手段を適切に組み合せることが必要である．環境アセスメント，ライフサイクルアセスメント，戦略的環境アセスメントなどもこれらの中に位置づけられる．

(1)　環境基本法

　1993 年制定，環境の保全についての基本理念と施策の基本事項を定める法律である．国，地方公共団体，事業者，国民の責務，環境への負荷の少ない持続的発展が可能な社会の構築，国際的協調による地球環境保全の積極的推進，環境基本計画や環境基準の策定等を規定している．

①　環境基本計画

　環境基本法第 15 条に基づき，政府全体の環境保全施策の総合的かつ計画的な推進を図るため，長期的な施策の大綱を定める計画をいう．2018 年 4 月，第 5 次計画が閣議決定されており，再エネ・省エネを温暖化対策の柱としている．

②　地域循環共生圏

　上記の第 5 次環境基本計画で提唱されたもので，各地域が美しい自然景観等の地域資源を最大限活用しながら自立・分散型の社会を形成しつつ，地域の特性に応じて資源を補完し支え合うことにより，地域の活力が最大限に発揮されることを目指す考え方である．

③　環境基準

　環境基本法第 16 条に基づき，人の健康を保護し，生活環境を保全するうえで

維持されることが望ましい基準として国が定めるもので，終局的に，大気，水，土壌，騒音をどの程度に保つことを目標に施策を実施するか定めたものをいう．

(2) 汚染者負担原則 (PPP: Polluter-Pays Principle)

廃棄物を排出する事業者は，事業活動によって生じた産業廃棄物は自らの責任において処理しなければならない．これが，汚染者負担の原則（PPP：Polluter-Pays Principle）と呼ばれる考え方に基づいたものであり，世界の多くの国で取り入れられている．

(3) 拡大生産者責任 (EPR: Extended Producer Responsibility)

製品が使用され，廃棄された後においても，その生産者が当該製品の適正なリサイクルや処分について物理的または財政的に一定の責任を負うという考え方である．生産者が，製品設計の工夫，製品の材質・成分表示，廃棄後の引き取りやリサイクル等を行うことにより，廃棄物等の発生抑制や循環資源の循環的な利用及び適正処分が図られることが期待される．

(4) 未然防止原則

人の健康や環境に重大かつ不可逆的な影響を及ぼすおそれのある物質または活動がある場合で，因果関係が科学的に証明されるリスクに関して，被害を避けるため未然に規制を行うという概念である（Prevention Principle）．

(5) 予防原則

上記の場合で，因果関係が科学的に十分証明されない状況でも規制措置を可能にする概念をいう（Precautionary Principle）．

(6) 源流対策原則

環境汚染物質を排出段階で規制等を行う排出口における対策に対して，製品等の設計や製法に工夫を加え，汚染物質や廃棄物をそもそも作らないようにすることを優先すべき，という原則である．

(7) 協働原則

公共主体が政策を行う場合には，政策の企画，立案，実行の各段階において，政策に関連する民間の各主体の参加を得て行われなければならないとする原則をいう．

① **パートナーシップ**：協働の場において，活動に必要な情報と能力を持った人，組織同士の間にある相互理解，尊重，信頼といった対等・平等な協力関係を指す．

(8) エンドオブパイプ型対策

各種の環境対策のうち，工場・事業所で生じた有害物質を最終段階で外部に排出しない対策を指す．工場・事業所の排水口，すなわちエンドオブパイプを規制して環境対策とするものである．旧来の公害対策は，これに準じて排出基準が設けられ対処されてきた．近年，生産工程の上流から環境負荷低減の各種対応が図られるようになった．

(9) 規制的手法

社会全体として達成すべき一定の目標と最低限の順守事項を示し，これを法令に基づく統制的手段を用いて達成しようとする手法をいう．生命や健康の維持のように社会全体として一定の水準を確保する必要がある場合等に効果が期待される．事例として，以下に示す．

① **パフォーマンス規制**：装置・施設の排出性能等の規制に用いられる．1) 大気汚染防止法による硫黄酸化物の排出規制，2) 硫黄酸化物・窒素酸化物の総量規制，3) 水質汚濁防止法による排水基準，4) 自動車排出ガス許容限度，5) 自動車燃費基準，6) 家電省エネ基準等．

- **排出規制**：大気汚染，水質保全，土壌汚染等への排出規制．
- **総量規制**：対象地域ごとに目標とする排出総量を定め，それに基づき工場・事業所等から排出計画を提出させ，規制することをいう．瀬戸内海環境保全特別措置法，自動車 NOx・PM 法に示す総量規制がある．

② **行為規制**：中立性・公正性の確保が必要とされる事業・事業者の規制に用いられる．事例：1) 一般送配電事業者及び送電事業者：機関設置義務，兼業・

兼職規制等（改正電気事業法）．2）ガス導管事業者：情報の適正管理，業務受託規律等（改正ガス事業法）．3）電気通信事業者：情報流用禁止，公平性の確保等（支配的事業者規制）．

(10) 経済的手法

市場メカニズムを前提とし，経済的インセンティブの付与を介して，各主体の経済合理性に沿った行動を誘導することによって政策目的を達成しようとする手法をいう．持続可能な社会を構築していくうえで期待される．事例として，以下の3つがある．

① **環境税・カーボンプライシング**：環境税は，税の導入により，環境保全に望ましい行為を誘導し，望ましくない行為を抑制する．また，ある行為により得られた便益とそれにより生じた社会的費用を税の負担により調整する制度に属する．カーボンプライシングは，炭素に価格を付け，排出者の行動を変容させる手法で，大まかには以下の類型がある．1）炭素税，2）国内排出量取引，3）クレジット取引，4）国際機関による市場メカニズム．

② **課徴金**：受益の程度に応じて課徴金を課し経済的な負担を与え，環境保全に望ましい方向へ誘導する制度をいう．

③ **デポジット制度**：使用済容器等の確実な回収のため，販売価格に一定のデポジット（預託金）を上乗せして販売し，使用後容器等が返却されたとき，預託金を返却する制度をいう．

(11) 情報的手法

環境保全活動に積極的な事業者や環境負荷の少ない製品等を投資や購入に際して選択できるように，事業活動や製品・サービスに関して，環境負荷等に関する情報の開示と提供を進める手法をいう．製品・サービスの提供者も含めた各主体の環境配慮を促進していくうえで効果が期待される．

事例として，以下に示す環境ラベルのほか，環境報告書，環境会計，LCA等がある．

① **環境ラベル**：製品やサービスの環境情報を，製品や包装ラベル，製品説明書，広告，広報等を通じて購入者に伝えるものをいう．環境ラベルには，消費者が環境負荷の少ない製品を選ぶときの手助けになることが期待される．

(12) 手続き的手法

　各主体の意思決定過程に，環境配慮のための判断を行う手続きと，環境配慮に際しての判断基準を組み込んでいく手法をいう．各主体の行動への環境配慮を織り込んでいくうえで効果が期待される．事例として，以下に示す環境影響評価制度がある．

　① **環境影響評価法**：1997 年制定，2014 年改正．環境アセスメント法ともいわれ，規模が大きく環境影響の程度が著しいものとなるおそれがある事業について環境影響評価の手続きを定め，関係機関や住民等の意見を求めつつ，環境影響評価の結果を当概事業の許認可等の意思決定に適切に反映させることを目的とした法律である．

- **スクリーニング**：環境影響評価（環境アセスメント）の始めに行う手続きで，当概事業が環境影響評価の対象事業か否かを振り分ける手続きをいう．
- **スコーピング**：環境影響評価の対象事業になった場合，どのような方法（手法，評価の枠組みを決める）で環境影響評価を行っていくかという計画を示す必要がある．これを方法書といい，この方法書を確定させる手続きをいう．
- **戦略的環境アセスメント**：個別の事業実施に先立つ戦略的な意思決定段階，すなわち，個別の事業の計画・実施に枠組みを与えることになる上位計画や政策を対象とする環境影響評価（環境アセスメント）をいう．早い段階から，より広範な環境配慮が行える仕組みである．

(13) 合意的手法

　条例による厳しい規制を導入することの適法性に疑問の余地がある場合等に，相手方との合意に基づいた措置を取る等の手法をいう．事例の 1 つに，事業者と行政，または事業者と住民の間で締結される「公害防止協定」がある．

(14) 自主的取組手法

　環境課題等への迅速かつ柔軟な対処を進めるため，事業者等が，自らの行動に一定の努力目標を設けて対策を実施する自主的な取組みの手法をいう．技術革新への誘因ともなり，関係者の意識の高揚や教育・学習に繋がる利点があるとされる．例として，経団連の地球温暖化対策，個別企業の環境行動計画等がある．

① **バックキャステイング**：将来の予測より，将来の目的達成に焦点を置き「実現したい未来」を先に描き，未来のある時点に目標を設定し，そこから振り返り，目標実現に必要な，現在すべき取組みや選択技を生み出すことを狙いとする思考手法である．エネルギー政策や環境政策等，20 ～ 30 年を時間軸とし，創造のスタンスが望まれるジャンルへの適用が図られている．

(15) ライフサイクルアセスメント （LCA: Life Cycle Assessment）

ある製品の環境影響を評価する場合，その製品の製造過程だけでなく，製品の原材料の採取過程から，流通過程，使用過程，廃棄されて最終処分されるまで，その製品の一生涯（ライフサイクル）すべての過程で環境に与える影響を分析し総合評価する必要がある．この分析・評価の手法を LCA という．環境への影響の大きさは，必要とされるエネルギー，排水，排ガス，廃棄物量の大きさ，すなわち環境負荷の大きさで表される．

(16) 環境教育

持続可能な社会の構築を目指して，家庭，学校，職場，地域その他のあらゆる場において，環境と社会，経済及び文化とのつながり，その他環境の保全についての理解を深めるために行われる教育及び学習をいう．

① **持続可能な開発のための教育** （ESD：Education for Sustainable Development）：すべての人が質の高い教育の恩恵を享受し，持続可能な開発のために求められる原則，価値観及び行動があらゆる教育や学びの場に取り込まれ，環境，経済，社会の面において持続可能な将来が実現できるような行動の変革をもたらすことを目標にした教育をいう．

6.4 組織の社会的責任と環境管理活動

企業等の組織は，自然資源の恩恵を受け，一方何らかの環境負荷を及ぼし活動を行っている．企業等も社会を構成する一員であり，持続可能な社会の実現に向けて自らの社会的責任を果たすべきとの CSR の考え方が定着してきている．さらに営利，非営利組織にかかわらずすべての組織においてもこのような考え方（SR）が広まっている．また，企業等が，その経営の中で自主的に環境保全に

関する取組を進めるために，環境に関する方針や目標を自ら設定し，これらの達成に向けて取り組んでいく「環境管理」または「環境マネジメント」や，このための工場や事業所内の体制・手続き等の仕組みである「環境マネジメントシステム」（EMS）が重視されてきている．外部報告活動としての環境報告書や，外部報告と内部管理の両面において効率的な経営を実現するためのツールとしての環境会計なども対象とする．

(1) 公害防止管理者

1971年，公害克服の対策として「特定工場における公害防止組織の整備に関する法律」が制定され，公害防止管理者制度が発足した．統括者，主任管理者，管理者の三者で構成され，公害防止管理者は公害発生施設または公害防止施設の運転，維持管理等の役割を持つ．施設の直接の責任者で，資格を必要とする管理者である．

(2) 社会的責任（SR: Social Responsibility）

市民としての組織や個人は，社会において望ましい組織や個人として行動すべきであるという考え方による責任であるとされている．組織や個人の行動は，単に個々の効用だけによって計れるものでもなく，市民としての社会的業績や法令順守の状況も行動の結果として現れる．手引書として，ISO 26000，JIS Z 26000がある．

① CSR（組織の社会的責任：Corporate Social Responsibility）：組織は社会の中の存在として，最低限の法的，経済的責任を負うだけでなく，顧客，従業員，地域住民等の多様なステーク・ホルダー（利害関係者）に対して，雇用問題，環境問題，地域社会問題等様々な配慮をし，社会的な責任を果たしていく経営理念をいう．企業のこうした配慮や行動がステーク・ホルダーの評価を高め，中長期的に見て競争力の強化につながり，経営基盤を強固なものにしている．

② CSV（共通価値創造：Creating Shared Value）：2011年，米国の経済学者マイケルポーターが，論文「共通価値の戦略」で提唱した概念である．企業が事業活動において，経済的価値を創造しながら，社会的課題に対応し解決することで，社会的価値を創造するとした「社会価値」「経済価値」両立の経営戦略をいう．最大の特徴は，それまで，事業継続のための「守り」の側面と，利益の還

元としての「社会貢献」の側面が強かった CSR の取組み（環境・社会活動）を，「利益獲得の仕組み」の中に取り込んだ「攻め」の側面にあるとされる．

③ **社会的責任投資（SRI：Socially Responsible Investment）**：旧来の投資尺度である企業の収益力，成長性等の判断に加え，企業の人材資源への配慮，環境への配慮，利害関係者への配慮等の取り組みを評価し，投資選定をする投資行動をいう．

④ **ESG 投資・ESG 金融**：ESG 金融とは，ESG 投資，ESG 融資を含んでおり，企業の分析・評価を行う上で従来の財務情報だけでなく，「環境（Environment）」・「社会（Social）」・「ガバナンス（Governance）」情報をも考慮した投融資行動を求める取組みを指している．従って，投資行動を求める取組みは ESG 投資といい，特に，年金基金等大きな資金を超長期で運用する機関投資家を中心に，企業経営のサステナビリテイを評価するベンチマークとして，持続可能な開発目標（SDGs）とあわせて注目されている．

⑤ **TCFD（Task Force on Climate-related Financial Disclosures）**：2015 年，G20 からの要請を受け，金融安定理事会（FSB）が設置した民間主導の「気候関連財務情報開示タスクフォース」を指す．現在，議長以下 31 名のメンバー（うち日本より 1 名）で構成されている．2017 年 6 月，TCFD は提言をまとめた最終報告書（TCFD 提言）を公表し，提言に対する実際の開示状況をまとめた「ステータスレポート」を，2018 年より毎年開示している．企業等は，気候変動関連リスク及び機会に関する情報開示に協力する必要がある．

⑥ **グローバル・コンパクト**：1999 年の世界経済フォーラム（ダボス会議）で，当時の国連事務総長アナンが提唱した，持続可能な成長を実現するための世界的な枠組みをいう．人権の保護，不当労働の排除，環境への取り組み，腐敗防止の 4 分野と 10 原則を掲げている．

⑦ **ISO 14000 シリーズ**：1992 年開催の地球サミット前後から事業者の環境への関心が高まり，1993 年に ISO（国際標準化機構）では，環境マネジメントに関わる様々な規格の検討を開始した．これが ISO 14000 シリーズと呼ばれるものである．同シリーズは，環境マネジメントシステム（EMS）を中心に環境監査，環境パフォーマンス評価，環境ラベル，LCA 等様々な手法に関する規格から構成されている．中心は ISO 14001（EMS）であり，1996 年に発行され，現在は 2015 年版に移行している．

- **環境マネジメントシステム（EMS：Environment Management System）**：企業・団体等の組織が環境管理を体系的に実行していくための仕組みのことで，事業者等が法令等を遵守するだけでなく，自主的に環境保全のためにとる行動である．環境に関する方針・計画（Plan：P）を自ら定め，これを実行（Do：D）し，その状況を点検（Check：C）して，方針・計画等を見直す（Act：A）という一連の手続きを経る．これらの達成に向けて取り組んでいくための体制，手続きをいう．
- **PDCA サイクル**：上記で，環境に関する事例を紹介しているが，一般の業務プロセスを継続的に改善する手法の 1 つである．Plan（P）→ Do（D）→ Check（C）→ Act（A）の 4 段階を継続的に繰り返すことによって，業務プロセスの継続的改善を期待している（p.21 2.1(2)PDCA サイクルを参照）.

⑧　**エコアクション 21**：環境省が策定した日本独自の環境マネジメントシステム（EMS）である．すなわち，事業者の環境への取り組みを促進するとともに，その取り組みを効果的・効率的に実施するため，ISO 14001 規格を参考にしつつ，中小企業にとって取り組みやすい環境経営システムのあり方を規定している．2009 年 11 月，内容を全面的に改訂した．

⑨　**ISO 26000**：2010 年 11 月，国際標準化機構（ISO）が発行した，企業及びその他組織における社会的責任に関する国際規定であり，あらゆる組織で自主的に活用されるよう作られた手引書である．従来の ISO 規定にある要求事項はなく，認証規定としては用いられていない．取り扱う事項は，組織統治，人権，労働慣行，環境，公正な事業慣行，消費者課題，コミュニティへの参加及びコミュニティの発展の 7 つである．日本では一般社団法人日本経済団体連合会（経団連）がこれを参照し，企業行動憲章の改訂を行っている．

(3) 環境適合設計

　Design for Environment（DfE）もしくは Eco-design といわれ，環境負荷の少ない製品の開発・設計に関わる活動をいう．リサイクル法の制定等拡大生産者責任の浸透により，メーカー（生産者）は環境適合設計に基づいた製品生産を行うことで環境負荷を軽減することができる．また，製品に関する LCA で得られたデータを活用することは環境適合設計に有効である．

　製品の環境適合性の評価には，UNEP（国連環境計画）のチェックリストがあ

り，①低環境負荷材料の選択，②材料使用量の削減，③製造技術の最適化，④流通システムの最適化，⑤廃棄システムの最適化等がチェックされる．

(4) クリーナープロダクション

物質を扱って材料・製品等を生産する過程では，必ず何らかの廃棄物，排出ガス，排水等が発生する．このうち，有価物を除き，従来の生産方法と比べ廃棄物等の不要物の発生をより少なくする生産方式をいう．このクリーナープロダクションは，環境への負荷を可能な限り低減させる（発生自体を抑制する）ため，生産工程において，当初から資源（原材料等）やエネルギーを最大限有効活用し，不要物の発生を極力抑制する方式である．

(5) エコブランディング

「エコブランド」とは，ビジネスにおいて，様々な地球環境問題の解決に取組むことで，独自の価値を創造し，人々の共感や信頼を築き上げているブランドである．この「エコブランド」を軸に「競合他社との差別化を実現する」との経営戦略のもと，持続的にブランド価値を最大化する活動（マーケティング戦略）を「エコブランディング」という．

(6) 環境会計

企業・団体等の組織が，持続可能な発展を目指して社会との良好な関係を保ちつつ，環境保全への取り組みを効率的かつ効果的に推進していくことを目的として，事業活動における環境保全のためのコストとその活動により得られた効果を認識し，可能な限り定量的に測定して伝達する仕組みをいう．環境会計には，外部報告と内部管理の2つの側面がある．外部報告は，情報が環境報告書等を通して社会に開示されることにより，総合的に組織の環境情報を理解することが可能となる．また内部管理は，組織が環境保全に対して合理的な意思決定を可能にし，投資や費用に対する効果を知ることにより，取り組みの効率化を図ることができる．

(7) 環境コミュニケーション

持続可能な社会の構築に向けて，個人，行政，企業，NPOといった各主体間

のパートナーシップを確立するために，環境負荷や環境保全活動等に関する情報を一方的に提供するだけでなく，利害関係者の意見を聞き討議することにより，相互の理解と納得を深めていくことをいう．

①　**環境報告書**：企業等の事業者が最高経営者の緒言，環境保全に関する方針，目標，行動計画，環境マネジメントに関する状況（環境会計，法規則遵守，環境適合設計等）及び環境負荷の低減に向けた取り組み等についてまとめ，環境アカウンタビリティの一環として社会一般に開示，公表するものである．

(8) エシカル消費

倫理的消費ともいい，地域の活性化や雇用なども含む，人や社会，環境に配慮した商品・サービス等を選択・購入する消費行動をいう．消費者それぞれが，各自にとっての社会的課題の解決を考慮したり，そうした課題に取り組む事業者を応援しながら消費活動を行うような視点が，大きな特色である．また，SDGs で課題とされている環境や貧困，食糧危機等の問題を解決する有効な手段と考えられている．

第3章

択一式問題の研究と対策

- ・ 経済性管理の出題分析，精選問題と解説
- ・ 人的資源管理の出題分析，精選問題と解説
- ・ 情報管理の出題分析，精選問題と解説
- ・ 安全管理の出題分析，精選問題と解説
- ・ 社会環境管理の出題分析，精選問題と解説

経済性管理の出題分析

(1) 出題分析と傾向

経済性管理に関して出題頻度の高いキーワードは下記の通りである.

①　事業企画……………………投資回収額, 需要予測, サプライチェーンマネジメント

②　品質の管理…………………品質管理, ISO, QC・新 QC 七つ道具, 製品安全, サービス特性

③　工程管理……………………CPM, PERT, 生産と調整, PMBOK

④　原価管理・会計管理………活動基準原価計算 (ABC), 原価計算

⑤　財務会計……………………財務会計・財務諸表, 企業会計原則

⑥　設備管理……………………設備保全, 保全活動

⑦　計画・管理の数理的手法…問題解決技法, 価値工学 (VE)

問題の種類については, 専門知識, キーワードの定義のほかに計算, 法律の内容を中心に出題されている.

(2) 学習のポイント

①　「キーワード集 2023」では、14 個のキーワードが追加された。主なキーワードは下記のとおりであり、しっかり内容を確認しておく必要がある。

【2.1 事業企画】重要目標達成指標 (KGI), 重要業績評価指標 (KPD), ESG, 事業継続マネジメント (BCM), 設計管理,【2.2 品質の管理】品質特性, QC サークル, 品質機能展開, サービス特性,【2.3 工程管理】資料管理, ECRS の原則,【2.6 設備管理】設備総合効率,【2.7 計画管理の数理的手法】発想法, 経済性工学 (EE), 経済性の比較の原則, 現価 (現在価値)・年価・終価

②　計算問題は,「正味現在価値」,「資金回収額」などの計算の根拠として, 2 章 2.1 節の「(6) 事業投資評価」及び 2.7 節の「(10) 経済性工学 (EE) の投資金額, 均等資金額」を十分理解すること.

また, 令和 2 年度に原価再分析が初めて出題されているので, 理解しておくこと (p.199 問題 2.4-13 (原価差異分析:計算問題) を参照).

経済性管理の精選問題と解説

2.1 事業企画

問題 2.1-1（事業企画）

　下記は事業企画に関する施策を述べたものである．下記のうち不適切なものはいくつあるか．

　①　重要業績評価指標（KPI）は，売上高・利益率・獲得顧客数など企業や事業部など組織全体の大きな目標を数値で表した指標である．

　②　重要目標達成指標（KGI）は，重要目標を達成するための各プロセスが適切に実施されているかどうかを部門やプロジェクトが定量的に評価するための指標である．

　③　ESG（環境・社会・企業統治）は，持続可能な社会の実現を目指し，様々な社会課題の解決及び健全な経営を行うための自己管理体制に関して企業の取り組む活動である．

　④　事業継続マネジメント（BCM）は，災害等の緊急事態が発生したときに，損害を最小限に抑え，事業の継続や復旧を図るために企業が行う計画である．

　⑤　需要予測は，需要の変動を傾向変動，循環変動，季節変動，不規則変動などに分類して予測するものである．

　①　1　　②　2　　③　3　　④　4　　⑤　5

解　説

　①　不適切．重要目標達成指標（KGI）の説明である．

　②　不適切．重要業績評価指標（KPI）の説明である．

　③　適切．

　④　不適切．事業継続計画（BCP）の説明である．

⑤　適切

以上より，不適切なものは3つである．

解 答 ③

問題 2.1-2（需要予測）

　過去の需要量の時系列データに基づく需要予測の手法として，移動平均法と指数平滑法がある．これらの手法に関する次の記述のうち，最も不適切なものはどれか．

　①　移動平均法では，あらかじめ設定した個数の過去の観測値から需要量の予測値を計算する．

　②　移動平均法では，時系列データに傾向変動がある場合，需要の変化を遅れて追うことになり，その遅れは移動平均をとる期間が短いほど大きくなる．

　③　移動平均法は，時系列データから季節変動による影響を取り除くためにも用いられる．

　④　指数平滑法は，需要量の予測値を直近の観測値と直近の予測値との加重平均で算出する手法とみなすことができる．

　⑤　指数平滑法は，古い観測値よりも最近の観測値を重視した加重移動平均法とみなすことができる．

解 説

　②　最も不適切．移動平均法では，傾向変動がある場合に需要の変化を遅れて追うが，その遅れは移動平均をとる期間が長いほど大きくなる．

解 答 ②

問題 2.1-3（正味現在価値：計算問題）

　5つの投資先A～Eの中から1つを選択して投資することを考える．各投資先の，ある金額を投資した場合に投資後4年間にわたって見込まれる利益が下表のとおりであるとき，4年間に見込まれる利益の現在価値の合計が最も高い投資先はどれか．ただし，割引率（年利率）は3％とし，利益はいずれも年末に得られるものとする．

（単位：百万円）

投資先	1 年後	2 年後	3 年後	4 年後
A	180	0	210	100
B	0	180	210	100
C	80	100	100	210
D	0	200	80	210
E	150	130	0	210

① 投資先 A   ② 投資先 B   ③ 投資先 C

④ 投資先 D   ⑤ 投資先 E

解 説

見込まれる利益の現在価値（NPV）は，下記で表される．

$$\text{NPV} = \frac{1\text{年後の利益}}{1+\text{割引率}} + \frac{2\text{年後の利益}}{(1+\text{割引率})^2} + \frac{3\text{年後の利益}}{(1+\text{割引率})^3} + \frac{4\text{年後の利益}}{(1+\text{割引率})^4}$$

上記により，各投資先の現在価値を計算する．

① $\text{NPV}_\text{A} = \dfrac{180}{1+0.03} + \dfrac{210}{(1+0.03)^3} + \dfrac{100}{(1+0.03)^4} = 455.8 \text{［百万円］}$

② $\text{NPV}_\text{B} = \dfrac{180}{(1+0.03)^2} + \dfrac{210}{(1+0.03)^3} + \dfrac{100}{(1+0.03)^4} = 450.7 \text{［百万円］}$

③ $\text{NPV}_\text{C} = \dfrac{80}{1+0.03} + \dfrac{100}{(1+0.03)^2} + \dfrac{100}{(1+0.03)^3} + \dfrac{210}{(1+0.03)^4} = 450.0 \text{［百万円］}$

④ $\text{NPV}_\text{D} = \dfrac{200}{(1+0.03)^2} + \dfrac{80}{(1+0.03)^3} + \dfrac{210}{(1+0.03)^4} = 448.3 \text{［百万円］}$

⑤ $\text{NPV}_\text{E} = \dfrac{150}{1+0.03} + \dfrac{130}{(1+0.03)^2} + \dfrac{210}{(1+0.03)^4} = 454.8 \text{［百万円］}$

以上から，見込まれる利益の現在価値の合計が最も高いのは，①の投資先 A である．

解 答 ①

問題 2.1-4（設計管理）

製品設計・製品開発に関する用語の例として，次のうち最も適切なものはどれか．

①　コンカレントエンジニアリング：複数の製品の設計・開発を同時並行的に進めることで設計・開発期間の短縮を図ること．

②　フロントローディング：初期の工程のうちに，後工程で発生しそうな問題の検討や改善に前倒しで集中的に取り組み，品質の向上や工期の短縮を図ること．

③　デザインレビュー：製品を市場に投入する直前に，製品が設計通りに生産されているかどうかを審査する活動．

④　デザインイン：消費者の要望に適合する製品を設計・開発するために，企画部門がデザイン思考に基づいて製品を企画する活動．

⑤　信頼性設計で，故障しないことを保証する能力を保全性，そのような設計を保全性設計と呼ぶ．

解　説

①　不適切．コンカレントエンジニアリングは，設計から製造に至る様々な業務を同時並行的に処理することで，量産までの開発プロセスを短期化する開発手法である．

②　最も適切．フロントローディングは，前に負荷をかけるという意味であり，題意は最も適切である．

③　不適切．デザインレビューは，通常設計の企画段階や構想段階に行われる設計審査のことである．

④　不適切．デザインインは，部品の製造販売を行う業者が，完成品のメーカーに設計を協力して共同開発を行い，自社の部品を新製品に組み込むよう働きかける経営戦略である．

⑤　不適切．信頼性設計では，単に故障しないことを保証するだけでは不十分で，故障や異常をいち早く検出・診断して修復する能力が重視される．この能力を保全性，そのような設計を保全性設計という．

解　答　②

問題 2.1-5（サプライチェーンマネジメント）

サプライチェーンマネジメントにおける次の記述のうち，最も適切なものはどれか．

①　サプライチェーンマネジメントにおいて，サービスも管理の対象になる．

②　制約条件の理論（TOC）によれば，ボトルネックの工程以外のすべての工程の能力を改善することにより，システム全体のパフォーマンスの向上が図れる．

③　プル型生産方式では受注予想に基づいて生産計画を立てる．

④　ジャストインタイム（JT）生産のかんばん方式では，「生産指示かんばん」により部品の運搬が指示される．

⑤　ボトルネック工程の前はプッシュ型，後はプル型で生産を行う．

解　説

①　最も適切．サプライチェーンマネジメントは，原材料・資材の調達から生産，出荷，流通，販売，回収までを情報ネットワークで一括管理するものであり，サービスも管理の対象になる．

②　不適切．TOC は，制約条件（ボトルネック）になっている工程の能力を最大限に生かすよう他の工程を制御するもので，制約条件の工程以外のすべての工程の能力を高めることではない．

③　不適切．受注予想に基づいて生産計画を立てるのは，プッシュ型生産方式である．

④　不適切．かんばん方式では，部品容器から外された「引き取りかんばん」を用いて部品の運搬が指示される．「生産指示かんばん」は，前工程に対する生産指示に使用される．

⑤　不適切．ボトルネック工程の前はプル型，後はプッシュ型で生産される．

解　答　①

2.2　品質の管理

問題 2.2-6（品質管理）

品質の管理において，次のうち最も不適切なものはどれか．

① QCサークルは，職場で自主的に製品やサービスの品質の管理・改善に取り組む改善活動のための小集団である．

② 品質機能展開（QFD）は，顧客のニーズをものづくりに正しく反映させるための設計アプローチである．

③ 抜取検査は，品物の性質によって全数検査ができない場合，全数検査で回避できる損失に対してコストがかかり過ぎる場合，ある程度の不良・不具合が許容される場合に行う．

④ サービスは，1. 無形性（形がなく，目に見えない），2. 品質の均一性（提供する人や状況によって品質が変わってはならない），3. 需要の変動性（季節などによって変動する），4. 不可分性（サービスの提供と消費が必ず同時に行われる），5. 非貯蔵性（貯蔵できない）の特性があり，これをサービス特性という．

⑤ 品質を構成する要素を品質特性という．例えば車の品質特性は，運転のしやすさ，居住性，燃費，スタイル，走行の安定性，安全性，騒音，価格，修理のしやすさ，中古の場合の傷の有無などになる．

解　説

④ 最も不適切．サービスの品質は提供する人や状況によって変わることがあり得る．これをサービス品質の非均一性という．

解　答　④

問題 2.2-7（品質管理（ISO））

国際規格のマネジメントシステムに関する次の記述のうち，最も不適切なものはどれか．

① ISO 9001 は，品質マネジメントシステムに関する規格である．

② ISO 14001 は，環境マネジメントシステムに関する規格である．

③ OHSAS 18001 は，プロジェクトマネジメントシステムに関する規格である．

④ ISO/IEC 27001 は，情報セキュリティマネジメントシステムに関する規格である．

⑤ ISO 50001は，エネルギーマネジメントシステムに関する規格である．

解 説

③ 最も不適切．OHSAS 18001 は労働安全衛生マネジメントシステムに関する規格であり，プロジェクトマネジメントシステムに関する規格は ISO 10006 である．

解 答 ③

問題 2.2-8（QC・新 QC7 つ道具）

品質管理で用いられる図やグラフと，そこから読み取ることのできる内容の例の組合せとして，最も適切なものはどれか．

① 系統図：ある工場で作られる部品の重量について，平均値は規格の中心とほぼ一致しているが，分布の幅は規格の幅よりも大きい．

② 連関図：ある製品について，日々の不適合品率が一定範囲内で推移しており，製造工程は安定した状態にある．

③ 管理図：ある製造部品の寸法誤差と作業時間との関係について，作業時間が短いほど寸法誤差が大きい傾向にある．

④ パレート図：ある書類の記入項目のうち，不備件数の最も多い「日付」と，その次に多い「口座番号」の 2 つで，不備件数全体のおおよそ 80％を占めている．

⑤ ヒストグラム：ある商品について，顧客満足度に対する影響は，価格よりもアフターサービスの方が大きい．

解　説

①　不適切．問題文は，ヒストグラムの内容（データを度数の棒グラフで表し全体の分布を表示する）であり，系統図は目的達成のための方策を系統的に実施段階レベルに展開し，最適の方法を追求していくものである．

②　不適切．問題文は，管理図の内容（特性値が管理限界線の範囲内かどうかで工程を把握する）である．

③　不適切．問題文は，散布図の内容（2つのデータ（x, y）をプロットし，相関関係を見出す）である．

④　最も適切．パレート図は，データを大きさの順に並べ，棒グラフと累積比率の折れ線グラフで表して問題の項目を見出すもので，問題文が相当する．

⑤　不適切．問題文は，連関図の内容（要因・結果を矢印で表し，矢印が多く交わり関連の多い根本の要因を見出す）である．

解　答　④

2.3　工程管理

問題 2.3-9（品質管理（PERT，CPM））

PERT と CPM に関する次の記述のうち，最も適切なものはどれか．

①　最終作業を除く各作業の最遅完了時刻は，その作業の後続作業の最早開始時刻のうち，最も早い時刻と等しい．

②　PERT 計算によって求められるクリティカルパスは1つとは限らず，複数存在することもあれば，1つも存在しないこともある．

③　各作業の所要時間が不確定な場合には，各作業の所要時間を3点見積もりすることにより，総所要時間がある値以下となる確率を推定できる．

④　CPM は，プロジェクトの総所要時間を延ばすことなく負荷を平準化するコスト最小な方法を求める手法である．

⑤　最適化手法を用いて CPM の計算を行う場合，遺伝的アルゴリズムなどの近似解法がよく用いられる．

解　説

①　不適切．最終作業を除く各作業の最遅完了時刻は，その作業の後続作業の最早開始時刻のうち，最も遅い時刻と等しい．

②　不適切．クリティカルパスは最長経路であり，必ず１つ以上存在する．

③　最も適切．

④　不適切．CPM はクリティカルパス（プロジェクトの完了までが最長時間の経路）を把握し，優先的な活動によりプロジェクトの効率的な遂行を求めるもので，総所要時間を延ばすことなく負荷を平準化するコスト最小な方法を見つける手法ではない．

⑤　不適切．遺伝的アルゴリズムは，最適化問題を解くうえで最も効率的な手法の１つであるが，近似解法ではない．

解　答　③

問題 2.3-10（生産統制）

　下記は，生産計画達成のための進度管理について述べたものである．適切な記述はいくつあるか．

①　生産統制には，タスク・モノ・情報の追跡管理，製造資源のモニタリング，生産能力と負荷（または余力）レベルの把握によるコスト・納期の管理が重要である．

②　進度管理は，各工程及び作業者について現在の負荷状況と現有能力の差を把握し，作業者の再配分などにより負荷と能力を均衡させる管理活動である．

③　現品管理は，資材・仕掛品・完成品などについて運搬・移動や停滞・保管の状況を管理し，現品の経済的処理と数量・所在の確実な把握を目的とした管理活動である．

④　余力管理は，工程計画と実際との差異を分析して工程を調整し，原因を明らかにして改善案を生み出すための管理活動である．

⑤　資料管理は，生産性向上のために文書・ファイルや各種資料を管理する活動で，ビジネスの意思決定のために文書やデータを常時利用可能な状態にしておくことが重要である．

①　1　　②　2　　③　3　　④　4　　⑤　5

解　説

① 適切.

② 不適切. 題意は，余力管理の記述である.

③ 適切.

④ 不適切. 題意は，進度管理の記述である.

⑤ 適切.

以上より，適切な記述は3つで，正答は③である.

解　答　③

問題 2.3-11 （PERT 計算）

　下図は，複数の作業で構成されている業務の PERT 図から，1 つの作業 E を抜き出して示した図である. 現状の業務日程計画における作業 E の作業時間は 3 時間，作業 E の全余裕時間は 4 時間，作業 E の最早開始時刻は午前 10 時である. なお，結合点 i から出ている作業も，結合点 j に入ってくる作業も作業 E だけである. この図における PERT 計算に関する次の記述のうち，最も不適切なものはどれか.

① 現状の業務日程計画における作業 E の最遅開始時刻は，13 時である.

② 現状の業務日程計画における作業 E の最早完了時刻は，13 時である.

③ 現状の業務日程計画における作業 E の最遅完了時刻は，17 時である.

④ 作業実施条件の変更によって作業 E の作業時間だけが 5 時間に変更された場合，作業 E の全余裕時間は 2 時間になる.

⑤ 作業実施条件の変更によって作業 E の作業時間だけが 7 時間に変更された場合，作業 E はクリティカルパス上の作業になる.

解　説

PERT（Program of Evaluation and Review Technique）は，「プロジェクトを最短で完了させるにはどの作業をいつから開始していつ完了させればよいかを求めるオペレーションズ・リサーチの方法であり，題意より作業 E の PERT 図は下記のようになる．

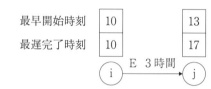

① 最も不適切．全余裕時間は，最も早く作業を開始したときに発生する．

最遅完了時刻 ＝ 最早開始時刻 ＋ 所要時間 ＋ 全余裕時間

＝ 10 時 ＋ 3 時間 ＋ 4 時間 ＝ 17 時

最遅開始時刻 ＝ 最遅完了時刻 － 所要時間

＝ 17 時 － 3 時間 ＝ 14 時 ≠ 13 時

② 適切．最早完了時刻 ＝ 最早開始時刻 ＋ 作業時間 ＝ 10 時 ＋ 3 時間 ＝ 13 時

③ 適切．①より，最遅完了時刻 ＝ 17 時

④ 適切．新全余裕時間 ＝ 最遅完了時刻 － 最早開始時刻 － 新所要時間 ＝ 17 時 － 10 時 － 5 時間 ＝ 2 時間

⑤ 適切．余裕がなく遅らせてはならない作業は，クリティカルパス上の作業である．作業 E の作業時間が 7 時間に変更された場合

新全余裕時間 ＝ 最遅完了時刻 － 最早開始時刻 － 新所要時間

＝ 17 時 － 10 時 － 7 時間 ＝ 0 時間

となり，余裕がなくなるのでクリティカルパス上の作業になる．

解　答 ①

2.4　原価管理・会計管理

問題 2.4-12（原価計算）

　原価管理・原価計算に関する次の記述のうち，最も適切なものはどれか．

　①　原価計算は，財務諸表の作成や，販売価格の算定，原価管理，利益管理，経営意思決定などのために活用される．

　②　製品原価の計算では，はじめに製品別原価計算，次いで部門別原価計算，最後に費目別原価計算を行う．

　③　活動基準原価計算では，直接作業時間や機械時間などに基づいて，製造間接費を製品に配賦する．

　④　マテリアルフローコスト会計は，工程内のマテリアルの実際の流れを投入物質ごとに金額と物量単位で追跡し，工程から出る製品と廃棄物のうち，製品を抽出してコストを計算する手法である．

　⑤　原価企画は，設計段階，生産段階，流通段階などのうち，生産段階で原価低減活動を行う手法である．

解　説

　①　最も適切．原価計算は内部の経営者用（経営意思の決定または業績の評価用）及び外部の利害関係者用（財務諸表の作成）に行うものであり，題意は適切である．

　②　不適切．順序が逆である．製品原価の計算ではまず費目別計算を行い，次に部門別計算，最後に製品別の計算を行う．

　③　不適切．活動基準原価計算は，従来生産量の多い製品や稼働時間の長い製品が間接費を多く負担して原価高になっていたが，発生した原価を正しく製品ごとに振り分け，原価低減への有効な情報を得られるようにしたものである．

　④　不適切．マテリアルフローコスト会計は，製造プロセスにおける資源やエネルギーのロスに着目して，ロスに投入した材料費，加工費，設備償却費などを「負の製品コスト」として，総合的にコスト評価を行うことによって廃棄物の価

値及び環境負荷を可視化し，コストダウンと企業の社会的責任を果たすものであり，製品と廃棄物のうち製品を抽出してコスト計算するものではない.

⑤ 不適切. 原価企画は，製品の目標原価（許容原価）を設定してその達成のために実施される初期段階での総合的管理活動であり，生産段階で行うものではない.

解　答　①

問題 2.4-13（原価差異分析：計算問題）

標準原価計算の原価差異分析では，標準原価から実際原価を差し引いた差が原価差異として計算分析され，その目的は原価の管理に資することにある. 原価差異は，その正負により，それぞれ有利差異及び不利差異と呼ばれる. 参考のため，これらの原価差異分析でよく利用される分析概念図を下に示す. ここでは直接材料費と直接労務費を対象とした差異分析の例を取り上げる.

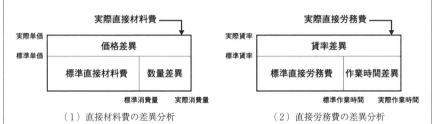

（1）直接材料費の差異分析 　　　（2）直接労務費の差異分析

図　原価差異の分析概念図

製造企業の A 社は，品目 X について，次に示す標準原価を設定している.

a．標準直接材料費：標準単価は 500 円 /kg，標準消費量は 1 000kgである.

b．標準直接労務費：標準賃率は 1 000 円 / 時間，標準作業時間は 500 時間である. 実際に発生した原価として，次に示す数値が得られた.

c．実際直接材料費：実際単価は 450 円 /kg，実際消費量は 1 100kg であった.

d．実際直接労務費：実際賃率は 1 200 円 / 時間，実際作業時間は 400 時間であった.

なお，差異分析に当たっては，a ～ d に述べた事項以外の条件は考えないものとする. 直接材料費と直接労務費の原価差異分析に関する次の記述のうち，

最も不適切なものはどれか.

① 標準直接材料費及び標準直接労務費は，いずれも 500 000 円である.

② 数量差異は−50 000 円（不利差異）である.

③ 賃率差異は−80 000 円（不利差異）である.

④ 直接材料費の差異は 5 000 円（有利差異）である.

⑤ 直接労務費の差異は−20 000 円（不利差異）である.

解 説

① 適切. 標準直接材料費$=500 \times 1\,000 = 500\,000$ 円

標準直接労務費$=1\,000 \times 500 = 500\,000$ 円

② 適切. 数量差異$=$（標準消費量$-$実際消費量）$\times$標準単価

$= (1\,000 - 1\,100) \times 500 = -50\,000$ 円（不利差異）

③ 適切. 賃率差異$=$（標準賃率$-$実際賃率）$\times$実際作業時間

$= (1\,000 - 1\,200) \times 400 = -80\,000$ 円（不利差異）

④ 適切. 実際直接材料費$=450 \times 1\,100 = 495\,000$ 円

直接材料費差異$=$（標準直接材料費$-$実際直接材料費）

$= 500\,000 - 495\,000 = 5\,000$ 円（有利差異）

⑤ 最も不適切. 下記より直接労務費差異は，20 000 円（有利差異）である.

直接労務費差異$=$（標準直接労務費）$-$（実際直接労務費）

$=$（標準賃率）$\times$（標準作業時間）

$\quad -$（実際賃率）$\times$（実際作業時間）

$= 1\,000 \times 500 - 1\,200 \times 400$

$= 500\,000 - 480\,000 = 20\,000$ 円（有利差異）

解 答 ⑤

問題 2.4-14（利益計画：計算問題）

あるメーカーの製品 X について，次年度の利益計画の設定に関する次の資料がある.

[資料]

a．販売価格　　　　　30 000 円／個
b．販売量　　　　　　800 個
c．変動費　　　　　　10 000 円／個
d．固定費　　　10 000 000 円

この条件下での損益分岐点の分析に関する次の記述のうち，最も適切なものはどれか. なお，期首・期末の仕掛品及び製品在庫はゼロであるものとし，次の各記述で取り上げた事項以外については，[資料] a 〜 d に示された内容に変化はないものとする. また，割合を示す数値は有効数字 3 桁とする.

① 変動費を 5％削減したときの売上高は 22 800 000 円となる.

② 固定費を 1 000 000 円増加させたときの限界益は 5 000 000 円となる.

③ 販売価格を 8％値下げし，販売量が 20％増加したときの営業利益は 8 496 000 円となる.

④ 予想売上高の 83.3％が損益分岐点売上高となる.

⑤ 限界利益率は 66.7％となる.

解　説

① 不適切.

次年度の利益 = 売上高 − 変動費 − 固定費

$$= 30\,000 \times 800 - 10\,000 \times 800 - 10\,000\,000$$

$$= 6\,000\,000 \ 円$$

変動費を 5％削減した時に 6 000 000 円の利益を得るための販売量を X 個とすると

$$6\,000\,000 = (30\,000 - 9\,500)\ \text{X} - 10\,000\,000$$

$$\text{X} = 16\,000\,000 / 20\,500$$

$$= 780$$

$$売上高 = 30\,000\,000 \times 780$$
$$= 23\,400\,000\ 円$$

② 不適切.

$$限界利益 = 売上高 - 変動費$$
$$= 30\,000 \times 800 - 10\,000 \times 800$$
$$= 16\,000\,000\ 円$$

固定費を変更しても，限界利益は変わらない.

③ 不適切.

$$営業利益 = 30\,000 \times (1 - 0.08) \times 800 \times 1.2$$
$$- 10\,000 \times 800 \times 1.2 - 10\,000\,000$$
$$= 6\,896\,000\ 円$$

④ 不適切. 損益分岐点売上高は，利益 = 0 の売上高である.

$$損益分岐点売上高 = 変動費 + 固定費$$
$$= 10\,000\,000 \times 800 + 10\,000\,000$$
$$= 18\,000\,000\ 円$$

$$損益分岐点売上高 / 予想売上高$$
$$= 18\,000\,000 / 30\,000 \times 800$$
$$= 0.75$$

よって，損益分岐点売上高は予想売上高の 75% である.

⑤ 最も適切.

$$限界利益率 = 限界利益 / 売上高$$
$$= (30\,000 \times 800 - 10\,000 \times 800) / 30\,000 \times 800$$
$$= 0.667$$

よって，限界利益率は 66.7% である.

解　答　⑤

2.5 財務会計

問題 2.5-15（財務諸表）

　財務諸表に関する次の記述のうち，最も適切なものはどれか．なお，ここでのキャッシュ・フロー計算書は間接法によるものとする．

　① 損益計算書には，前期末から当期末までの期間において，銀行からの借入やその返済など，資産・負債を直接増減させる個別の取引が記載される．

　② 貸借対照表には，前期末から当期末までの期間において，会社の現金の出入りに係わる個別の取引が記載される．

　③ キャッシュ・フロー計算書には，前期末から当期末までの期間における収益・費用と資産・負債などの期末残高が記載される．

　④ 減価償却費は，キャッシュ・フロー計算書の営業活動によるキャッシュ・フローにおいて，利益に加え戻されて記載される．

　⑤ フリー・キャッシュ・フローは，キャッシュ・フロー計算書の投資活動によるキャッシュ・フローに財務活動によるキャッシュ・フローを加えたものである．

解　説

　① 不適切．損益計算書は個別の取引が記載されるものではなく，一定期間（通常1年の会計期間）の複式簿記で記録された収益，費用の内容を経営成績として明らかにする．

　② 不適切．貸借対照表は個別の取引が記載されるものではなく，借方（資産）と貸方（負債＋資本）が一致するように複式簿記の手法で作成される．

　③ 不適切．キャッシュフロー計算書は期末残高が記載されるものではなく，会計期間における資金（現金及び現金同等物）の増減（収入と支出：キャッシュフローの状況）を営業活動・投資活動・財務活動ごとに区分して表示する．

　④ 最も適切．減価償却費は現金の支出を伴わない利益として，営業キャッシュフロー計算書に記載される．

⑤　不適切．フリーキャッシュフローは財務活動によるフリーキャッシュフローを加えたものではなく，企業が事業活動を通じて得た資金のうち，自由に使えるお金の額である．

解　答　④

問題 2.5-16 (貸借対照表・他)

財務諸表に関する次の記述のうち，最も不適切なものはどれか．

①　貸借対照表（勘定式）では，左側に資産の部，右側に負債の部と純資産の部が記載され，資産合計は負債・純資産合計に一致する．

②　損益計算書（報告式）では，はじめに売上総利益を計算し，次いで営業損益，経常損益などを経て，当期純損益の順に損益が計算される．

③　キャッシュ・フロー計算書には，営業活動，投資活動，財務活動のキャッシュ・フローが記載される．

④　貸借対照表（勘定式）における流動資産の総額は，同期のキャッシュ・フロー計算書における現金及び現金同等物の期末残高に一致する．

⑤　減価償却費は，現金支出をともなわない費用であるため，企業内部に減価償却費に相当する資金が留保される効果が生じる．

解　説

④　最も不適切．貸借対照表における流動資産は，現金預金のほか受取手形，売掛金，短期貸付金，仕掛品，貯蔵品，前払費用，立替金，仮払金，その他で構成されており，現金および現金同等物以外のものを含んでいる．

解　答　④

2.6 設備管理

問題 2.6-17（設備保全，保全活動）

機械設備の保全活動は，計画・点検・検査・調整・修理・取替などを含む設備のライフサイクル全般の観点から行われる．

保全活動を，設備の故障・不良を排除するための対策を講じたり，それらを起こしにくい設備に改善したりするための「改善活動」と，設計時の技術的側面を正常・良好な状態に保ち，効率的な生産活動を維持するための「維持活動」に分類するとすれば，次の組合せのうち最も適切なものはどれか．

	「改善活動」	「維持活動」
①	定期保全・保全予防	予知保全・改良保全
②	改良保全・事後保全	定期保全・予知保全
③	保全予防・改良保全	事後保全・予防保全
④	改良保全・予知保全	保全予防・事後保全
⑤	予防保全・事後保全	改良保全・保全予防

解説

各保全活動は下記の通り分類される．

(1) 改善活動

- 保全予防：設備を新しく計画する段階から信頼性の高い設備とする保全である．
- 改良保全：同種の故障が再発しないように改善を加える保全である．

(2) 維持活動

- 定期保全：定期的に分解・点検して不良を取り除く保全である．
- 事後保全：故障停止，有害な性能低下により修理を行う保全である．
- 予防保全：設備の点検等による故障予防に重点をおいた保全である．
- 予知保全：機械や装置の時間経過，設備の劣化傾向を設備診断技術によっ

て管理し，保全の時期や修理方法を決める方式である．

以上より，各選択肢は以下のようになる．

① 不適切．定期保全及び改良保全が不適切．

② 不適切．事後保全が不適切．

③ 最も適切．保全予防と改良保全は改善活動に属し，事後保全と予防保全は維持活動に属する．

④ 不適切．予知保全と保全予防が不適切．

⑤ 不適切．予防保全，事後保全，改良保全及び保全予防のすべてが不適切．

解　答　③

問題 2.6-18 （設備管理）

生産活動又はサービス提供活動における設備管理に関する次の記述のうち，最も適切なものはどれか．

① 設備のライフサイクルコストには，設備の開発や取得のための初期投資コストと運転・保全の費用は含まれ，他方，設備の廃却費は含まれない．

② 一般に，設備保全活動に必要な保全費には，設備の新増設，更新，改造などの固定資産に繰り入れるべき支出は含まれない．

③ 設備修理期間中の設備休止に伴う機会損失費は，活動基準原価計算により得られる費用として算出することができる．

④ 生産自動化など計画中の設備投資案の経済計算には，価値分析や原価企画などの方法があり，設備投資案の評価・比較に用いられる．

⑤ 劣化を理由として現在使用中の設備を取り替える場合，絶対的劣化による取替を「設備更新」といい，相対的劣化による取替を「設備取替」という．

解　説

① 不適切．設備のライフサイクルは製造から廃棄・最終処分までをいう．このため，ライフサイクルコストには，設備の償却費も含まれる．

② 最も適切．設備保全費は故障した設備を修復する費用を計上し，新増設，更新，改造などの費用は通常保全費には含めず，固定資産に繰り入れる．

③ 不適切．活動基準原価計算は原価低減への有効な情報を得るため，発生し

た原価を正しく製品ごとに振り分けるものであり，機会損失費用は算出されない．

④　不適切．価値分析は使用する材料の特性・機能，加工技術及び設計方法などを分析することによりコスト低減を図ることであり，また原価企画は製品の目標原価を設定してその達成のために初期段階で実施される総合的管理活動であり，いずれも経済計算に含まれるものではない．

⑤　不適切．絶対的劣化は，化学的・物理的変化により品質・機能が損なわれること，また相対的劣化は，品質が劣化していなくても技術革新により優れた製品が開発されることによって相対的に性能が低く評価されることである．ただし一般には「設備更新」と「設備取替」の用語を，題意のように区別して使用されてはいない．

解　答　②

2.7　計画・管理の数理的手法

問題 2.7-19（線形計画法・デルファイ法ほか）

計画・管理における科学的・数理的手法に関する次の記述のうち，最も適切なものはどれか．

①　線形計画問題は，一般に，変数が整数値をとることを条件として加えると解くことが容易になる．

②　多目的最適化では，通常，パレート最適解がただ 1 つ求まる．

③　ゲーム理論は，意思決定をする主体が複数存在する状況を数学的に取り扱う方法論であり，非協力ゲームと協力ゲームとに大きく分けることができる．

④　デルファイ法では，複数の参加者が，回覧されるシートに各自のアイデアを記入していくことで，1 人で考えながらも全員の協同作業でアイデアを広げていくことを目指す．

⑤　階層化分析は，分析対象のすべてをいくつかの群に分ける手法であり，何らかの基準に従って似ているものが同じ群に入るように分類する．

解　説

①　不適切．線形計画問題は，目的関数・制約条件がすべて一次関数の問題であり，整数のみの変数が条件ではない．

②　不適切．多目的最適化において，パレート最適解（どれかの解を排除することで採用される最適解）は 1 つとは限らない．

③　最も適切．ゲーム理論は，2 人以上のプレイヤーの意思決定や行動を数学的なモデルを用いて分析する数理的手法であり，非協力ゲームと協力ゲームに分類できる．

④　不適切．デルファイ法は，参加者が個別に回答して得られた結果を他の参加者がみた後に再度各自が回答することを繰り返し，組織としてある程度収れんされた意見を求める方法である．

⑤　不適切．階層化分析は，問題の構造を，問題（目的）・評価基準・代替案

の 3 層の階層図で表現したうえで，評価基準や代替案の一対比較から代替案の重要度を求める方法である．

解　答　③

問題 2.7-20（現価，年価，終価）

現時点での金額を P，年利 i で預金した時の n 年後の金額を S としたとき，P を現価，S を終価といい，現価から終価への換算係数を終価係数という．また終価から現価への換算係数を現価係数という．

ここで，100 万円を年利 3％の複利で 5 年間預金した場合，現価，終価，終価係数，現価係数はいくらになるか．

さらに毎年受け取る金額が一定のものを年価という．

ここで，年利 3％で預金して毎年末に 100 万円の年価を 5 年間受け取るには，現時点でいくら（現価 P）預金すればよいか．

求める数値の組合せとして最も適切なものを①～⑤の中から選び答えよ．

	現価 [万円]	終価 [万円]	終価係数	現価係数	預金額 [万円]
①	100	115.9	1.159	0.863	458
②	100	103.0	1.030	0.971	500
③	100	106.1	1.061	0.943	483
④	100	109.3	1.093	0.915	472
⑤	100	112.6	1.126	0.888	463

解　説

原価と終価の関係は，終価係数を $[P \rightarrow S]$ と表示すると，下記にて表せる．

$$S = P \times [P \rightarrow S]$$

題意の数値を適用すると

$$S = 100 \times (1 + 0.03)^5 = 100 \times 1.159 = 115.9 \text{ 万円}$$

したがって

現価 $P = 100$ 万円

終価 $S = 115.9$ 万円

$$終価係数\ [P \to S] = \frac{S}{P} = 1.159$$

$$現価係数\ [S \to P] = \frac{P}{S} = \frac{1}{1.159} = 0.863$$

1年後に100万円を受け取るためには，現時点で $P_1 = \dfrac{100}{1.03} = 97.1\,万円$

2年後に100万円を受け取るためには，現時点で $P_2 = \dfrac{100}{(1.03)^2} = 94.3\,万円$

3年後に100万円を受け取るためには，現時点で $P_3 = \dfrac{100}{(1.03)^3} = 91.5\,万円$

4年後に100万円を受け取るためには，現時点で $P_4 = \dfrac{100}{(1.03)^4} = 88.8\,万円$

5年後に100万円を受けとるためには，現時点で $P_5 = \dfrac{100}{(1.03)^5} = 86.3\,万円$

よって，現時点で預金すべき金額 P は

$$P = \sum_{i=1}^{5} P_i = P_1 + P_2 + P_3 + P_4 + P_5$$

$$= 97.1 + 94.3 + 91.5 + 88.8 + 86.3 = 458\,万円$$

となる．

解　答　①

人的資源管理の出題分析

(1) 出題分析と傾向

これまでの人的資源管理に関する出題数の多い項目は「労働関係法と労務管理」及び「人材開発」に集中している．特に，出題頻度の高いキーワードは，次の通りである．

① 人の行動と組織…………組織開発，組織コミットメント，組織構造・組織文化，リーダーシップ

② 労働関係法と労務管理…労働関係法，労務管理，労働時間制度，労使関係制度，働き方改革，ストレスチェック制度，ハラスメント

③ 人材活用計画……………人間関係管理，雇用管理，ダイバーシティ・マネジメント

④ 人材開発…………………人事考課管理，人的資源開発，メンター，教育訓練技法，CPD，QC サークル

(2) 学習のポイント

① 組織コミットメント，リーダーシップ等の人の行動と組織，人材活用，人材開発について確実に理解すること．

② 法律の内容については，労働基準法，労働組合法を中心に労働関係法の要点を把握し，法律の適用に習熟していること．特に，労働基準法，労働者派遣法，パートタイム・有期雇用労働法，育児・介護休業法について理解しておくこと．

③ 計算問題については，これまで出題されていないが，障害者雇用率，労働生産性，労働分配率の式の意味を的確に理解して計算ができること．

人的資源管理の精選問題と解説

3.1　人の行動と組織

問題 3.1-1（組織開発）

組織開発に関する次の記述のうち，最も不適切なものはどれか．

①　「対話型組織開発」は，診断を行わずに対話を通じて現状を把握し，組織の取組の計画を策定し実行するものである．

②　「診断型組織開発」は，「対話型組織開発」から発展して成立した手法であり，組織の診断を集中的に行うものである．

③　組織開発では，価値や考え方が対立する場合，一方を優先して他方を無視するのではなく，それらの同時最適解を探ることが大切だという考えがある．

④　組織開発でキーとなる概念には，「コンテント」と「プロセス」があり，「コンテント」は課題・仕事などの内容的な側面であり，「プロセス」はどのように課題や仕事が進められているか，などといった関係的過程を意味する．

⑤　組織開発では，決まった取組を当てはめるのではなく，実施する取組を現状に合わせてカスタマイズすることが大切だとされている．

解　説

②　最も不適切．「診断型組織開発」は外部からの組織開発コンサルタントなどの第三者が客観的に観察・診断し，これを受け入れて改善を行う手法で，1960年代から実施されている．

一方，「対話型組織開発」は①の記述の通りで，2000年以降に実施されている新しい手法である．

したがって，②の「「診断型組織開発」は，「対話型組織開発」から発展して成立した手法であり」の記述が不適切である．

解　答　②

問題 3.1-2（組織コミットメント）

テレワークが普及する中で,「会社と従業員の結びつき」が改めて注目されている. 従業員の転職や離職につながる組織に対する姿勢としての「組織コミットメント」は, 情緒的, 功利的, 規範的という 3 つの要素で構成されるとされている. 組織コミットメントに関する次の記述のうち, 最も不適切なものはどれか. なお, 功利的コミットメントは, 継続的若しくは存続的コミットメントと呼ばれることもある.

　①　組織の目標や価値観が自分と同じだから, との理由で組織に居続けるのは, 情緒的コミットメントによるものである.

　②　この会社に毎月給与をもらっているから, この会社での業務のために培った技能の価値を失いたくないから, との理由で組織に居続けるのは, 功利的コミットメントによるものである.

　③　この会社に育ててもらったというような恩を感じて組織に居続けるのは, 規範的コミットメントによるものである.

　④　組織コミットメントの 3 つの要素のうち, 一般に入社後一旦低下したのち上昇していく傾向にあるのは功利的コミットメントである.

　⑤　組織にとって有益な従業員を定着させるためには, 情緒的コミットメントと規範的コミットメントを高めつつ, 功利的コミットメントをいかに抑えるかが重要と言われている.

解　説

　④　最も不適切. 功利的コミットメントには, 入社後一旦低下したのち上昇する傾向はない. 一般的に, この傾向があるのは情緒的コミットメントである.

解　答　④

問題 3.1-3（組織構造と組織文化）

組織構造や組織文化に関する次の（ア）～（エ）の記述において, 適切なものと不適切なものの組合せとして正しいものを①～⑤の中から選び答えよ.

（ア）　事業部制組織は, 多くの中小企業や単一事業型の大企業などで採用されている組織構造であり, 組織の基本職能ごとに部門を設けている.

（イ）　マトリクス組織は，職能別組織と事業部制組織の２つを併せたような組織構造であり，事業に関わる構成員を営業から研究まで全て１つの部門にまとめる組織である．

（ウ）　組織文化は，思考様式の均質化と自己保存本能をもたらすという大きなメリットを持つとされる．

（エ）　組織文化のうちトップ主導タイプは，強い権限をもつトップが牽引していくため変化に対して硬直的で小回りが効かないとされる．

	（ア）	（イ）	（ウ）	（エ）
①	適切	不適切	不適切	不適切
②	不適切	適切	不適切	不適切
③	不適切	不適切	適切	不適切
④	不適切	不適切	不適切	適切
⑤	不適切	不適切	不適切	不適切

解　説

（ア）　不適切．事業部制組織は，組織のある事業に関わる構成員をすべて１つの部門にまとめる組織である．

（イ）　不適切．マトリクス組織は，職能と事業の二元的な組織構成を行っている．

（ウ）　不適切．組織文化は，思考様式の均質化と自己保存本能をもたらすデメリットを持っている．

（エ）　不適切．トップ主導タイプは，変化に対して柔軟な対応ができ，小回りが効くとされている．

　以上から，すべて不適切が正しい組合せで，正答は⑤である．

解　答　⑤

問題 3.1-4（人の行動モデル）

　人の行動モデルに関する次の記述のうち，最も適切なものはどれか．

①　マグレガーによれば，Ｘ理論では「人は働くことをポジティブに捉える存在である」，Ｙ理論では「人は働くことをネガティブに捉える存在である」とし，Ｙ理論に基づき「アメ」と「ムチ」を使い分けながら管理する方が，業

績は上がるとしている.

　② マズローによれば，人の欲求は低次元から高次元まで5段階あり，人の特徴はその複数の段階の欲求を並行して追求していくものとしている.

　③ ハーズバーグが提案した二要因理論によれば，職務満足感につながる要因と，仕事に対する不満につながる要因とは別のものであり，職務への動機付けのためには，後者の要因を除去することを優先すべきであるとしている.

　④ メイヨーらがホーソン工場で行った実験によれば，労働者の生産性向上をもたらす要因は，感情や安心感よりも賃金であるとされている.

　⑤ アッシュの研究によれば，集団のメンバーは，常にその集団に受け入れられたいと望むため，集団規範に同調しがちであるとしている.

解 説

　⑤ 最も適切．アッシュの研究によれば，「人間は，集団の中にいるときは，集団に合わせた同調行為を取ることが多い」との実験結果を示している.

解 答 ⑤

問題 3.1-5（SL 理論）

　リーダーシップに関する理論として，SL 理論はリーダーシップを指示的行動と協労的行動という2つの軸で論じ，最適な効果を生むリーダーシップは部下の成熟度によって異なるという考え方がある．部下の成熟度を「未成熟」，「やや未成熟」，「やや成熟」，「成熟」という4段階に分類したときに，第2段階である「やや未成熟」な部下に対するリーダーの対応として，最も適切なものはどれか.

　① 仕事に関してこちらの考えを説明し，疑問があればそれに答えるなど双方向のコミュニケーションを行う.

　② 仕事遂行の責任は部下に委ね，ゆるやかに監督する.

　③ 仕事上での自由裁量や自律性を高め，意思決定を部下とともに行う.

　④ 仕事の手順や進め方などを OJT も含め指導し，監督する.

　⑤ 早く仕事を覚えさせて自信を持たせ，仕事仲間であるという安心感を与える.

解　説

　本問のリーダーシップに関する議論は，リーダーシップ条件適応理論（SL 理論：Situational Leadership）で，最適な効果を生むリーダーシップは，部下の成熟度によって異なるという理論である．

　次図の SL モデルは，横軸に指示的行動（仕事指向），縦軸に協労的行動（人間関係指向）の強さとして 4 つに区分し，部下の成熟度を 4 段階に分類した SL モデルを示している．この図に基づき設問①〜⑤について検討する．

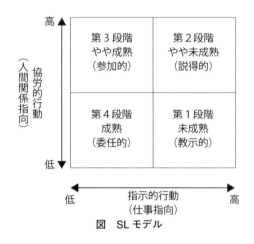

図　SL モデル

① やや未成熟．説得的な方法で第 2 段階に該当する．

② 成熟．委任的な方法で，第 4 段階に該当する．

③ やや成熟．参加的な方法で，第 3 段階に該当する．

④ 未成熟．教示的な方法で，第 1 段階に該当する．

⑤ やや成熟．参加的な方法で，第 3 段階に該当する．

　以上から，第 2 段階「やや未成熟」な部下に対するリーダーの対応として最も適切なのは①である．

解　答　①

3.2 労働関係法と労務管理

問題 3.2-6 (労働基準法)

　労働時間や休暇などについては，法令により規定されているが，労働基準法の条文で示されている原則的な事項に関する次の記述のうち，最も不適切なものを選び答えよ.

　①　使用者は，労働者に対して，毎月少なくとも2回の休日を与えなければならない.

　②　使用者は，労働者に，休憩時間を除き，1週間に40時間を超えたり，1日に8時間を超えて，労働させてはならない.

　③　使用者は，労働者に法定労働時間を超えて労働させる場合(時間外労働)には，書面による協定をし，行政官庁に届け出る必要がある.

　④　使用者は，時間外労働の場合には，25%以上の割増賃金を支払わなければならない.

　⑤　使用者は，その雇入れの日から起算して6ヶ月間継続して勤務し全労働日の80%以上出勤した労働者に対して，継続し，又は分割した10労働日の有給休暇を与えなければならない.

解　説

　①　最も不適切. 労働基準法第35条第1項により，「使用者は，労働者に対して，毎週少なくとも1回の休日を与えなければならない」と定められ，①の「毎月少なくとも2回の休日を与えなければならない」が誤っている.

解　答　①

問題 3.2-7 (労働組合法)

　労使関係に関する次の(ア)～(オ)の記述のうち，労働組合法上，使用者が行ってはいけない不当労働行為に該当するものの数はどれか.

　(ア)　労働者が労働組合を結成しようとしたことを理由に解雇すること.

（イ）　労働者が労働組合に加入しないことを雇用条件とすること.

（ウ）　雇用する労働者の代表者と団体交渉をすることを正当な理由なく拒むこと.

（エ）　労働組合の運営のための経費の支払につき経理上の援助を与えること.

（オ）　労働者が労働委員会に対し不当労働行為の申立てをしたことを理由に解雇すること.

① 1　　② 2　　③ 3　　④ 4　　⑤ 5

解　説

労働組合法第7条（不当労働行為）に基づき，（ア）から（オ）は，いずれも使用者が行ってはいけない「不当労働行為」に該当する.

以上から，不当労働行為に該当するものの数は5つで，正答は⑤である.

解　答　⑤

問題 3.2-8（労働関係調整法）

労使関係に関する次の記述のうち，最も適切なものはどれか.

①　パートタイム労働者は，労働組合に加入することはできない.

②　団体交渉では，賃金や労働時間，休日などの労働条件のほか，団体交渉の手続，組合活動における施設利用の取扱いなどが交渉事項となり得る.

③　労働委員会は，半数は使用者を代表する者，残りの半数は労働者を代表する者によって構成される.

④　労働委員会が行うあっせんは，紛争当事者間の自主的解決を援助するため，あっせん員が当事者間の話合いの仲立ちなどを公開で行うものである.

⑤　労働委員会が調停を進める中で調停案を提示した場合，労働者側，使用者側のいずれもこれを受け入れなければならない.

解　説

②　最も適切.労働関係調整法に関する設問である.団体交渉では，記述の事

項が労使間の交渉事項となり得る.

解 答 ②

問題 3.2-9 (育児・介護休業法)

いわゆる育児・介護休業法 (育児休業, 介護休業等育児又は家族介護を行う労働者の福祉に関する法律), 労働基準法に関する次の記述のうち, 最も適切なものはどれか.

① 介護休業の対象家族には, 配偶者の祖父母が含まれる.

② 労働者は, 要介護状態にある対象家族を介護するために, 対象家族1人につき, 通算 93 日まで, 3 回まで分割して介護休業を取得することができる.

③ 事業主は, 要介護状態にある対象家族を介護する労働者について, 所定労働時間の短縮等の措置を講ずるよう努めなければならない.

④ 介護休暇を取得する要件を満たす労働者が, 介護休暇を事業主に申し出たときに, 事業主は業務の正常な運営を妨げる場合には拒むことができる.

⑤ 年次有給休暇の算定に当たっては, 労働者が介護休業を取得した期間は出勤日数に含まない.

解 説

② 最も適切. 「要介護状態」の対象家族を有する労働者は, 対象家族1人に月通算 93 日まで介護休業が可能であり, 最大 3 回まで分けて取得できる. 対象となる家族は, 配偶者, 父母及び配偶者の父母, 祖父母, 子, 兄弟姉妹, 孫を指している.

解 答 ②

問題 3.2-10 (改正出入国管理及び難民認定法)

出入国管理及び難民認定法の改正法に関する次の記述のうち, 最も不適切なものはどれか.

① 本法は深刻な人手不足に対応するため, 外国人労働者の受け入れの拡大を目的としている.

②　一定の能力が認められる外国人労働者に対して新たな在留資格「特定技能」を付与する制度が新設され，単純労働を含む業種で，外国人労働者を受け入れることとなった．

③　「特定技能 1 号」は，「相当程度の知識・経験を必要とする技能」が条件で，在留期間は最長 5 年，家族帯同が認められている．

④　「特定技能 2 号」は「熟練した技能」が条件で，在留期間は更新可能である．

⑤　日本語教育の充実や地方自治体への支援を含め，外国人労働者と共生のために取り組む付帯決議が採択されている．

解　説

③　最も不適切．「特定技能 1 号」は，家族を帯同できない．

解　答　③

問題 3.2-11（労働分配率，労働生産性）

マクロ経済ベースでの我が国の労働分配率及び労働生産性に関する次の記述のうち，最も適切なものはどれか．なお「G7 サミット参加国」とは，アメリカ，イギリス，ドイツ，フランス，日本，カナダ及びイタリアをいう．

①　労働分配率は，景気拡大局面においては低下し，景気後退局面においては上昇するという特徴がある．

②　2000 年以降の資本金規模別にみた労働分配率の比較では，「資本金 1 千万円以上 1 億円未満の企業」は，「資本金 10 億円以上の企業」に比べ，労働分配率が低い．

③　2019 年度における国民所得に占める雇用者報酬の比率は，50％を下回っている．

④　2018 年における主要産業の労働生産性の比較では，「宿泊・飲食サービス業」は「製造業」より高い．

⑤　G7 サミット参加国における 2019 年の一人当たりの名目 GDP の比較では，日本は高い方から 2 番目である．

解　説

①　最も適切.「労働分配率」は, 次式で定義されている.

労働分配率＝賃金総額／付加価値額

上式で, 分母の「付加価値額」は景気によって変動するが, 分子の「賃金総額」が変動しにくい特性がある. このため, 景気拡大時には, 労働分配率が低下し, 反面, 景気後退時には, 労働分配率が上昇する特徴がある.

解　答　①

問題 3.2-12 （ハラスメント）

職場のパワーハラスメントに関する次の記述のうち, 最も不適切なものはどれか. 以下, 個別労働関係紛争の解決の促進に関する法律を「個別労働紛争解決促進法」といい, 雇用の分野における男女の均等な機会及び待遇の確保等に関する法律を「男女雇用機会均等法」という.

①　職場のパワーハラスメントには, 上司から部下に行われるものだけでなく, 先輩・後輩間などの様々な優位性を背景に行われるものも含まれる.

②　個人の受け取り方によっては, 業務上必要な指示や注意・指導を不満に感じたりする場合でも, これらが業務上の適正な範囲で行われている場合には, 職場のパワーハラスメントには当たらない.

③　職場のパワーハラスメントの行為類型として, 身体的な攻撃, 精神的な攻撃, 人間関係からの切り離し, 過大な要求, 過小な要求などがある.

④　職場のパワーハラスメントに関する紛争の解決方法については, 個別労働紛争解決促進法に基づく紛争調整委員会によるあっせん制度等がある.

⑤　職場のパワーハラスメントについては, 事業主に雇用管理上必要な措置を講ずることが男女雇用機会均等法において義務付けられている.

解　説

⑤　最も不適切. 男女雇用機会均等法では, 職場のセクシャルハラスメント及び妊娠・出産等に関するハラスメント防止のために, 雇用管理に必要な措置を事業主に義務付けているが, パワーハラスメントについては, 義務規定はない.

解　答　⑤

3.3　人材活用計画

問題 3.3-13 （公式組織・非公式組織）

　組織は人間関係の複合体としての人的組織の側面を持っており，人的組織は，一般に公式組織と非公式組織の側面がある．公式組織に比較した非公式組織の特性に関する次の記述のうち，最も不適切なものを選び答えよ．

　①　真似の対象や刺激の源泉は，非公式組織内の尊敬できる人，互いに切磋琢磨しあう人であることが多い．

　②　どの程度働くべきか，どの程度規律を守るべきか，などの行動規範は，非公式組織内で決まることは少ない．

　③　自分が非公式組織に受け入れられなければ，その人は職場で気持ちよく働くことはできない．

　④　非公式組織は1つの単位となって同じ動きをするので，それが力の源泉となる．

　⑤　非公式組織は，人々が業務を通じて接触していると必ずそこに形成される．

解　説

　②　最も不適切．組織の行動規範については，どの程度働くべきか，どの程度規律を守るべきかなどは，非公式組織内で決まることが多い．

解　答　②

問題 3.3-14 （社員格付制度）

　我が国の社員格付制度としての職能資格制度，職務等級制度，役割等級制度の設計原理に関する次の記述のうち，最も不適切なものはどれか．

　①　職能資格制度は，職位と資格の二重のヒエラルキーを昇進構造に持ち，職位が上がっても資格が変わらなければ報酬の基本部分に変化はない．

　②　職務等級制度は，職務の価値を評価・決定し，等級を設定して昇進や賃

金設定などの基準とするシステムで，上位職務に異動したときや職務が上位等級に再評価されたときに昇級する.

③　役割等級制度は，職能資格制度と職務等級制度のそれぞれの課題に対応した新しい社員格付制度として普及しつつある.

④　職能資格制度は，職務等級制度に比べ，年功的処遇が避けられ，担当する仕事に見合った報酬を提供できるが，人事異動の制約が大きい.

⑤　職務等級制度が評価する能力は顕在能力であるのに対し，職能資格制度はこれに加えて潜在能力も評価することにより能力開発へのインセンティブを与える.

解　説

④　最も不適切. 職能資格制度は，人・能力を中心とするシステムで，そのメリットは，ゼネラリストを育成しやすく，人事異動・組織改編が行いやすいことである.

解　答　④

問題 3.3-15（ジョブ型とメンバーシップ型）

企業の人事管理，賃金管理等に対する考え方は，欧米諸国に代表される「仕事」に「人」を当てはめるいわゆる「ジョブ型」（職務主義）と，日本に代表される「人」を中心に管理し「人」と「仕事」の結びつきはできるだけ自由に変えられるようにしておくいわゆる「メンバーシップ型」（属人主義）がある. 次の記述のうち，それぞれの型とその特徴の組合せとして最も不適切なものはどれか.

①　「ジョブ型」：採用は，欠員の補充などの必要な時に，必要な数だけ行う.

②　「ジョブ型」：職務への配置に当たって重要なのは，個々の仕事の能力より，仕事の中でスキルが上がっていく潜在能力である.

③　「ジョブ型」：職種別に賃金が決まっており，年齢，家族構成などは賃金に反映されない.

④　「メンバーシップ型」：定期的な人事異動があり，勤務地が変わる転勤も広範に行われる.

⑤　「メンバーシップ型」：仕事に関する教育訓練は，公的教育訓練より OJT などの社内教育訓練が中心である.

解　説

②　最も不適切.「ジョブ」型は，職務への配置にあたって重要なのは，個々の仕事の能力（スキル）である.　仕事の中でスキルが上がっていく潜在能力を重視するのは,「メンバーシップ」型である.

解　答　②

問題 3.3-16（ダイバーシティ・マネジメント）

企業経営におけるダイバーシティ・マネジメントとは，性別，人種，雇用形態などが異なる多様な人材を適材適所で活用することとされている.　ダイバーシティ・マネジメントに関する次の記述のうち，最も不適切なものはどれか.

①　ダイバーシティ・マネジメントは企業内の差別の解消や人権の確立と密接な関係がある.

②　ダイバーシティ・マネジメントの推進に当たっては，売上高等の業績に関する指標や生産性に関する指標などと連関させることは避けるべきである.

③　ダイバーシティ・マネジメントは，労働力の量的な確保だけでなく質的確保という面からも重要である.

④　ワークライフバランスを重視し働き方改革を進めることは，ダイバーシティ・マネジメントを推進する上で重要な施策である.

⑤　人材の多様化により個人の評価を丁寧に行うことが必要となり，人材のきめ細かい評価と効果的な活用が行われることにつながる.

解　説

②　最も不適切.　企業経営におけるダイバーシティ・マネジメントは，ダイバーシティ（多様性）を重視し，多様な人材の違いを受け入れて，組織の業績や生産性の向上を図る手法で，業績や生産性に関する指標と連関すべきである.

解　答　②

3.4 人材開発

問題 3.4-17 (人事評価：バイアス)

人事評価に関し，様々なバイアスに起因する評価誤差の問題があると言われている．これに関する次の記述のうち，最も不適切なものはどれか．

① ある人に1つ優れた点があると，ほかの点も優れて見えてしまうことがある．これを防ぐため，評価者は被評価者に対する先入観を捨てること，事実に基づく評価を行うこと等が重要である．

② 評価者が被評価者には悪い点をつけたくない，被評価者からよく思われたいと考える場合等には，実際以上に高く評価してしまいがちである．これを防ぐため，評価者は具体的事実や評価要素に沿った評価を行い，私的感情の除去に努めること等が重要である．

③ 被評価者に対して冷静な分析がなされていない場合や評価基準があいまいである場合には，評価が標準レベルに集中する傾向がある．これを防ぐため，組織は評価者に対して人事評価の目的，仕組み，評価要素，評価の方法等を徹底すること等が重要である．

④ 各評価項目について，評価者が自身で被評価者の業務を行ったとした場合の想定される実績と被評価者の実際の実績との対比に基づく評価を行うことにより，評価誤差の低減に貢献できる．

⑤ 多面評価は，直接の上司だけでなく同僚，後輩，一緒に仕事をした他部門の社員，顧客等からの評価を考慮することであり，評価誤差の低減に貢献できる．

解 説

④ 最も不適切．この評価は，評価者が自己の能力・資質を被評価者に比較して，過大評価または過小評価するもので，評価誤差が増加することが多く，「対比誤差」といわれている．

解 答 ④

問題 3.4-18（教育訓練技法）

次の（ア）〜（エ）に示す教育訓練の目的と，（A）〜（D）に示す教育訓練技法の組合せのうち，最も適切なものはどれか．

教育訓練の目的

（ア）　知識・事実の習得

（イ）　態度変容，意識改革

（ウ）　問題解決力・意思決定の向上

（エ）　創造性開発

教育訓練技法

（A）　討議法，ロール・プレイング

（B）　ブレインストーミング，イメージ・トレーニング

（C）　ケース・スタディ，ビジネス・ゲーム

（D）　講義法，見学

	（ア）	（イ）	（ウ）	（エ）
①	D	A	C	B
②	A	D	C	B
③	D	B	A	C
④	D	A	B	C
⑤	C	B	A	D

解　説

（ア）　「知識・事実の習得」には，（D）「講義法，見学」が適切である．

（イ）　「態度変容，意識改革」には，（A）「討議法，ロール・プレイング（役割演技法）」を通じて考えさせる訓練が適切である．

（ウ）　「問題解決力・意思決定の向上」には，（C）「ケース・スタディ（事例研究），ビジネス・ゲーム」が適切である．

（エ）　「創造性開発」には，（B）「ブレインストーミング，イメージ・トレーニング」の活用が適切である．

以上から，（ア）－（D），（イ）－（A），（ウ）－（C），（エ）－（B）の組合せが最も適切となり，正答は①である．

解　答　①

問題 3.4-19（メンター制度）

メンター制度（社員の間に計画的にメンターとメンティのペアをつくりメンタリングを行う制度）を企業が導入する場合，次の記述のうち最も適切なものはどれか．

①　メンタリング開始に当たり，メンターに対し実施方法に関する事前研修を行い，メンティに対しては事前研修を行わないことが一般的である．

②　メンターは，メンティの直属のラインであることが望ましい．

③　メンタリングは，原則として就業時間外に行う．

④　メンター制度を導入することにより，女性の活躍推進を促す効果も期待される．

⑤　メンターは，メンタリングで話し合われた内容を人事担当部局に報告することが望ましい．

解　説

④　最も適切．メンター制度は，仕事上または人生の助言者・相談相手で，新入社員，後輩や女性社員の職務上の相談，精神的サポートやアドバイスを行うものである．このため，女性社員の活躍推進を促す効果も期待できる．

解　答　④

問題 3.4-20（ジョブローテーション）

ジョブローテーションに関する次の記述のうち，最も適切なものはどれか．

①　長期雇用を前提とする正職員よりも有期雇用の職員に対しての適用性が高い．

②　職員の適性を重視して異動先を決めるシステムであるため，異動先の部署は適材適所の人材を得ることができる．

③　特定分野の専門家などの，スペシャリストを育成するために適している．

④ 職務給制度を採用する企業においては導入が容易である.

⑤ 職員の,組織全体の業務に対する理解促進,環境変化への適応力向上などの効果が期待できる.

解 説

⑤ 最も適切.ジョブローテーションは,従業員を1つの職務に専念させるだけでなく,定期的,計画的にいくつかの職務を経験させることで,長期的な人材育成,マンネリズムの打破,セクショナリズム抑制等を図る人事管理制度である.

このため,組織全体の業務に対する理解の促進や環境変化の適応力向上等の効果が期待できる.

解 答 ⑤

情報管理の出題分析

(1) 出題分析と傾向

　情報管理に関して過去5年間の出題数が多い項目は「情報通信技術」「情報分析と情報活用」「知的財産権と情報の保護と活用」であるが，その中でも下記のような傾向がある．一方「新キーワード集」が出されたことにより，従来は少なかった事項までまんべんなく出題される可能性があり，以下にそれを加味した．

　① 情報分析と情報活用………………情報分析技法，経営・マーケティング分析，統計分析，ビッグデータ分析
　② コミュニケーション………………コミュニケーションの技法・ツール及びマネジメント，情報管理・情報開示
　③ 知的財産権と情報の保護と活用…知的財産権，情報の保護，個人情報保護，知財戦略
　④ 情報通信技術動向…………………情報システム実現方法および活用方法の動向，通信インフラ，デジタルトランスフォーメーション（DX）の技術
　⑤ 情報セキュリティ…………………情報セキュリティポリシー，同脅威，同対策技術

　問題の種類は，用語や技術の意味を問うものばかりではなく，法律や白書類，国等の統計からも出題される．また応用力を問う事例研究問題もある．

(2) 学習のポイント

　① 日常業務や最近の動向として目にする情報処理，セキュリティ，ネットワーク等の常識的な用語や知識を確実に理解すること．
　② 日常業務等で使用しているシステムやインターネット等の背後にあるハードウェア・ソフトウェア構成の理解に努め，仕組みとして掌握すること．
　③ 法律類の施行・改訂や白書類の最新版，注目されている最新技術に関する出題が多いため，日常的にアンテナを高くして情報収集に努めること．

第3章
択一式問題の研究と対策

情報管理の精選問題と解説

4.1 情報分析

問題 4.1-1 (マーケティング分析)

マーケティング分析についての次の (ア) ～ (エ) の記述に対応する手法の組合せのうち, 最も適切なものはどれか.

(ア) 直近購買日, 購買頻度, 購買金額の 3 変数を用いて, 顧客をいくつかの層に分類し, それぞれの顧客層に対してマーケティングを行うための手法である.

(イ) 企業の内部環境としての自社の強み・弱みと企業をとりまく外部環境における機会・脅威の組合せの 4 領域に対して, 社内外の経営環境を分析する手法である.

(ウ) 自社, 顧客, 競合の 3 つの視点から, 自社の現状と課題, 進むべき方向性などを分析する手法である.

(エ) 市場成長率と相対的な市場占有率の高低の組合せの 4 領域に対して, 扱っている製品やサービスを位置付け, どのように経営資源を配分するかなどの戦略を分析する手法である.

	(ア)	(イ)	(ウ)	(エ)
①	3C 分析	SWOT 分析	RFM 分析	PPM 分析
②	RFM 分析	SWOT 分析	3C 分析	PPM 分析
③	RFM 分析	PPM 分析	3C 分析	SWOT 分析
④	アクセスログ分析	PPM 分析	3C 分析	SWOT 分析
⑤	アクセスログ分析	PPM 分析	RFM 分析	SWOT 分析

解　説

　（ア）　RFM 分析の説明である．Recency（直近購買日），Frequency（購買頻度），Monetary（購買金額）の 3 つの指標で顧客の階層を分類する手法．

　（イ）　SWOT 分析の説明である．組織の内部環境を Strength（強み）とWeakness（弱み），外部環境を Opportunity（機会）と Threat（脅威）の 4 領域に対して経営環境を分類する．

　（ウ）　3C 分析の説明である．Company（自社），Customer（顧客），Competitor（競合）という 3 つの「C」の視点から分析し，戦略の策定等に用いる．

　（エ）　PPM 分析の説明である．PPM 分析（プロダクト・ポートフォリオ・マネジメント分析）では，市場成長率と市場占有率の 2 軸の高低から成る 4 領域に対して分析し，戦略を検討する手法である．

　したがって，（ア）－ RFM 分析，（イ）－ SWOT 分析，（ウ）－ 3C 分析，（エ）－ PPM 分析の組合せが最も適切であり，正答は②である．

解　答　②

問題 4.1-2（Society5.0）

　Society5.0 はデジタル化が進んだ社会像であり，内閣府の第 6 期科学技術・イノベーション基本計画（令和 3 年度〜令和 7 年度）において，我が国が目指すべき未来社会の姿として提唱されたものである．次の記述の中で不適切なものの数はいくつか．

　①　Society5.0 とは狩猟社会（Society1.0），農耕社会（Society2.0），工業社会（Society3.0），情報社会（Society4.0）に続くもので，サイバー空間（仮想空間）とフィジカル空間（現実空間）を高度に融合させたシステムにより，経済発展と社会的課題の解決を両立する人間中心の社会として第 5 期基本計画（平成 28 〜令和 2 年度）等で提唱された．

　②　2020 年に科学技術・イノベーション基本法への名称変更を含む本格的改正（令和 3 年 4 月施行）があり，（1）技術の範囲に人文科学を位置づける，（2）イノベーションの創出を加える，を改正の 2 本柱とした．

　③　第 6 期の Society5.0 が目指すところは，国民の安全と安心を確保する持続可能で強靭な社会であり，一人ひとりの多様な幸せ（well-being）を実

現できる社会である.

　④　Society5.0 実現のための基盤分野として，AI 技術，バイオテクノロジー，量子技術，マテリアルを挙げている.

　⑤　Society5.0 の応用分野として環境エネルギー，安全・安心，健康・医療，宇宙，海洋，食料・農林水産業についての分野別戦略を策定されてきた.

　①　0　　②　1　　③　2　　④　3　　⑤　4

解　説

　すべての選択肢が適切である．つまり不適切なものの数は 0 で，正答は①である.

解　答　①

問題 4.1-3（機械学習）

　機械学習によるデータ活用のプロセスを表した以下の図の（ア）～（エ）に該当する用語の組合せとして，最も適切なものはどれか.

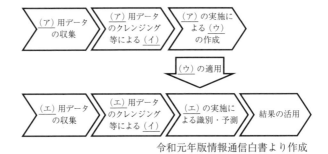

令和元年版情報通信白書より作成

図　機械学習によるデータ活用のプロセス

	（ア）	（イ）	（ウ）	（エ）
①	学習	前処理	モデル	推論
②	テスト	可視化	データセット	推論
③	テスト	前処理	モデル	拡張
④	学習	可視化	データセット	推論
⑤	学習	可視化	モデル	拡張

解　説

　設問の図は令和元年版情報通信白書からの抜粋である．

　図の上段では左から

(1)　社内外から学習用のデータを収集する

(2)　学習用データに対して，クレンジング（ノイズ除去ほか）等の前処理を行う

(3)　学習を実施し，パターンやルールを確立しモデルを作成する

　図の下段では左から

(4)　社内外から推論用のデータを収集する

(5)　推論用データに対して，クレンジング（ノイズ除去ほか）等の前処理を行う

(6)　(3)で作成したモデルを適用し推論を実施して，識別・予測を行う

(7)　結果を活用する

　これより，（ア）学習，（イ）前処理，（ウ）モデル，（エ）推論となる．

　したがって，最も適切な用語の組合せは①である．

解　答　①

問題 4.1-4（統計手法）

　統計手法を適用した以下の事例の（ア）～（エ）について，それぞれ用いられた手法の組合せとして，最も適切なものはどれか．

　（ア）　不規則変動が激しい時系列データの傾向を読みやすくするため，一定の期間ごとにずらしながら平均をとった．

　（イ）　時系列データの基準時点に対しての変化の大きさを読みやすくするため，基準時点の値を 100 とした相対値でデータを表した．

　（ウ）　2 つの異なる変数 x, y の関係を見るため，横軸を x，縦軸を y とする散布図を描いた．

　（エ）　分析結果に基づいて変数 y の将来の値を予測するため，変数 x を用いて変数 y を表す予測式を求めた．

	（ア）	（イ）	（ウ）	（エ）
①	調和平均	指数化	因子分析	主成分分析
②	移動平均	指数化	因子分析	回帰分析
③	移動平均	正規化	相関分析	主成分分析

④ 移動平均 指数化 相関分析 回帰分析
⑤ 調和平均 正規化 因子分析 主成分分析

解 説

（ア） 移動平均の説明である．

（イ） 指数化の説明である．

（ウ） 相関分析の説明である．

（エ） 回帰分析の説明である．

なお

・調和平均 $\overline{X_H}$ は逆数の算術平均の逆数で，$\overline{X_H} = \dfrac{n}{\dfrac{1}{X_1} + \dfrac{1}{X_2} + \cdots + \dfrac{1}{X_n}}$ である．

・正規化とはデータを平均が 0，分数が 1 になるように変換することである．

・因子分析とは結果に対する原因（要因）を明らかにすることである．

・主成分分析とは多数の変数から最も整合性の高い変数（通常 3 程度まで）で表すことで，多変数データを縮約することである．

したがって，④が最も適切な組合せである．

解 答 ④

4.2 コミュニケーション

問題 4.2-5（デジタルコミュニケーション）

　企業などの組織で利用されるデジタル・コミュニケーション・ツールに関する次の記述のうち，最も不適切なものはどれか．

　①　ファイル共有とは，組織内で電子ファイルを共有するためのシステムを指す．ファイルの保存先としての機能に加え，ファイルの版管理やアクセス権限の設定などの付加機能を持つものもある．

　②　web 会議とはインターネットを通じて，離れた場所にいる利用者同士が映像，音声をリアルタイムにやりとりし，また資料共有などを行うことがで

きるコミュニケーション手段である.

③　ビジネスチャットとは，ネットワークで繋がれたメンバーとメッセージをやりとりするツールを指す．電子メールのシステムを基盤としており，メールと同程度のシステム上の遅延はあるものの，ビジネス向けの確実なメッセージ送達を実現している.

④　社内 SNS とは，企業などの組織が所属メンバーを対象に運用するソーシャルネットワーキングサービスを指す．業務上の連絡や情報共有のためだけでなく，業務とは切り離して参加者間の交流の促進のためにも利用されることがある.

⑤　グループウェアとは，組織内での情報共有やコミュニケーションを図るため，所属メンバーが効率的に共同作業できるよう設計されたシステムを指す．メンバー間のスケジュール調整機能などの複数の機能を有するものが一般的である.

解　説

③　最も不適切．ビジネスチャットは電子メールシステムの基盤を利用しているものではなく，LINE に似たグループとしての使い勝手を有しつつ，アカウントの管理やセキュリティを向上させたビジネスツールである.

解　答　③

問題 4.2-6（テレワーク）

テレワークに関する次の記述のうち，最も不適切なものはどれか.

①　テレワークで円滑に仕事を進めるためには，書類を電子化しネットワーク上で共有するなど，仕事のやり方を変革することが必要となる.

②　テレワークの導入に当たっては，職場とは異なる環境で仕事を行うことになるため，組織の情報セキュリティポリシーを見直すことが必要となる.

③　シンクライアント型のテレワーク端末を用いることで，電子データの実体を持ち出すことなくテレワーク先での作業が可能となる.

④　テレワークに要する通信回線の費用や情報通信機器の費用については，テレワークを行う労働者が負担する場合がある.

⑤　自宅でのテレワークの実施中は，労働基準法上の労働者であっても，いわゆる労災保険の適用対象外となる．

解　説

⑤　最も不適切．平成 30 年 2 月 22 日付「情報通信技術を利用した事業場外勤務の適切な導入及び実施のためのガイドライン」に「テレワークにおける災害は，業務上の災害として労災保険給付の対象となる．」と示されている．

解　答　⑤

問題 4.2-7（緊急時の特徴と情報収集）

緊急時の特徴と情報収集に関する（ア）〜（オ）の記述のうち，不適切なものの数を①〜⑤の中から選び答えよ．

（ア）　緊急事態は発見が困難な場合もあるので，具体的な緊急事態となる事象を検討し，その事象をできるだけ早く発見するための仕組みを構築することが重要である．

（イ）　情報収集が必要となる緊急事態としては，自然災害だけでなく，火災や危険物漏えいなどの物的被害，情報漏えいなどの情報リスクも考えておく必要がある．

（ウ）　緊急時に収集可能な情報は不確定なので，収集すべき情報内容の事前整理は不要であり，むしろ情報収集方法を中心に検討すべきである．

（エ）　緊急時は通常ではあり得ない行動をとってしまう可能性があるため，必ず正しい情報のみを用いて判断しなければならない．

（オ）　緊急時は不確定な情報や誤った情報が錯綜するため，連絡経路の多重化を避けるべきである．

①　0　　②　1　　③　2　　④　3　　⑤　4

解　説

（ア）　適切．

（イ）　適切．

（ウ）　不適切．緊急時において収集すべき情報内容を事前に整理しておくことは必須であり，それに基づいて情報収集方法も検討しなければならない．

（エ）　不適切．緊急時において，何が正しい情報であるかを判断することは難しいこともある．人は都合の良い情報を信じたくなる傾向があるが，得た情報の確かさを常に分析して判断することが必要である．

（オ）　不適切．情報伝達経路の頑健性のために多重化が必要であり，代替伝達手段も検討が必要である．

以上から，不適切なものの数は（ウ），（エ），（オ）の3つで，正答は④である．

解　答　④

4.3　知的財産権と情報の保護と活用

問題 4.3-8（著作権を含む知的財産権）

我が国における著作権を含む知的財産権に関する次の記述のうち，最も不適切な事例はどれか．

①　PC 用のアプリケーションソフトウェアを購入した個人が，メディア破損に備え，製造会社の許諾を得ずに個人的に DVD － R にバックアップ・コピーをとった．

②　企業で購入した彫刻作品を，制作者の許諾を得ずに本社ビルのロビーに展示した．

③　企業における従業員教育の教材とするため，市販されている書籍の一部分を，出版社の許諾を得ずにコピーして受講者に配付した．

④　入学試験問題に，著作権が有効な文学作品の文章を許諾なく引用し，いくつかの設問をした．

⑤　ある団体がその団体の名義で作成し 80 年前に公開した著作物を，ある個人が，その団体の許諾を得ることなく Web サイト上に掲載した．

解　説

著作権に関する設問である.

①　適切.　購入したソフトウエアをバックアップ用に複製することは, 適切である.

②　適切.　作品の所有者である企業が, その企業内で展示することは, 適切である.

③　最も不適切.　現在市販されている書籍であれば, 著作権を有することが想定されることから, 許諾無く企業内で複写することは, 不適切である. なお, 著作権切れのコンテンツを複製しても著作権違反とはならないが, 出版社が販売中の場合, 問題とされる場合がある.

④　適切.　著作物の自由利用として, 入試や入社試験等の問題として著作物を複製することは, 適切である. ただし, 営利目的の場合は適用されない.

⑤　適切.　著作権が失効しているため, 適切である.

解　答　③

問題 4.3-9（不正競争防止法）

不正競争防止法の目的は事業者間の公正な競争の促進等にある. その1つが営業秘密の侵害であるが, 以下の記述のうち不適切なものの数はいくつか.

（ア）　営業秘密として法律による保護を受けるためには, 秘密とする情報の秘密管理性, 有用性と非公知性の3つを要する.

（イ）　秘密管理性とは, その情報に接触することができる従業員等に対して, アクセス制限や施錠, マル秘表示といった秘密管理措置がなされていることである.

（ウ）　有用性とは, 営業上または技術上の有用な情報であり, 失敗した実験データは含まれない.

（エ）　IPA（独立行政法人情報処理推進機構）が公開した「企業における営業秘密管理に関する実態調査 2020」によれば, 営業秘密の漏洩ルートは中途退職者（役員・正規社員）が最も多く, 次が現職従業員等の誤操作・誤認識等であった.

（オ）　営業秘密侵害訴訟において, 民事では非公開審理等の秘密保持制度が

あるが，刑事では裁判公開の原則によりすべて公開となる．
① 0　　② 1　　③ 2　　④ 3　　⑤ 4

解　説

（ア）　適切．

（イ）　適切．

（ウ）　不適切．失敗データのようなネガティブ・インフォメーションにも有用
性が認められる．

（エ）　適切．1位（中途退職者）が36.3%，2位（現職従業員）が21.2%，3位
（現職従業員のルール不徹底）が19.5%であった．次回調査は5年後の見込みで
ある．

（オ）　不適切．民事では正当な理由があれば書類提出義務の免除，秘密保持命
令，非公開審理という裁判によって営業秘密が公開されないための制度がある．
刑事裁判でも秘匿決定を申し出ることで，秘密を保護できる．

　以上から，不適切なものの数は（ウ），（オ）の2つで，正答は③である．

解　答　③

問題 4.3-10（特許協力条約（PCT））

　特許協力条約（PCT）に基づく国際出願（以下「PCT 国際出願」という.）
に関する次の記述のうち，最も不適切なものはどれか．

　①　PCT 国際出願は，国際的に統一された出願書類を PCT 加盟国である自
国の特許庁に対して1通だけ提出すれば良い．

　②　PCT 国際出願では，PCT 加盟国である自国の特許庁に出願書類を提出
すれば，すべての PCT 加盟国に対して「国内出願」を出願したことと同じ扱
いが得られる．

　③　PCT 国際出願に関する手続のほとんどは，自国の特許庁で母国語を用
いて行える．

　④　すべての PCT 国際出願は，その発明に関する先行技術があるか否かを
調査する「国際調査」の対象となる．

　⑤　自国での審査の結果，「特許査定」が得られれば，すべての PCT 加盟国

における特許権が認められる.

解　説

⑤　最も不適切. PCT 国際出願はあくまでも「出願」手続きであり,「特許査定」は各国特許庁の審査に委ねられる.

解　答　⑤

問題 4.3-11（個人情報の第三者提供）

個人情報の保護に関する法律における個人情報の第三者への提供に関する本人の同意を確認する方法として, オプトインとオプトアウトの 2 種類の手続がある. これらの手続に関する次の記述のうち, 最も不適切なものはどれか.

①　オプトイン手続により, 個人データの第三者への提供に関して, あらかじめ本人から同意を得た場合, この同意に基づき個人データを第三者に提供できる.

②　オプトイン手続により個人データを第三者に提供しようとする者は, オプトイン手続を行っていること等を個人情報保護委員会へ届け出ることが必要である.

③　オプトアウト手続では, 第三者に提供される個人データの項目等について, あらかじめ, 本人に通知するか, 又は本人が容易に知り得る状態に置く必要がある.

④　オプトアウト手続の届出義務の主な対象者は, いわゆる名簿業者であり, 名簿業者以外の事業者の場合, 届出が必要となるかどうかは個別の判断となる.

⑤　要配慮個人情報の取得や第三者への提供には, 原則として本人の同意が必要であり, オプトアウト手続による第三者提供は認められていない.

解　説

①　適切. オプトイン方式では個人情報の第三者提供は原則禁止であり, 対象者が明示的に承諾したものだけが可能になる.

② 最も不適切．オプトインでは個人情報保護委員会への届出が不要である．

③ 適切．オプトアウト方式ではすべての活動は原則自由で対象者が明示的に拒否したものだけが停止される．改正個人情報保護法の施行（2017 年 5 月 30 日）に伴い，オプトアウト手続により個人データを第三者提供しようとする者は，オプトアウト手続を行っていること等を個人情報保護委員会へ届け出ることが必要となった．

④ 適切．選択肢の通りである．

⑤ 適切．改正個人情報保護法で要配慮個人情報はオプトアウト手続による第三者提供は認めないこととした．要配慮個人情報とは，「本人に対する不当な差別，偏見その他の不利益が生じないようにその取扱いに特に配慮を要する個人情報」である．

以上から，②が最も不適切である．

解　答　②

4.4　情報通信技術動向

問題 4.4-12（クラウドサービス）

クラウドサービスに関する次の記述のうち，最も不適切なものはどれか．

① クラウドサービスでは，従来は利用者が手元のコンピュータで利用していたデータやソフトウェアを，ネットワーク経由で利用者に提供する．

② 利用者側が最低限の環境としてパソコンや携帯情報端末などのクライアント，インターネット接続環境などを用意することで，利用者はどの端末からでも様々なサービスを利用することができる．

③ クラウドサービスを利用することで，これまで機材の購入やシステムの構築，管理などに要していた様々な手間や時間などを削減することができ，利用者は業務の効率化やコストダウンを図れる．

④ クラウドサービスは，企業が情報資産を管理する手段として急速に普及しているが，個人が利用できるクラウドサービスは少ない．

⑤ クラウドサービスを利用する場合，データがインターネットを介してや

り取りされ，事業者側のサーバに保管されることなどから，十分な情報セキュ
リティ対策が施されたサービスを選択することが重要である．

④　最も不適切．個人向けのクラウドサービスが多く提供されている．

解　答　④

問題 4.4-13（無線通信方式）

　スマートフォンや IoT 端末等の通信には，様々な用途に応じた無線通信方
式が用いられる．最近では，環境モニタリングやスマートメーター等の多数の
IoT 端末からの情報を収集する用途に適した LPWA と呼ばれる方式の開発や
ネットワークの構築が進められている．下図は，縦軸を無線電波のカバー範囲，
横軸を消費電力・速度・コストとしたときの，代表的な無線通信方式の位置付
けを示したものである．次のうち，（ア），（イ），（ウ），（エ），（オ）に該当す
る無線通信方式（技術の総称，規格名あるいはブランド名）の組合せとして最
も適切なものはどれか．

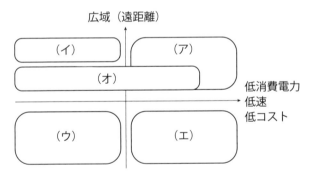

令和 2 年版　情報通信白書より作成
図　無線通信方式の位置付け

	（ア）	（イ）	（ウ）	（エ）	（オ）
①	LPWA	4G（LTE）	Wi-Fi	Bluetooth	5G
②	Bluetooth	Wi-Fi	4G（LTE）	5G	LPWA
③	4G（LTE）	LPWA	5G	Bluetooth	Wi-Fi

| ④ | 4G（LTE） | 5G | Bluetooth | LPWA | Wi-Fi |
| ⑤ | 5G | 4G（LTE） | Bluetooth | Wi-Fi | LPWA |

解 説

- LPWA は Low Power Wide Area の略であり，その規格の 1 つでは 100bps，最大 50km と超低速・超広域である．
- 4G（LTE）は基地局で用いる技術で，上り 100Mbps ／下り 50Mbps と高速で，距離は数 100m から数 km と広域である．
- Wi-Fi は，規格により最大約 54Mbps や最大 6.9Gbps と高速だが，距離は 100 〜最大 300m 程度と狭い．
- Bluetooth は最大約 24Mbps だが，距離は 10 〜 100m と狭い．また Wi-Fi より低消費電力である．
- 5G は 2020 年から実用化された基地局の技術で，高速・大容量などの特長の一方，距離が短く多数の基地局を要する．

以上から，（ア）：LPWA，（イ）：4G（LTE），（ウ）：Wi-Fi，（エ）：Bluetooth，（オ）：5G である．

したがって，組合せとして最も適切なものは①である．

（注：bps は通信速度で，1 秒間に送信できるビット数）

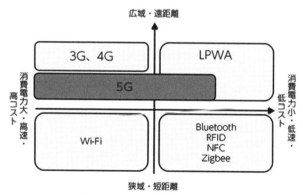

（出典）平成 29 年版 情報通信白書（一部改変）

図 各通信方式の位置付け（出典：令和 2 年版 情報通信白書）

第 3 章 択一式問題の研究と対策

解 答 ①

問題 4.4-14（生体認証）

生体認証に関する次の記述のうち，最も不適切なものはどれか.

①　生体認証は，身体の形状に基づく身体的特徴や，行動特性に基づく行動的特徴を用いて認証を行う.

②　生体認証は，パスワードの文字数や文字種のような認証強度に関するパラメータが存在しないため，運用者がシステム全体の目的に合わせて安全性と利便性のバランスを調整することができない.

③　生体認証では，誤って他人を受け入れる可能性と，誤って本人を拒否する可能性とを完全に無くすことはできない.

④　生体認証は，パスワードなどのように忘れてしまったり，IC カードなどのように無くしてしまったりすることがなく，利用者にとって利便性の高い本人確認方法である.

⑤　生体認証は，銀行の ATM や空港の出入国管理システムなど，様々な分野で実用化されている.

解　説

②　最も不適切. 生体認証のメリットとして，システムごとに本人確認の精度を調整できることとされている.

※参考文献：「生体認証導入・運用の手引き」，独立行政法人情報処理推進機構，
　2013

解　答　②

問題 4.4-15（ブロックチェーン）

仮想通貨（ビットコインなど）で使われているブロックチェーン技術に関する次の記述のうち，最も不適切なものはどれか.

①　データを保管するノードを多数配置し，当該データをネットワーク全体で共有する分散処理構造を採用することで，データベースとしての高可用性を実現する.

②　電子署名とハッシュ値を利用しデータブロックを連鎖状に繋げるデータ構造を採用することで，事実上改ざん不可能といえるほど改ざん耐性を高めて

いる.

③　ブロックチェーン技術を用いることで，データの秘匿性と入力される
データの真正性が保証される.

④　データを自動処理するプログラムをブロックチェーン上で動かすこと
で，人手を介さなくても手続や契約を履行できるスマートコントラクトも，ブ
ロックチェーンの特徴である.

⑤　海外では政府による公共サービス提供への利用が公表されるなど，仮想
通貨に限らず様々な分野での活用が検討されている.

解　説

③　最も不適切.ブロックチェーン技術はデータの秘匿性と入力データの真正
性までを保証するものではない.なぜならば，ブロックチェーンはデータをネッ
トワーク全体で共有する分散処理構造をとっているため，それ自体に秘匿性はな
い.また，どのようなデータを載せるかはユーザー次第であり，それ自体に真正
性の保証機能はない.その意味ではインターネット技術と類似しているといえる.

解　答 ③

問題 4.4-16（MTBF）

　ある会社では，2 機種（機種 A，機種 B）のサーバを使用しており，いずれ
の機種のカタログにも MTBF（平均故障間隔）は 1 000 時間と記載されてい
る.使用しているすべてのサーバの運用開始から現時点までの総稼働時間，
総修理時間，故障件数を調べ，機種ごとに集計したところ下表が得られた.
MTBF の観点から見た，機種 A と機種 B の信頼性に関する次の記述のうち，
最も適切なものはどれか.

表　機種 A，機種 B の総稼働時間，
総修理時間，故障件数

	総稼働時間	総修理時間	故障件数
機種 A	1 093 800時間	121 040時間	987件
機種 B	1 148 300時間	114 720時間	1 283件

① 機種 A，機種 B の信頼性は，ともにカタログ値を下回る．

② 機種 A の信頼性はカタログ値を上回るが，機種 B の信頼性はカタログ値を下回る．

③ 機種 A，機種 B の信頼性は，ともにカタログ値と一致する．

④ 機種 A の信頼性はカタログ値を下回るが，機種 B の信頼性はカタログ値を上回る．

⑤ 機種 A，機種 B の信頼性は，ともにカタログ値を上回る．

解　説

信頼性指標はいくつかあるが，本問は MTBF（平均故障間隔）の観点からである．

MTBF = 総稼働時間 ÷ 故障件数

機種 A の MTBF = 1 093 800 ÷ 987 ≒ 1 108 時間 > 1 000 時間

（カタログ値を上回る）

機種 B の MTBF = 1 148 300 ÷ 1 283 ≒ 895 時間 < 1 000 時間

（カタログ値を下回る）

したがって，②が最も適切である．

解　答　②

4.5　情報セキュリティ

問題 4.5-17（暗号化方式とデジタル署名）

インターネットのプロトコルなどで用いられている暗号方式やデジタル署名に関する次の記述のうち，最も不適切なものはどれか．なお，以下において，「メッセージ」は送信者から受信者に伝達したい通信内容（平文），「ダイジェスト」はセキュアハッシュ関数を用いてメッセージを変換して生成した固定長のビット列のことをそれぞれ指す．

① 暗号通信では，暗号方式が同一であれば，用いられる鍵を長くすると安

全性は向上するが，暗号化と復号が遅くなるという欠点がある．

② 共通鍵暗号方式による暗号通信では，送信者によるメッセージの暗号化と受信者による暗号文の復号に同じ鍵が用いられることから，送信者と受信者が同一の鍵を共有する必要がある．

③ 公開鍵暗号方式による暗号通信では，送信者が生成した公開鍵を用いてメッセージを暗号化したうえで送信し，受信者は秘密鍵を用いて復号する．

④ デジタル署名では，送信者が生成した秘密鍵を用いてメッセージに対するダイジェストを暗号化したうえで送信し，受信者は公開鍵を用いて復号する．

⑤ デジタル署名により，メッセージが改ざんされていないこととダイジェストを生成した人が確かに署名者であることを確認できるが，メッセージの機密性は確保できない．

解 説

③ 最も不適切．公開鍵暗号方式による暗号通信では「送信者は受信者から提供された公開鍵」を用いてメッセージを暗号化したうえで送信し，受信者は秘密鍵を用いて復号する．

他は適切である．

解 答 ③

問題 4.5-18（ネット炎上）

我が国におけるインターネット上の誹謗中傷などのネット炎上に関する次の記述のうち，最も不適切なものはどれか．

① ネット炎上の発生件数はスマートフォンの普及や，SNS 利用者の増加とともに急激に増加した．

② ネット炎上の書き込みに直接参加する者は，インターネット利用者の数パーセント程度以下のごく少数に過ぎないという複数の調査結果がある．

③ 若年層を中心としたテレビ・新聞離れにより，ネット炎上がこれらのマスメディアで認知される割合は極めて低く，ほとんどはソーシャルメディアで認知され拡散する．

④ インターネットの書き込みにより，誹謗中傷などの被害にあった場合へ

第3章 択一式問題の研究と対策

の対応として，厚生労働省，総務省，法務省などが相談窓口を開設している.

⑤　いわゆるプロバイダ責任制限法では，インターネット上の誹謗中傷を受けた者の被害回復のために，匿名の発信者を特定するための発信者情報開示制度を定めている.

解　説

①　適切．モバイルと SNS が普及しはじめた 2011 年を境に急激に増加している.

②　適切．令和元年版 情報通信白書で設問通りの報告がされている.

③　最も不適切．SNS での拡散がマスメディアで取り上げられることで，さらに拡散炎上するという相互作用がある.

④　適切．相談したい内容により，専門家相談は「違法・有害情報相談センター」(総務省)，人権問題は「人権相談」(法務省)，賠償は法テラス等，危険性がある場合は警察署のサーバー犯罪窓口等や，民間の機関がある.

⑤　適切．発信者情報開示制度は 2001 年に制定されたが，より使いやすい制度としたプロバイダ責任制限法が改正（2022 年 10 月施行）された.

解　答　③

問題 4.5-19（情報セキュリティの脅威）

情報セキュリティの脅威に留意した行動に関する次の記述のうち，最も適切なものはどれか.

①　重要情報を取引先にメールで送付する際に，インターネット上でのデータの機密性を確保するため，送信データに電子署名を施した.

②　職場のパソコンがランサムウェアに感染するのを予防するため，常にパソコンに接続している外付けハードディスクにパソコン内のデータをバックアップした.

③　振込先の変更を求めるメールが取引先から届いたため，ビジネスメール詐欺を疑い，メールへの返信ではなく，メールに書かれている番号に電話して確認した.

④　公衆無線 LAN を用いてテレワークをする際に，通信傍受を防ぐため，

WPA2より暗号化強度が強い「WEPで保護」と表示されているアクセスポイントを利用した.

　⑤　委託先から最近のやりとりの内容と全く異なる不自然なメールが届いたため, 標的型攻撃メールなどを疑い, 添付ファイルは開かず, 情報管理者にすぐに報告・相談した.

解　説

　①　不適切. 電子署名は送信文の真正性を証明するものであり, 機密性の保護ではない.

　②　不適切. 常にパソコンに接続している外付けハードディスクのバックアップは, パソコン内蔵ディスクと同様の感染脅威にさらされている.

　③　不適切. 電話番号も詐欺のためのものである可能性がある.

　④　不適切. WEP (Wired Equivalent Privacy) は送信パケットを暗号化することで, 有線通信と同様の安全性を持たせ, 無線LAN (Wi-Fi) 標準の暗号化システムを目指したが, 様々な脆弱性が発見・報告された. 現在はWPA2 (Wi-Fi Protected Access 2) がWPAの後継として, 無線LAN (Wi-Fi) 上で通信を暗号化して保護するための技術規格とされている.

　⑤　最も適切. 疑いを抱いたら, 情報管理者にすぐ報告・相談することは適切な対応と思われる.

　したがって, 最も適切なものは⑤である.

解　答　⑤

問題 4.5-20 (オンライン本人認証方式)

　オンライン本人認証方式に用いられる3つの要素のうち2つ以上を組合せた多要素認証の例として, 次の組合せのうち最も不適切なものはどれか.
　①　パスワード＋秘密の質問に対する答え
　②　ワンタイムパスワードのトークン＋パスワード
　③　ICカード＋指紋
　④　音声＋パスフレーズ
　⑤　パスフレーズ＋ICカード

解　説

多要素認証とは，「知識情報」「所持情報」および「生体情報」の3要素の内，2つ以上の異なる認証要素を用いる方法である．

① 最も不適切．どちらも知識情報であり，多要素ではない．

② 適切．所持情報と知識情報．

③ 適切．所持情報と生体情報．

④ 適切．生体情報と知識情報．

⑤ 適切．知識情報＋所持情報．

解　答　①

安全管理の出題分析

(1) 出題分析と傾向

　安全管理に関して出題数の多い項目は「リスクマネジメント」,「労働安全衛生管理」,「システム安全工学手法」である．特に，出題頻度の高いキーワードは，次の通りである．

- ①　リスクマネジメント…………リスクの定義,ハザード（潜在的危険要因），リスク対応（保有,低減,回避),リスクコミュニケーション
- ②　労働安全衛生管理……………労働安全衛生関連法，労働安全衛生管理，災害統計
- ③　未然防止対応活動・技術……ヒヤリハット，ハインリッヒの法則，システム高信頼化，定期点検活動
- ④　危機管理………………………事業継続計画（BCP），危機管理，危機管理マニュアル，自然災害
- ⑤　システム安全工学手法………システム安全工学手法，ヒューマンエラー分析，システム信頼度解析

　問題の種類については，専門知識，用語の定義が圧倒的に多く出題されているが，注目すべき点として，「デシジョンツリー分析」,「システム信頼度解析」等の計算が，応用能力を問う問題として出題されている．

(2) 学習のポイント

　①　リスクの定義，リスク対応，事故・災害の未然防止対応活動・技術及びシステム安全工学手法については，基本的な考え方を確実に理解すること．

　②　法律の内容については，労働安全衛生関連法の基本的な事項を学習しておくこと．

　③　計算問題については，災害統計（年千人率，度数率，強度率），フォールトツリーの発生確率，直・並列システムの信頼度の計算を把握していること．

安全管理の精選問題と解説

5.1 安全の概念

問題 5.1-1 （消費者安全）

　消費者安全に係る次の記述のうち，最も不適切なものはどれか．なお，以下において「隙間事案」とは，消費者安全に係る事案で，各行政機関の所管する既存の法律には，その防止措置がないものをいう．また，内閣総理大臣の権限については，法令により消費者庁長官に委任されている場合を含む．

　① 多数の消費者の財産に被害を生じ，又はそのおそれのある事態が発生し，それが隙間事案である場合，内閣総理大臣は事業者に対し勧告・命令等の措置をとることができる．

　② 行政機関の長や地方公共団体等の長は，消費者安全に係る重大事故等が発生した旨の情報を得たときは，他の法律による通知や報告に関する定めがある場合等を除き，直ちに内閣総理大臣に通知しなければならない．

　③ 都道府県においては国民生活センターを，また，市町村においては消費生活センターをそれぞれ設置しなければならない．

　④ 消費者安全調査委員会は，事故等の原因について，責任追及とは目的を異にする科学的かつ客観的な究明のための調査を実施する．

　⑤ 重大事故等が隙間事案に該当するか否かが一見して明確でない場合，まず消費者庁がこれを隙間事案になる可能性があるものとして受け止め，その上で，法律の適用関係の確認等が行われる．

解説

　① 適切．法制化されていない緊急事態での対応であり適切．
　② 適切．①の前段階の通知であり適切．

③　最も不適切．国民生活センターは国による設置，消費生活センターは地方自治体による設置であり不適切．

④　適切．消費者安全調査委員会は，消費者庁に設置されており適切．

⑤　適切．消費者に影響を小さくするための措置であり適切．

解 答 ③

問題 5.1-2（安全文化）

安全文化という考え方についての次の記述のうち，最も不適切なものはどれか．

①　安全文化という考え方は，チェルノブイリ原発事故の原因調査をきっかけとして生まれたものであり，当時の原子力安全の考え方や意識そのものへの問題提起であった．

②　組織においては，自己のエラーやミスを自ら報告することは難しいので，厳格な検査や監査による他者の指摘を重視する雰囲気を醸成する必要がある．

③　組織においては，緊急時にトップの判断が常に正しいとは限らないので，一時的に専門家に権限委譲するといった柔軟性も必要である．

④　組織においては，改善すべきことを正しく認識し，改革を実行していくための意思と能力を持つ必要がある．

⑤　組織においては，公正さを保つため，許容できる行動と許容できない行動を線引きし，皆が合意する必要がある．

解 説

②　最も不適切．安全文化は自主的な取り組みが重要であり，自己のエラーやミスも自ら報告する必要があり不適切．

解 答 ②

5.2 安全に関するリスクマネジメント

問題 5.2-3 (リスクマネジメント計画)

　以下の文章は，「JIS Q 31000：2019 リスクマネジメント―指針」の序文
の一部である． ▢ に入る語句の組合せとして，最も適切なものはどれか．

　あらゆる業態及び規模の組織は，自らの目的達成の成否を不確かにする外部
及び内部の要素並びに影響力に直面している．リスクマネジメントは，反復し
て行うものであり， ア の決定，目的の達成及び十分な情報に基づいた決
定に当たって組織を支援する．リスクマネジメントは，組織統治及び イ
の一部であり，あらゆるレベルで組織のマネジメントを行うことの基礎とな
る．リスクマネジメントは， ウ の改善に寄与する．リスクマネジメント
は，組織に関連する全ての活動の一部であり， エ とのやり取りを含む．
リスクマジメントは，人間の行動及び文化的要素を含めた組織の外部及び内部
の状況を考慮するものである．

	ア	イ	ウ	エ
①	リーダーシップ	戦略	ステークホルダ	マネジメントシステム
②	戦略	マネジメントシステム	リーダーシップ	ステークホルダ
③	マネジメントシステム	ステークホルダ	戦略	リーダーシップ
④	戦略	リーダーシップ	マネジメントシステム	ステークホルダ
⑤	リーダーシップ	ステークホルダ	戦略	マネジメントシステム

解　説

キーワード集の「リスクマネジメント計画」等に関する設問である.

JIS Q 31000：2019「リスクマネジメント」の序文に述べられているリスクマネジメントは，戦略の決定にあたって組織を支援し，組織統治やリーダーシップの一部であり，マネジメントシステムの改善に寄与する．当然，組織のステークホルダーとのやりとりを含むことになり，組合せとして最も適切なものは④である.

解　答　④

問題 5.2-4（リスク対応）

次の（ア）〜（オ）の文章は，リスク対応について記述したものである．リスク保有，リスク低減，リスク回避，リスク移転の4つのうち，該当する文章が2つあるものを選び答えよ.

（ア）　回転する砥石で行う研磨作業について，保護眼鏡の着用を義務付けていたが，もろい加工物は破片が飛び跳ねて危険であることが分かってきたので，この作業は破片等が飛び跳ねる危険を伴わない別の方法で実施することにし，この機械は廃棄した.

（イ）　溶接工程で一部残されていた手作業での溶接について，過去に労働災害が発生したことはなく，また，作業手順を詳細に検討したところ死亡に至る可能性はほぼないという結論に達したため，これまで通りの作業手順教育を継続することとした.

（ウ）　現在では，生産の主力がタイにある2つの工場に集約されつつあり，仮に操業停止という事態になれば，赤字に陥ることは確実という分析結果が得られたため，災害時の復旧費用について保険で付保することにした.

（エ）　事務所の耐震診断を実施したところ，全社で採用している安全基準に達していないことが分かったため，次年度の予算を確保し，耐震補強工事を行うこととした.

（オ）　営業担当社員に配布しているノートパソコンの紛失が多発しており，個人情報の漏洩が心配されたが，対策には多額の費用がかかるため，断念した.

① リスク保有　　② リスク低減　　③ リスク回避
④ リスク移転　　⑤ 該当なし

解　説

（ア）　③　リスク回避である.

（イ）　①　リスク保有である.

（ウ）　④　リスク移転である.

（エ）　②　リスク低減である.

（オ）　①　リスク保有である.

以上から，リスク保有に該当する文章が（イ）と（オ）の2つあるので，正答は①である.

解　答　①

問題 5.2-5（リスクコミュニケーション）

科学技術イノベーションと社会に関する次の記述のうち，最も不適切なものはどれか.

①　消費者庁，食品安全委員会，厚生労働省，農林水産省等は，食品の安全性に関するリスクコミュニケーションを連携して推進している.

②　ライフサイエンスの急速な発展は，人類の福利向上に大きく貢献する一方，人の尊厳や人権に関わるような生命倫理の課題を生じさせる可能性がある.

③　遺伝子組換え技術で得られた生物は，新たな遺伝子の組合せをもたらし生物の多様性を増進することからその使用は規制されていないが，表示が義務付けられている.

④　いわゆる動物愛護管理法では，動物実験について，代替法の活用，使用数の削減，苦痛の軽減の考え方が示されている.

⑤　未来の社会変革や経済・社会的な課題への対応を図るには，多様なステークホルダー間の対話と協働が必要である.

解　説

科学技術のイノベーションと社会の関係をいわゆる ELSI（Ethical Legal and Social Issues: 倫理的，法的，社会的課題）として問う設問であるが，特に社会

に対してどのように影響しそれが社会に受容されるか否かを判断すればよい.

① 適切. リスクコミュニケーションは社会の受容に最も重要なものの1つであり適切.

② 適切. ライフサイエンスの問題は利益と課題の両方があり適切.

③ 最も不適切. 生物の多様性の確保を図るため, 遺伝子組換え生物等の使用等の規制に関する措置を講ずることが, 法律で制定されている. 遺伝子組換え技術の生物への適用やその生物の輸入は規制されており不適切.

④ 適切. 動物愛護管理法で, 動物実験などの科学上の利用について規定されており適切.

⑤ 適切. イノベーションの社会への実装のためには多様なステークホルダー間のコミュニケーションや協働が重要であり適切.

解 答 ③

問題 5.2-6（リスク認知）

リスク認知におけるバイアスの種類とその説明である（ア）〜（オ）の組合せとして, 最も適切なものはどれか.

（ア） 極めてまれにしか起きないが, 被害規模が巨大な事象に対して, そのリスクを過大視する傾向のことである.

（イ） ある範囲内であれば, 異常な兆候があっても, 正常なものとみなしてしまう傾向のことである.

（ウ） 経験が豊富であることで, 異常な兆候を過小に評価してしまう傾向のことである.

（エ） 経験したことのない事象について, そのリスクを過大若しくは過少に評価してしまい, 合理的な判断ができない傾向のことである.

（オ） 異常事態をより明るい側面から見ようとする傾向のことである.

	カタストロフィーバイアス	バージンバイアス	正常性バイアス	楽観主義バイアス	ベテランバイアス
①	（ア）	（ウ）	（イ）	（オ）	（エ）
②	（ウ）	（オ）	（イ）	（エ）	（ア）
③	（オ）	（ア）	（イ）	（ウ）	（エ）

| ④ | （オ） | （ア） | （エ） | （ウ） | （イ） |
| ⑤ | （ア） | （エ） | （イ） | （オ） | （ウ） |

解　説

（ア）　カタストロフィーバイアス

（イ）　正常性バイアス

（ウ）　ベテランバイアス

（エ）　バージンバイアス

（オ）　楽観主義バイアス

以上から，⑤が組合せとして最も適切である.

解　答　⑤

5.3　労働安全衛生管理

問題 5.3-7（労働災害統計）

　下表は，A～Eの5つの事業所における過去1年間の労働災害に関するデータを示したものである．労働災害の発生状況を評価する指標である度数率が 0.50 未満となる事業所は，次のうちどれか.

表　事業所別の労働災害データ

事業所	労働災害による死傷者数	延べ実労働時間数	延べ労働損失日数	1 年間の平均労働者数
A	1 名	1 000 000 時間	80 日	600 名
B	5 名	11 000 000 時間	1 000 日	4 800 名
C	10 名	18 000 000 時間	1 500 日	10 600 名
D	20 名	24 000 000 時間	3 800 日	11 000 名
E	40 名	54 000 000 時間	11 200 日	30 000 名

①　A事業所　　②　B事業所　　③　C事業所

④　D事業所　　⑤　E事業所

解　説

　キーワード集の「労働災害」「災害統計」「度数率」に関する設問である.

　労働災害率の指標の一つである度数率は，100万延べ実労働時間あたり，何件の死傷者が出たかを表現する指標である. このため，度数率の計算としては，（死傷者数）÷（その組織の延べ実労働時間）×（100万）で計算される. これがわかれば，表の前2列の数字の除算で解を求められるので，ぜひ挑戦してほしい.

　①　A事業所は，　1／1＝1.0
　②　B事業所は，　5／11＝0.45
　③　C事業所は，10／18＝0.56
　④　D事業所は，20／24＝0.83
　⑤　E事業所は，40／54＝0.74
であり，②B事業所が0.5より小さい.

解　答　②

問題 5.3-8（労働安全衛生法）

　労働安全衛生法に関する次の記述のうち，最も不適切なものはどれか.

　①　事業者は，単にこの法律で定める労働災害の防止のための最低基準を守るだけでなく，快適な職場環境の実現と労働条件の改善を通じて職場における労働者の安全と健康を確保するようにしなければならない.

　②　機械，器具その他の設備を設計し，製造し，若しくは輸入する者は，これらの物の設計，製造，輸入に際して，これらの物を使用するすべての事業所の労働者に対し，定期的に安全又は衛生のための教育を行なわなければならない.

　③　建設工事の注文者等仕事を他人に請け負わせる者は，施工方法，工期等について，安全で衛生的な作業の遂行をそこなうおそれのある条件を附さないように配慮しなければならない.

　④　労働者は，労働災害を防止するため必要な事項を守るだけでなく，事業者その他の関係者が実施する労働災害の防止に関する措置に協力するように努めなければならない.

　⑤　厚生労働大臣は，労働政策審議会の意見をきいて，労働災害の防止のた

めの主要な対策に関する事項その他労働災害の防止に関し重要な事項を定めた計画を策定しなければならない．

解　説

キーワード集の「労働安全衛生法」等に関する設問である．

①　適切．

②　最も不適切．設備を使用するのは購入した事業所であり，その設備に関する教育は使用する側の事業所である．その設備を設計，製造，輸入する者が教育する必要はない．

③　適切．

④　適切．労働者の安全衛生に関する協力義務についても記載されている．

⑤　適切．厚生労働省の労働安全に関する諮問機関は労働政策審議会である．

解　答　②

問題 5.3-9（安全衛生教育）

高年齢者の労働安全に関して，「高年齢労働者の安全と健康確保のためのガイドライン」が策定されている．その内容に照らして，次の記述のうち最も適切なものはどれか．

①　近年の 60 歳以上の雇用者の増加に伴い，労働災害による死傷者数に占める 60 歳以上の労働者の割合は増加傾向にあるが，労働災害の発生率には年齢や性別による差がみられない．

②　ロコモティブシンドロームとは，加齢とともに，筋力や認知機能等の心身の活力が低下し，生活機能障害や要介護状態等の危険性が高くなった状態をいう．

③　事故防止や急激な体調変化が生じた場合の的確な対応の観点から，高年齢労働者の健康や体力の状況に関する情報は，その氏名とともに同一事業場内において公開することが望ましい．

④　高年齢労働者は経験のない業種や業務であっても，蓄積された知識の類推による理解が期待できることから，高年齢労働者への安全衛生教育は，集中力の持続が保てるよう，簡潔に行うのがよい．

⑤　労働者の健康や体力の状況は高齢になるほど個人差が拡大するとされており，個々の労働者の健康や体力の状況に応じて，安全と健康の点で適合する業務を高年齢労働者とマッチングさせることが望ましい．

解　説

①　不適切．「高年齢労働者の安全と健康確保のためのガイドライン」の設問であるが，高年齢労働者の特性を考えて判断する．高年齢労働者の労働災害は増加傾向にあり不適切．

②　不適切．ロコモティブシンドロームは，運動器の障害により移動機能が低下した状態であり不適切．

③　不適切．健康や体力の情報は個人情報であり，氏名を公開することは不適切．

④　不適切．高年齢労働者であっても十分な安全衛生教育は必要であり不適切．

⑤　最も適切．業務と健康・体力とをマッチングさせるのは重要であり適切．

解　答　⑤

問題 5.3-10（労働安全衛生マネジメントシステム（OSHMS））

下図は，労働安全衛生マネジメントシステム（OSHMS）の概要について，「労働安全衛生マネジメントシステムに関する指針」に基づき作成したものである．次のうち，（ア）～（エ）に入る語句の組合せとして，最も適切なものはどれか．

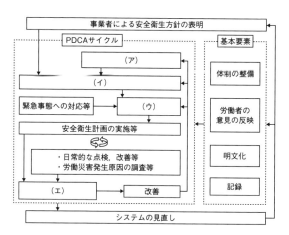

	（ア）	（イ）	（ウ）	（エ）
①	危険性又は有害性等の調査の実施	安全衛生目標の設定	安全衛生計画の作成	システム監査の実施
②	安全衛生目標の設定	安全衛生計画の作成	危険性又は有害性等の調査の実施	システム監査の実施
③	安全衛生計画の作成	安全衛生目標の設定	システム監査の実施	危険性又は有害性等の調査の実施
④	システム監査の実施	危険性又は有害性等の調査の実施	安全衛生目標の設定	安全衛生計画の作成
⑤	安全衛生目標の設定	安全衛生計画の作成	システム監査の実施	危険性又は有害性等の調査の実施

解　説

　労働安全衛生マネジメントシステム（OSHMS）のPDCAサイクルの設問であるが，実態を調査→目標の設定→計画（P）→実施（D）→監査（C）→改善（A）→計画（P）のやり直し（または目標の再設定）というサイクルを考えればよい．
　（ア）から（エ）に入る語句の組合せとして，①が最も適切である．

解　答　①

5.4　事故・災害の未然防止対応活動・技術

問題 5.4-11（安全管理の未然防止活動）

　安全管理の未然防止活動に関する次の（ア）〜（オ）の記述のうち，適切なものの数はどれか．
　（ア）　ヒヤリハットが発生したとき，時間をかけて十分に原因を検討してから報告する．

（イ）　小集団活動の成果を社内報告会で報告させ，優秀な活動事例を表彰する．

（ウ）　改善提案に対して，速やかに対応するための打ち合わせを設ける．

（エ）　定期点検活動は継続して実施することが重要であり，熟練や技量による判断基準やチェック方法にムラがでないように毎年同じチェックリストを用いる．

（オ）　未然防止活動で小規模の設備改良や運用改善で対応できない場合は，より信頼性・安全性の高いシステムに更新することも必要となる．

①　0　　②　1　　③　2　　④　3　　⑤　4

解　説

（ア）　不適切．ヒヤリハットは早期報告が原則である．

（イ）　適切．

（ウ）　適切．

（エ）　不適切．チェックリストは状況に応じて変更が必要である．

（オ）　適切．

以上から，適切なものは（イ），（ウ），（オ）の3つで，正答は④である．

解答 ④

問題 5.4-12（フォールトトレランス）

製品・システムの高信頼化に関する次の記述のうち，フォールトトレランスの例として最も適切なものはどれか．

①　踏切の電動遮断機は，停電が発生したとき，遮断かんが重力により自動的に降りるように設計されている．

②　鉄道車両は，その運行に関わる全ての主要部品について，可能な限り信頼性の高いものを用いるように設計されている．

③　大学実験室のサーバは，突然停電が発生したとき，無停電電源装置が働くように設定されている．

④　デジタルカメラのバッテリーは，決まった向き以外は装着できないように設計されている．

⑤　双発航空機のジェットエンジンは，その1つが故障したとき残りのエンジンで飛行が可能なように設計されている.

解　説

①　不適切.「フェールセーフ」である.

②　不適切.「フォールトアボイダンス」である.

③　最も適切. 停電という異常を検出し無停電電源装置で正常な機能を維持するので，フォールトトレランスである.

④　不適切.「フールプルーフ」である.

⑤　不適切.「フェールソフト」である.

解　答　③

問題 5.4-13（労働災害）

労働災害に関する次の記述のうち，最も不適切なものはどれか.

①　不安全行動は，作業者の意図とは別に安全な作業ができなかったものと，意識的に手順等を守らず安全に作業をしなかったものとの2つに大別できる.

②　労働災害が発生する原因には，労働者の不安全行動のほか，作業環境の欠陥等，機械や物の不安全状態があると考えられている.

③　労働災害は，不安全行動と不安全状態が重なった場合に発生するケースが大部分を占める.

④　稼働している設備・機械等が完全に自動化され，作業者がその場にいない場合でも，不安全状態が生じる可能性がある.

⑤　労働災害は，労働者の就業に係る建設物，設備，原材料，ガス等により，又は作業行動その他業務に起因して，労働者が負傷し，疾病にかかり，又は死亡することをいう.

解　説

キーワード集の「労働災害」等に関する設問である.

① 適切．不安全行動は作業者が意図した行動かどうかの区別はない．

② 適切．労働災害の原因としては，行動のみならず，環境や設備の不安全状態が関係する．

③ 適切．労働災害は不安全行動と不安全状態が重なった場合が大部分である．

④ 最も不適切．不安全状態は作業者の作業環境や設備などの状態を指すため，作業者がいない全自動職場では不安全状態とはならない．

⑤ 適切．労働災害は，労働者の就業における設備等によるもののみならず，作業行動に起因して生じる傷害，病気を含む．

解 答 ④

問題 5.4-14（安全設計・対策）

工場や現場における安全設計・対策に関する次の記述のうち，最も不適切なものはどれか．

① 事故・災害の 4M 分析における 4 つの M は，Man（エラーを起こす人間要因），Machine（機械設備の欠陥・故障等の物的要因），Media（作業情報，作業方法，環境の要因），Management（管理上の要因）を示している．

② 事故対策の 4E における 4 つの E は，Education（教育），Enforcement（強調，強化），Example（模範），Engineering（工学的対策）を示している．

③ ALARP とは，機械類に設置する非常停止装置はいつでも利用可能，かつ，操作可能であり，その動作はすべての機能及び操作に優先するものとする考え方である．

④ 危険検出型センサーは，故障して危険を検出することに失敗した場合，機械を停止させないために災害に結び付くことがある．

⑤ 本質的安全設計方策とは，ガード又は保護装置を使用しないで，機械の設計又は運転特性を変更することによって，危険源を除去する又は危険源に関連するリスクを低減する保護方策である．

解 説

③ 最も不適切．「リスクは合理的に実行可能な最低水準まで低減しなければならない」という IEC61508 の許容リスクの概念が「ALARP の原則」である．

問題の文章は「工場などの機械設備に，オペレータの安全確保のための非常停止装置を設置すること」に関する説明である．

解　答　③

5.5　危機管理

問題 5.5-15（危機管理）

　組織における危機管理について，特にリスク管理と対比した場合の説明として最も不適切なものはどれか．
　①　危機管理の目的は，不測事態に対して適切な対応をとることである．
　②　危機管理では，事故や危機的な状況が発生した後のリーダーシップが重要である．
　③　危機発生時の対応業務については，定常的なタスクフォースで実施する必要がある．
　④　危機管理の考え方や手法が最近になって生み出された訳ではなく，史実にも多数存在している．
　⑤　危機管理マニュアルは，危機時に要求される緊急時対応を円滑に実施するために策定される．

解　説

　③　最も不適切．危機発生時はリーダーへの迅速な情報処理と適切な緊急意思決定が要求される．したがって定常的なタスクフォースでは困難な場合があり，適切な危機管理体制によって迅速化することが必要である．

解　答　③

問題 5.5-16（防災情報・避難行動）

　防災情報や避難行動に関する次の記述のうち，最も適切なものはどれか．
　①　災害時にとるべき避難行動については，市町村長は地域の居住者等に避

難勧告や避難指示をすることができるが，避難場所の指示については自治会や居住者等の判断に委ねられている．

② 平成 28 年の台風 10 号による岩手県岩泉町の高齢者施設における被災を踏まえて，「避難準備情報」の名称が「避難準備・高齢者等避難開始」に変更された．

③ 災害対策基本法においては，1 つの市町村の区域を越えて住民が避難する場合の市町村間の協議の手続は定められていない．

④ 記録的短時間大雨情報は，大雨警報発表の有無にかかわらず，その地域にとって災害の発生に繋がる，数年に一度しか発生しないような短時間の大雨が今後予測される場合に発表される．

⑤ 土砂災害の危険性の理解を深め，土砂災害警戒区域の指定を促進するため，都道府県により基礎調査が実施されているが，その結果の公表の要否は市町村長によって判断されている．

解説

① 不適切．市町村があらかじめ指定緊急避難場所と指定避難所を指定する必要がある．

② 最も適切．

③ 不適切．市町村の区域を越えた広域一時滞在の市町村間の協議の定めがある．

④ 不適切．記録的短時間大雨情報は，「大雨警報発表中に，現在の降雨がその地域にとって土砂災害や浸水害，中小河川の洪水害の発生につながるような，稀にしか観測しない雨量であることを知らせるために発表する」もの．

⑤ 不適切．土砂災害警戒区域は，「"土砂災害危険箇所"の中から，都道府県が定めて公表する」ものである．

解答 ②

問題 5.5-17（国土強靱化基本法）

いわゆる国土強靱化基本法（強くしなやかな国民生活の実現を図るための防災・減災等に資する国土強靱化基本法）及び国土強靱化地域計画策定ガイドラ

インに関する次の記述のうち，最も不適切なものはどれか．ここでいう国土強靭化とは，大規模自然災害等に備えるため，事前防災・減災と迅速な復旧復興に資する施策を，まちづくり政策や産業政策も含めた総合的な取組として計画的に実施し，強靭な国づくり・地域づくりを推進するものである．

①　国土強靭化基本計画では，国民生活・国民経済に影響を及ぼすリスクとして，自然災害のほかに，原子力災害などの大規模事故等も含めたあらゆる事象を対象としている．

②　国土強靭化基本計画では，計画の対象とする国土強靭化に関する施策の分野と施策の策定に係る基本的な指針等の事項について定めている．

③　国土強靭化においては，自助，共助，公助を適切に組み合わせることが求められる．

④　国土強靭化においては，非常時に効果を発揮するのはもちろん，平時からの国土・土地利用や経済活動にも資する取組を推進する．

⑤　国土強靭化地域計画とは，地方公共団体の策定する国土強靭化計画であり，地方公共団体が策定する国土強靭化に係る他の計画等の指針となるべきものとされている．

解　説

キーワード集の「国土強靭化基本法」等に関する設問である．

①　最も不適切．国土強靭化基本法は対象としては自然災害であるため，人的な設備である原子力災害は含まない．

②　適切．国土強靭化基本計画は施策や指針の基本的事項を定めている．

③　適切．国土強靭化は自然災害への強靭化であり，自助も重要である．

④　適切．平時からの取組みも重要である．

⑤　適切．自然災害への対応は，地方公共団体の策定計画が重要である．

解　答　①

5.6 システム安全工学手法

問題 5.6-18 (システム安全工学手法)

システム安全工学手法に関する次の記述のうち,最も不適切なものはどれか.

なお, FMEA, VTA, ETA, HAZOP, THERP は, それぞれ, Failure Mode And Effects Analysis, Variation Tree Analysis, Event Tree Analysis, Hazard and Operability Studies, Technique for Human Error Rate Prediction の略である.

① FMEA は, システムの構成要素に故障が生じるとしたらどのような故障が生じるか, そしてその故障によりシステム全体にどのような影響が生じるかを評価し, 重点的にケアすべき要素を見出す手法である.

② VTA は, 作業がすべて通常通りに進行していても事故は起こるという考え方を基礎とし, 通常行われた操作や判断の妥当性を評価する手法である.

③ ETA は, 二分樹で業務手順を表現することで, その業務手順で誤りが生じると, どのような事態が生じるかを整理する手法である.

④ HAZOP は, なし (no)・多い (more)・少ない (less)・逆に (reverse)・他の (other than) など, 複数のガイドワードを用いて設計意図からの逸脱を同定していく手法である.

⑤ THERP は, タスク解析による作業ステップの分解, 基本過誤率のあてはめや調整等の手順を経て, 人間が起こすエラーの確率を予測する手法である.

解 説

キーワード集の「システム安全工学手法」等に関する設問である.

① 適切. FMEA は, 故障のモードによる評価手法である.

② 最も不適切. VTA は, ある事象を, 人間の判断と行動を主体に, ツリーで評価する解析手法であり, どういう判断が事故を起こすかを分析するものである.

③ 適切. ETA は, ある障害事象をもたらす作業手順を 2 分岐で表し, ツリー

状に表現して分析する手法である.

④　適切．HAZOP は平時からの取組みも重要である．

⑤　適切．THERP は，ヒューマンエラーの信頼性を分析する手法である．

解　答　②

問題 5.6-19（ヒューマンエラー分析，トライポッド理論）

トライポッド理論では，ヒューマンエラーの要因を 11 個のグループに分けて考えている．次の（ア）～（オ）は，この要因のグループとその中に分類される要因の例を組み合せたものであるが，その組合せとして不適切なものの数を①～⑤の中から選び答えよ．

（ア）　ハードウエア：設計の意図が伝わらなかった

（イ）　手順書：書かれていた内容が不明確であった

（ウ）　エラー誘発条件：日常業務で問題を長期間放置していた

（エ）　相容れない矛盾する目標：安全よりも納期が優先されていた

（オ）　組織：訓練において経験者と初心者を区別しなかった

①　1　　②　2　　③　3　　④　4　　⑤　5

解　説

（ア）　不適切．ハードウェアは道具や機器の品質を要因例としており，設計は無関係．

（イ）　適切．

（ウ）　不適切．軽微な変更の変更を黙認する風潮や問題を発覚しにくい要因例である．

（エ）　適切．

（オ）　不適切．経験者と初心者の区別は，訓練上の区別で組織の区別ではない．

以上から，不適切なものは（ア），（ウ），（オ）の 3 つで，正答は③である．

解　答　③

問題 5.6-20 （システム信頼度）

　下図のシステムにおいて，ユニット1から3の信頼度は $R_1 = R_2 = R_3 = 0.9$ である．ユニット4の信頼度 R_4 として次の値が選べるとき，システム全体の信頼度を0.9以上とする要求を満たす最小の R_4 の値はどれか．ただし，各ユニットの故障発生は独立事象とする．

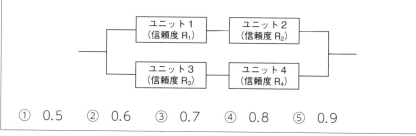

①　0.5　　②　0.6　　③　0.7　　④　0.8　　⑤　0.9

解　説

　システム信頼度解析の設問であるが，システム1の信頼度を Q_1，システム2の信頼度を Q_2 としたとき，システムが直列につながっているときの信頼度： $Q_1 Q_2$，システムが並列につながっているときの信頼度： $1 - (1 - Q_1)(1 - Q_2)$ であることを使う．

　設問で，上のブロックではユニット1とユニット2の直列なので

　　$R_{12} = R_1 R_2 = 0.9 \times 0.9 = 0.81$

　同様に下のブロックでは，ユニット3とユニット4の直列なので

　　$R_{34} = R_3 R_4 = 0.9 \times R_4 = 0.9 R_4$

　システムは上下の並列なので

　　$R_{total} = 1 - (1 - R_{12})(1 - R_{34}) = 1 - (1 - 0.81)(1 - 0.9 R_4) \geq 0.9$

　これを解くと $R_4 \geq 0.526$

　よって，システム4の信頼度の最小の選択できる値は0.6である．

解　答　②

社会環境管理の出題分析

(1) 出題分析と傾向

　社会環境管理に関して出題数の多い項目は，6.3章の「環境影響評価法」，6.1章の「生物多様性」「気候変動・エネルギー問題」，6.3章の「循環型社会形成推進基本法」である．なお，2022・2023年度，合計24の新キーワードが追加され，出題傾向には注意が必要である．重要と思われるキーワードは，次の通り．

① 　地球的規模の環境問題……グリーントランスフォーメーション（GX），地球温暖化対策計画，カーボンニュートラル，カーボンオフセット，ギガトンギャップ，カーボンバジェット，CCS・BECCS，持続可能な開発目標（SDGs），生物多様性基本法

② 　地域環境問題………………プラスチック資源循環法，プラスチック資源循環戦略，水銀汚染防止法，SAICM，防災気象情報，ALPS処理水，異常気象と防災

③ 　環境保全の基本原則………パフォーマンス規制，行為規制，合意的手法，自主的取組手法，バックキャスティング，環境影響評価法，ライフサイクル・アセスメント

④ 　組織の社会的責任と環境管理活動
　　　　　　　　　　　　　　……CSV（共通価値創造），クリーナープロダクション，エコブランデイング，エシカル消費，TCFD，環境適合設計，ESG投資

(2) 学習のポイント

① 　環境関係の法規，国際条約・議定書については，要点の理解と合わせて，適用ジャンル別，制定年代順に整理して見ること．
② 　環境用語については，用語の持つ基本的な意義・考え方を理解すること．
③ 　新キーワードの定義を明確に理解し，追加の背景を考察すること．

社会環境管理の精選問題と解説

6.1 地球的規模の環境問題

問題 6.1-1（持続可能な開発目標）

　持続可能な開発に関し，次の（ア）〜（エ）に示す国際的な首脳会議を年代順に並べたときに，正しい組合せを①〜⑤の中から選び答えよ．

（ア）　リオデジャネイロで，国連環境開発会議（地球サミット：UNCED）が開催され，環境分野での国際的な取組みに関する行動計画「アジェンダ21」が採択された．

（イ）　ヨハネスブルクで，持続可能な開発に関する世界首脳会議（WSSD，ヨハネスブルクサミット）が開催され，宣言と，実現するための実施計画が採択された．

（ウ）　ストックホルムで，国連人間環境会議が開催され，人間環境宣言（ストックホルム宣言）を採択，環境保全を進めて行くための合意と行動の枠組みが形成された．

（エ）　ニューヨークで国連は，先進国を含む国際社会全体をターゲットにした，格差の解消や環境保護など17の目標からなる「持続可能な開発目標（SDGs）」を採択した．

① （ア）→（ウ）→（イ）→（エ）
② （ア）→（ウ）→（エ）→（イ）
③ （イ）→（ウ）→（ア）→（エ）
④ （ウ）→（ア）→（イ）→（エ）
⑤ （ウ）→（イ）→（エ）→（ア）

解　説

（ア）　国連環境開発会議（地球サミット）といわれ，1992 年 6 月に開催された．

（イ）　ヨハネスブルクサミットといわれ，2002 年 9 月に開催された．

（ウ）　ストックホルム会議，国連人間環境会議といわれ，1972 年 6 月に開催された．

（エ）　持続可能な開発目標（SDGs）は，2015 年 9 月に採択された．

以上から，年代順は，（ウ），（ア），（イ），（エ），であり，正答は④である．

解　答　④

問題 6.1-2（気候変動適応法）

気候変動適応法や気候変動適応計画に関する次の記述のうち，最も不適切なものはどれか．

①　政府には，気候変動適応計画を策定する義務があり，都道府県には，その区域における地域気候変動適応計画を策定する努力義務がある．

②　気候変動適応に関する施策を推進するため，国及び地方公共団体の責務が定められるとともに，事業者及び国民に対して，国及び地方公共団体が進める施策に協力することが求められている．

③　気候変動適応計画は，我が国唯一の地球温暖化に関する総合計画であり，主な内容として，国内の温室効果ガスの排出削減目標と目標達成のための対策が取りまとめられている．

④　国立研究開発法人国立環境研究所が果たすべき役割として，気候変動影響及び気候変動適応に関する情報の収集，整理，分析などを行うことが定められている．

⑤　気候変動適応に関する施策の効果の把握・評価については，適切な指標設定の困難さや効果の評価に長期間を要することもあり，諸外国においても具体的な手法は確立されていない．

解　説

③　最も不適切．気候変動適応計画は，気候変動適応法に基づく，施策の総合

的かつ計画的な推進を図るために策定されたもので，気候変動の影響による被害を防止・軽減するため，各主体の役割や，あらゆる施策に適応を組み込むことなど，分野ごとの適応に関する取り組みを網羅的に示した適応策である．設問の記述は，地球温暖化に関する総合計画としており，地球温暖化対策推進法に基づく緩和策であり，最も不適切である．

以上から，正答は③である．

解　答　③

問題 6.1-3（SDGs）

SDGs 実施指針改定版（令和元年に改定された我が国の持続可能な開発目標（SDGs）実施指針）に関する次の記述のうち，最も不適切なものはどれか．

①　SDGs 実施指針改訂版は，SDGs 推進の中長期的な国家戦略として，SDGs に係る国内外における最新の動向を踏まえ，日本の取組みの方向性を示すものである．

②　我が国では，SDGs を浸透させるため，「ジャパン SDGs アワード」や「SDGs 未来都市」の選定を通じた活動の「見える化」など，広報・啓発に努めている．

③　SDGs を達成するための取組みを実施するに際しては，SDGs が経済・社会・環境の三側面を含むものであること，及びこれらの相互関連性を意識することが重要である．

④　主なステークホルダーの 1 つとして取り上げられている「新しい公共」とは，共通の地域課題の解決を目指す複数の地方公共団体の連携組織の総称である．

⑤　SDGs の認知度は年々向上しており，特に 10 代・20 代での向上が顕著である．

解　説

④　最も不適切．「新しい公共」とは，社会や人を支える役割を「官」等の行政だけでなく，民や地域社会，NPO，企業等が担うとともに，その取組みを社会全体で応援しようとする価値観である．設問にある地方公共団体の連携組織と

第 3 章 択一式問題の研究と対策

の記述は，最も不適切である．以上から正答は④である．

解　答　④

問題 6.1-4（脱炭素社会・カーボンニュートラル，2050 年長期戦略）

　我国は，2050 年までに温室効果ガスの排出を「全体としてゼロにする」とし，カーボンニュートラルの実現を目指している．実現を目指す考え方に関する次の記述のうち，最も不適切なものはどれか．

　①　カーボンバジェットとは，気候変動による地球の気温上昇を一定のレベルに抑える場合に想定される，温室効果ガスの累積排出量の上限値である．

　②　カーボンオフセットとは，市民，企業等が，自身の温室効果ガスの排出量を認識し，削減努力をし，どうしても削減出来ない排出量を，他の場所での排出削減・吸収量等で，その全部又は一部を埋め合わせことである．

　③　CCS は，CO_2 を回収（Captur）し，貯留（Storage）する技術を示し，BECCS は，この CCS とバイオマスエネルギー（Bio-Energy）を結び付けた技術を指す造語である．

　④　ギガトンギャップとは，地球温暖化抑制のために，求められる温室効果ガス削減量とパリ協定で各国が提出した削減目標の合計削減量との間にあるギガ（10 億）トンレベルのギャップを指している．

　⑤　カーボンフットプリントとは，一定規模以上の事業者が，商品やサービスの消費段階で排出される温室効果ガスのうち，二酸化炭素の量について国に報告する制度である．

解　説

　⑤　最も不適切．カーボンフットプリントは，商品・サービスのライフサイクル全体を通じて排出される温室効果ガスの排出量を CO_2 に換算し表示する仕組みであり，すべての事業での展開が可能であり，国に報告する制度でもない．従って，設問にある一定規模以上の事業者，及び国に報告する制度との記述は，最も不適切である．

　以上から正答は⑤である．

解　答　⑤

問題 6.1-5（生物多様性条約）

生物多様性の保全及び持続可能な利用に関する日本の国際的な取組に関する次の記述のうち，最も不適切なものはどれか．

① いわゆる生物多様性条約とは，生物の多様性の保全，その構成要素の持続可能な利用及び遺伝資源の利用から生ずる利益の公正かつ衡平な配分を目的とし，この条約に基づき生物多様性国家戦略を策定している．

② いわゆる二国間渡り鳥条約・協定とは，渡り鳥の捕獲等の規制及びそれらの鳥類の生息環境の保護等を目的とし，米国を始め，ロシア，オーストラリア，中国との間に条約又は協定を締結している．

③ いわゆるカルタヘナ議定書とは，バイオセーフティに関するカルタヘナ議定書といわれ，遺伝子組換え生物等の利用による生物多様化保全等への影響を，防止するための国際的な枠組みである．

④ いわゆるラムサール条約とは，国際的に重要な湿地及びそこに生息，生育する動植物の保全と賢明な利用を推進することを目的とした条約である．

⑤ いわゆるワシントン条約とは，野生動植物の国際取引の規制を輸入国と輸出国が協力して実施することにより，絶滅のおそれのある野生動植物の種の保護を図ることを目的とし，条約の附属書に掲載された野生動植物の国際取引は一切禁止している．

解 説

⑤ 最も不適切．ワシントン条約の対象となる野生動植物は，附属書Ⅰ，附属書Ⅱ，附属書Ⅲに掲載されている．附属書Ⅰは，国際取引が原則禁止されているが，附属書Ⅱ・附属書Ⅲは，輸出国政府の許可書や原産地証明書を伴った国際取引は可能である．設問の記述は，国際取引は一切禁止しているとあり，最も不適切である．

以上から，正答は⑤である．

解 答 ⑤

問題 6.1-6（特定外来生物）

いわゆる外来生物法（特定外来生物による生態系等に係る被害の防止に関する法律）とその運用に関する次の記述のうち，最も不適切なものはどれか．

① 特定外来生物とは，生態系，人の生命や身体，農林水産業に被害を及ぼし，又は及ぼすおそれがあるとして定められた外来生物の，生きている個体（卵，種子を含む．）及びその器官をいう．

② 個体としての識別が容易な大きさと形態を有するものに限らず，細菌類やウイルス等の微生物のなかにも，特定外来生物として選定されているものがある．

③ 特定外来生物の国内での飼養等は，災害時において緊急に対処すべき場合などを除き，目的，施設，方法等の要件を満たし，主務大臣による許可を得た者に限り認められる．

④ 特定外来生物の野外への放出は，特定外来生物の防除の推進に資する学術研究が目的の場合，主務大臣の許可を受けて行うことができる．

⑤ 輸入通関時の検査等において，輸入品に特定外来生物の付着又は混入が確認された場合には，主務大臣は当該輸入品の所有者や管理者に消毒又は廃棄を命ずることができる．

解 説

② 最も不適切．特定外来生物被害防止基本方針に，特定外来生物の選定に関する基本的な事項があり，選定の前提として，次の記述がある．「個体としての識別が容易な大きさ及び形態を有し，特別な機器を使用しなくとも種類の判別が可能な生物分類群を特定外来生物の選定の対象とし，菌類，細菌類，ウイルス等の微生物は，当分の間，対象としない」．したがって，設問の「選定されているものがある」との記述は最も不適切である．

以上から，正答は②である．

解 答 ②

6.2 地域環境問題

問題 6.2-7（循環型社会の形成）

循環型社会形成のための施策に関する次の（ア）～（オ）の記述のうち，適切なものの数はどれか．

（ア）　循環型社会形成推進基本法では，ⅰ）発生抑制，ⅱ）再使用，ⅲ）再生利用，ⅳ）熱回収，ⅴ）適正処分といった5段階の優先順位に基づき廃棄物処理やリサイクルを行うよう明記している．

（イ）　循環型社会形成推進基本法では，循環型社会の形成に関する施策の総合的かつ計画的な推進を図るため，循環型社会の形成に関する基本的な計画の作成を政府に義務付けている．

（ウ）　循環型社会形成推進基本法では，循環型社会の形成に向け，国，地方公共団体，事業者のそれぞれの責務を明確化しているが，国民の責務については規定していない．

（エ）　廃棄物の処理及び清掃に関する法律では，廃棄物を大きく一般廃棄物と産業廃棄物の2つに区別している．

（オ）　廃棄物の処理及び清掃に関する法律では，オフィスや飲食店から発生する事業系ごみはすべて産業廃棄物に分類される．

①　0　　②　1　　③　2　　④　3　　⑤　4

解　説

（ア）　適切．基本法における，廃棄物・リサイクル対策としての5段階の優先順位を記述したものであり適切である．

（イ）　適切．基本法第15条では政府の義務を決めており，記述は適切である．

（ウ）　不適切．基本法第12条では国民の責務について規定しており，記述は不適切である．

（エ）　適切．廃掃法における，廃棄物の定義についての記述であり，適切である．

（オ）　不適切．廃掃法では，事業系ごみは，家庭系ごみとともに一般廃棄物で

あり，産業廃棄物ではない．したがって，記述は不適切である．

　以上から，適切なものの数は3つであり，正答は④である．

解　答　④

問題 6.2-8 （資源循環戦略）

　第四次循環型社会形成推進基本計画を踏まえ，令和元年5月に策定されたプラスチック資源循環戦略に関する次の記述のうち，最も不適切なものはどれか．

　①　可燃ごみ指定収集袋など，焼却せざるを得ないプラスチックには，カーボンニュートラルであるバイオマスプラスチックを最大限使用し，かつ確実に熱回収する．

　②　一度使用した後にその役目を終えるプラスチック製容器包装・製品が不必要に使用・廃棄されないよう，レジ袋の有料化を義務化することなどにより，消費者のライフスタイルの変革を促す．

　③　分別・選別されるプラスチック資源の品質・性状等に応じて，材料リサイクル，ケミカルリサイクル，熱回収を最適に組み合わせることで，資源有効利用率の最大化を図る．

　④　海洋プラスチック対策としては，マイクロプラスチックの海洋への流出の抑制に加え，海洋生分解性プラスチックなど海で分解される素材の開発・利用を進める．

　⑤　廃プラスチックについては，我が国のリサイクルや熱回収の技術を導入したアジア各国と連携して処理するなど，グローバル戦略により対応する．

解　説

　⑤　最も不適切．我が国の廃プラスチックについては，従来，中国を中心としたアジア地区へ大量に輸出されていたが，2018年以降，中国の輸入禁止措置を含め，アジア諸国における輸入規制により激減し，国内資源循環体制の整備が進められている．設問にある，我が国の技術を導入したアジア各国と連携して処理する等の記述は，最も不適切である．

　以上から，正答は⑤である．

解　答　⑤

問題 6.2-9（公害関連法）

公害関連法に関する次の記述のうち，最も不適切なものはどれか.

①　大気汚染防止法による規制の対象には，工場から大気中への水銀の排出も含まれる.

②　騒音規制法の対象には，新幹線鉄道騒音も含まれる.

③　水質汚濁防止法による規制の対象には，工場から地下への水の浸透も含まれる.

④　土壌汚染対策法の対象となる土壌の特定有害物質には，自然由来のものも含まれる.

⑤　ダイオキシン類対策特別措置法による規制の対象には，工場から公共用水域へ排出される水も含まれる.

解　説

②　最も不適切.　新幹線鉄道騒音は，騒音規制法の対象外であり，最も不適切である.　以上から正答は②である.

解　答　②

問題 6.2-10（バーゼル条約・バーゼル法）

いわゆるバーゼル条約（有害廃棄物の国境を越える移動及びその処分の規則に関するバーゼル条約）及びいわゆるバーゼル法（特定有害廃棄物等の輸出入等の規制に関する法律）に関する次の記述のうち，最も不適切なものはどれか.

①　バーゼル条約成立の背景には，事前の連絡・協議なしに有害廃棄物の国境を越えた移動が行われ，最終的な責任の所在も不明確であるという問題が顕在化したことがある.

②　バーゼル条約では，締結国は，国内における廃棄物の発生を最小限に抑え，廃棄物の環境上適正な処分のため，可能な限り国内の処分施設が利用できるようにすることとされている.

③　バーゼル条約では，条約の趣旨に反しない限り，非締約国との間でも，廃棄物の国境を越える移動に関する二国間または多数国間の取決めを結ぶことができる.

④　我が国において，バーゼル法に基づき移動書類が交付された特定有害廃棄物等は，金属回収など再生利用を目的とするものが多く，近年は輸入量が輸出量を上回っている．

⑤　バーゼル条約において，全てのプラスチックの廃棄物が規定されることとなったが，規制対象となるプラスチックであっても，相手国の同意があれば輸出は可能である．

解　説

④　最も不適切．環境省が公表した2020年度のバーゼル法に基づく，輸出入の状況では，移動書類の交付で，輸出：146 089トン，輸入：1 601トン，承認で，輸出：377 553トン，輸入：54 563トンとなっており，輸出が輸入を上回っている．設問は，輸入量が輸出量を上回っていると記述しており，最も不適切である．以上から正答は④である．

解　答　④

問題 6.2-11（SAICM）

SAICM（Strategic Approach to International Chemicals Management）に関する次の（ア）～（エ）の記述から，不適切なものの数を，①～⑤から答えよ．

①　SAICM（国際的な化学物質管理のための戦略的アプローチ）とは，ヨハネスブルクサミットで採択された「2020年目標」達成のための方策であり，法的拘束力のない国際的な枠組みである．

②　上記2020年目標とは，2020年までに，化学物質が人の健康と環境にもたらす著しい悪影響を最小化する方法で使用，生産されることを目指したものである．

③　SAICMには，包括的方針戦略があり，対象範囲，必要性，目的，財政に関する考慮等が示され，国際化学物質会議による定期的レビューも決めている．

④　コロナ禍の現在，2020年以降のポストSAICMについて，化学物質管理の大きな方向性を定める最上位文書案，及びそれに伴う目的・ターゲット等の新たな枠組みが検討されている．

①　0　②　1　③　2　④　3　⑤　4

解説

　（ア）〜（エ）の記述は，全て適切である．したがって，不適切は 0 であり，正答は①である．

解答 ①

問題 6.2-12（異常気象と防災）

　異常気象と防災に関する用語とその説明について，次の記述のうち最も不適切なものを選び答えよ．

　①　警戒レベル：住民が，災害発生の危険度を直感的に理解し，的確に避難できるよう，避難に関する情報や防災気象情報等を 5 段階に整理し，住民に伝えるようにした情報をいう．ちなみに，警戒レベル 5 は「安全な場所へ全員避難」を指す．

　②　ハザードマップ：自然災害による場所と被害頻度を予測し，その災害範囲を地図上に表したものである．予測される災害の発生地点，被害の拡大範囲，及び被害程度，さらには避難経路・場所等の情報が地図上に示される．

　③　都市型水害：都市域では，アスファルト舗装の道路,密集したコンクリート建物が地中への雨水の浸透を低下させ，局地的な豪雨による雨水は，一気に下水道や中小河川に流れ込む．排水処理機能がこれに追いつかない場合，雨水は下水道や河川から溢れ出し，道路や住宅地への冠水，地下街への浸水を引き起こす．この種の自然災害を指す．

　④　特別警報：警報の発表基準をはるかに超える数十年に一度の大災害が起こると予想される場合に発表し，住民に対して最大限の警戒を呼びかける警報である．ただ，「洪水」を対象とした特別警報はない．

　⑤　液状化現象：ゆるく堆積した砂の地盤に，強い地震動が加わると，地層自体が液体状になる現象をいう．液状化が生じると，砂の粒子が地下水の中に浮かんだ状態となり，水や砂を噴き上げたりする．

解説

　①　最も不適切. 2019 年 3 月に改定された「避難勧告等に関するガイドライン」

第 3 章　択一式問題の研究と対策

（内閣府防災・消防庁）による5段階の警戒レベルは，以下の通りである．

警戒レベル1：心構えを高める

警戒レベル2：避難行動の確認

警戒レベル3：避難に時間を要する人は避難

警戒レベル4：安全な場所へ全員避難

警戒レベル5：すでに災害が発生している状況

以上より，設問の記述にある，警戒レベル5の正しい内容は「すでに災害が発生している状況」であり，最も不適切である．

以上から，正答は①である．

解　答　①

問題 6.2-13（放射性物質による環境問題・ALPS 処理水）

放射性物質による環境問題に関する次の記述のうち，最も不適切ものはどれか．

①　ALPS 処理水とは，福島第一原子力発電所の建屋内に存在する放射性物質を含む汚染水を，多核種除去設備（ALPS: Advanced Liquid Processing System）などを使い，トリチウム以外の放射性物質を規制基準以下まで浄化処理した水である．

②　事故により原子力事業所外に飛散したコンクリートの破片その他の廃棄物の処理は，関係原子力事業者が行う．

③　放射性物質汚染対処措置法による，特定廃棄物は，対策地域内廃棄物，特別管理廃棄物，指定廃棄物の3つをいう．

④　放射性物質汚染対処措置法による，特定廃棄物の収集，運搬保管及び処分は，国が実施する．

⑤ ALPS 処理水には，トリチウムという放射性物質が残っているが，トリチウムは水素の仲間であり，水道水や食べ物，人の体内に普段から存在している．規制基準を満たして処分すれば，環境や人体への影響は考えられない．

解　説

③　最も不適切．放射性物質汚染対処特措法第4章第2節第20条で，対策地

域内廃棄物と指定廃棄物の2つを，特定廃棄物と規定している．したがって，設問にある3つとの記述は，最も不適切である．以上から正答は③である．

解 答 ③

6.3 環境保全の基本原則

問題 6.3-14 （環境基準）

環境基本法に基づき定められている環境基準に関する次の記述のうち，最も適切なものはどれか．

① 環境基準は，大気の汚染，水質の汚濁，土壌の汚染，ダイオキシン類，騒音及び振動に係る環境上の条件について定められている．

② 大気の汚染に係る環境基準として，硫化水素，一酸化炭素，浮遊粒子状物質，鉛及び光化学オキシダントの5物質について定められている．

③ 騒音に係る環境基準は，航空機騒音，鉄道騒音にも適用される．

④ 水質の汚濁に係る環境基準には，水生生物の保全に係る水質環境基準も設定されている．

⑤ 土壌の汚染に係る環境基準は，汚染がもっぱら自然的原因によることが明らかであると認められる場所を除くすべての場所に例外なく適用される．

解 説

① 不適切．設問の記述にある振動については，環境基準は環境上の条件を定めておらず，不適切である．

② 不適切．設問の記述にある硫化水素と鉛は，定められている5物質（二酸化硫黄，一酸化炭素，浮遊粒子状物質，二酸化窒素，光化学オキシダント）の中になく，不適切である．

③ 不適切．騒音に係る環境基準は，航空機騒音，鉄道騒音を適用除外している．設問の適用されるという記述は，不適切である．

④ 最も適切．設問の記述の通りであり，最も適切である．

⑤　不適切．土壌の汚染に係る環境基準を適用しない場所が，設問の記述では自然的原因によることが明らかであると認められる場所だけになっているが，原材料の堆積場，廃棄物の埋立地等の場所についても適用されない．例外なく適用されるという記述は，不適切である．

以上から，正答は④である．

解　答　④

問題 6.3-15（環境保全の基本原則）

環境保全に関する次の記述のうち，最も不適切なものはどれか．

①　拡大生産者責任とは，製品が使用され，廃棄された後においても，その生産者が当該製品の適正なリサイクルや処分について，物理的又は財政的に一定の責任を負うという考え方である．

②　地域循環共生圏とは，各地域が地域資源を最大限活用しながら自立・分散型の社会を形成しつつ，地域の特性に応じて資源を補完し支え合うことにより，地域の活力が最大限発揮されることを目指す考え方である．

③　汚染者負担原則とは，廃棄物を排出する事業者は，事業活動によって生じた産業廃棄物は，自らの責任において処理しなければならないとする汚染者負担の原理に基づいた考え方である．

④　協働原則・パートナーシップとは，公共主体が政策を行う場合，政策に関連する民間の各主体の参加を得なければとする協働原則の場で，人や組織同士の間にある相互理解, 尊重, 信頼といった対等・平等な協力関係を指している．

⑤　未然防止原則とは，人の健康や環境に重大かつ不可逆的な影響を及ぼすおそれのある物質，又は活動がある場合で，因果関係が科学的に十分証明されない状況でも，規制措置を可能にする概念をいっている．

解　説

⑤　最も不適切．未然防止原則は，人の健康や環境に重大かつ不可逆的な影響を及ぼすおそれのある場合で，因果関係が科学的に証明されるリスクに関して，被害を避けるため，未然に規制を行うという概念である．設問の記述は，「科学的に十分証明されない状況でも」とあり，最も不適切である．

以上から，正答は⑤である．

問題 6.3-16（環境影響評価法）

　環境影響評価法に基づいて行われる手続きについて，第二種事業における実施手順を時系列的に並べたときに，順序の最も適切なものはどれか．

① 　スコーピング ⇒ 環境影響評価準備書の作成 ⇒ スクリーニング ⇒ 調査・予測等の実施 ⇒ 環境影響評価書の作成 ⇒ 事後調査

② 　スコーピング ⇒ スクリーニング ⇒ 環境影響評価準備書の作成 ⇒ 調査・予測等の実施 ⇒ 環境影響評価書の作成 ⇒ 事後調査

③ 　スコーピング ⇒ スクリーニング ⇒ 調査・予測等の実施 ⇒ 環境影響評価準備書の作成 ⇒ 環境影響評価書の作成 ⇒ 事後調査

④ 　スクリーニング ⇒ スコーピング ⇒ 調査・予測等の実施 ⇒ 環境影響評価準備書の作成 ⇒ 環境影響評価書の作成 ⇒ 事後調査

⑤ 　スクリーニング ⇒ スコーピング ⇒ 環境影響評価準備書の作成 ⇒ 調査・予測等の実施 ⇒ 環境影響評価書の作成 ⇒ 事後調査

解　説

　④ 　最も適切．環境影響評価法では，第二種事業における手続きの実施手順は以下の通りである．

　(a) 　環境アセスメントを実施するか否かの判定手続き「スクリーニング」が必要．

　(b) 　アセスメントが必要と認められた場合，「スコーピング」という手順に進む．

　(c) 　アセスメントの方法が決定した後は，方法書に基づいた「調査・予測等」を実施，評価を行う．

　(d) 　評価結果を踏まえて「環境影響評価準備書」を作成する．

　(e) 　準備書で得られた意見に基づきさらに検討を加え，「環境影響評価書」を作成する．

　(f) 　事業着工後の段階で，フォローアップとしての「事後調査」を行う．

以上から，順序の最も適切なものは④である．

問題 6.3-17（ライフサイクルアセスメント）

LCA（ライフサイクルアセスメント）に関する次の記述のうち，最も適切なものを選び答えよ．

①　一般に LCA では，企業全体で環境に与える負荷を物理量で測定・把握し，環境負荷の入出力を表にまとめることとなる．

②　ライフサイクルの段階は，ⅰ）資源採取，ⅱ）素材・部品開発，ⅲ）製品製造，ⅳ）流通，ⅴ）販売・購入，ⅵ）廃棄・リサイクル，の6段階である．

③　ISO 及び JIS による標準化では，LCA は，ⅰ）目的と調査範囲の設定，ⅱ）インベントリ分析，ⅲ）影響評価，の3要素から構成されている．

④　LCA における目的設定では，ⅰ）LCA 実施の背景や理由，ⅱ）報告対象者，ⅲ）製品の持つ機能の明示，などの項目を記述する．

⑤　LCA で対象とする環境負荷物質としては，一般に二酸化炭素が最も多いが，その他のあらゆる環境負荷物質や消費資源・エネルギーを対象とすることが可能である．

解 説

①　不適切．物量値による環境評価には，エコバランスと LCA がある．設問の記述はエコバランスについての内容であり，LCA の内容ではない．

②　不適切．ライフサイクルの段階は，7段階があるとされる．設問の記述は「使用」の段階が抜け，6段階となっており誤りである．

③　不適切．ISO 及び JIS による標準化では，LCA は4つの要素から構成されるとしている．設問の記述は，ⅳ）結果の解釈を欠いており，3要素から構成されているとあるのは誤りである．

④　不適切．LCA における目的設定では，設問の記述にあるⅰ）～ⅲ）の3つだけでなく，ⅳ）LCA 結果の用途を加えた4つの項目を記述するとしている．ⅳ）が抜けており不適切である．

⑤　最も適切．LCA で対象とする環境負荷物質は，記述の通りである．

以上から，正答は⑤である．

6.4　組織の社会的責任と環境管理活動

問題 6.4-18（共通価値創造 : Creating Shared Value）

　組織が活動を通し，社会的な責任を果たすとする概念は，時代の変化とともに役割も変わって来ている．このような観点から，昨今見直されている CSV（共通価値創造 : Creating Shared Value）に関する次の記述から，最も不適切なものを選べ．

①　CSV は，企業が事業活動において，経済的価値を創造しながら，社会的課題に対応し解決することで，社会的価値を創造するとした経営戦略である．

②　CSV 経営を実践することで，組織はブランド力を向上出来る．地球温暖化等の社会課題に積極的に取組む企業は，利害関係者から信頼されるからである．

③　CSV 経営が見直されている背景として，SDGs（持続可能な開発目標）への組織の取り組みがある．SDGs と事業との結び付けが要因の一つとされる．

④　CSV は，企業が，最低限の法的，経済的責任を負うだけでなく，環境問題等，社会課題への貢献を通し，社会的な責任を果たすとする経営理念である．

⑤　CSV を実践するため，3 つ方法が提唱されている．（1）製品と市場を見直す，（2）バリューチェーンの生産性を再定義する，（3）企業が拠点を置く地域を支援する産業クラスターをつくる．

解　説

④　最も不適切．記述は，CSR（企業の社会的責任）の定義であり，最も不適切である．

　CSV と CSR は，いずれも社会課題の解決に取り組む観点は同じだが，CSR の

その活動は，社会貢献の意味合いが強く，事業活動とは直接関係がない．CSVは，その活動が事業として行われ，企業に経済的価値をもたらしており，相違点とされている．以上から，正答は④である．

解　答　④

問題 6.4-19（ESG金融・ESG投資）

　ESG（Environment Social Governance）投資に関する次の記述のうち，最も不適切なものはどれか．

　①　国連責任投資原則は，投資にESGの視点を組み入れることや，投資対象に対してESGに関する情報開示を求めることなどからなる機関投資家の投資原則をいう．

　②　ESG投資は，気候変動などを念頭においた長期的なリスクマネジメントや企業の新たな収益創出の機会を評価するベンチマークとして注目されている．

　③　我が国では，年金積立金の管理運用においてESGを考慮した投資が行われているほか，地域の金融機関においてもESGを考慮した事業案件の組成や評価の取組みが始まっている．

　④　ESG投資の方法の1つとして，企業や自治体等が，再生可能エネルギー事業，省エネ建築物の建設・改修，環境汚染の防止・管理などに要する資金を調達するために発行するグリーンボンドがある．

　⑤　ESG投資の手法の1つであるネガテイブ・スクリーニングは，ESGに対してネガテイブな行動を取った企業に対して，株主として議決権行使を行う等により企業に改善を促す手法である．

解　説

　⑤　最も不適切．ネガテイブ・スクリーニングとは，あらかじめ決められたESG基準を満たさない企業を投資対象から排除する，ESG投資の手法の一つある．設問では，議決権行使を行う等により企業に改善を促す手法と記述しており，最も不適切である．以上から，正答は⑤である．

解　答　⑤

問題 6.4-20 (社会的責任と環境管理活動)

様々な組織の社会的責任と環境管理活動に関する次の記述のうち，最も不適切ものはどれか．

① TCFDとは，2015年，G20からの要請を受け，金融安定理事会 (FSB) が設置した民間主導の「気候関連財務情報開示タスクフォースである．

② クリーナープロダクションとは，環境への負荷を可能な限り低減させるため，生産工程において，当初から資源やエネルギーを最大限有効活用し，不要物の発生を極力抑える生産方式である．

③ エコブランデイングとは，ビジネスにおいて，様々な地球環境問題の解決に取組むことで独自の価値を創造し，人々の共感や信頼を築き上げているブランドである．

④ エシカル消費とは，倫理的消費ともいい，地域の活性化や雇用なども含む，人や社会，環境に配慮した商品・サービス等を選択・購入する消費活動である．

⑤ 環境会計とは，企業等が，環境保全のためのコストと得られた効果を認識し，可能な限り定量的に測定し伝達する仕組みのことである．

解　説

③ 最も不適切．記述はエコブランドの説明であり，エコブランデイングとは，このエコブランドを軸に差別化を実現するため，持続的にブランド価値を最大化する活動（マーケティング戦略）であり，最も不適切である．以上から，正答は③である．

解　答 ③

索 引

英数字

技術士総合技術監理部門
キーワード集 & 択一式問題の完全攻略

2023 年 4 月 25 日　　第 1 版第 1 刷発行

編　　者　オ ー ム 社
発 行 者　村 上 和 夫
発 行 所　株式会社 オ ー ム 社
　　　　　郵便番号　101-8460
　　　　　東京都千代田区神田錦町 3-1
　　　　　電話　03(3233)0641(代表)
　　　　　URL　https://www.ohmsha.co.jp/

©オーム社 2023

印刷・製本　報 光 社
ISBN978-4-274-23046-2　Printed in Japan

本書の感想募集　https://www.ohmsha.co.jp/kansou/
本書をお読みになった感想を上記サイトまでお寄せください．
お寄せいただいた方には，抽選でプレゼントを差し上げます．

Memo